中国交通运输中长期发展战略研究

Strategy Research on the Mid-term and Long-term Development of China's Transportation

◎ 王德荣　主编

人民交通出版社股份有限公司
China Communications Press Co.,Ltd.

内 容 提 要

本书为中国交通运输协会主办的“第三届中国交通运输发展战略研讨会”征集的论文，经专家认真评审，择优选用，编辑所成；内容涉及综合交通、区域交通、城镇化交通，以及铁路、公路、水运、民航、管道、城市交通、多式联运、综合枢纽等多个领域的战略与规划理论，以及运营管理和新技术应用等。本书可供编制交通运输领域中长期发展战略规划时参考。

图书在版编目（CIP）数据

中国交通运输中长期发展战略研究 / 王德荣主编. —北京 : 人民交通出版社股份有限公司 , 2016.11

ISBN 978-7-114-13465-4

Ⅰ. ①中… Ⅱ. ①王… Ⅲ. ①交通运输发展—经济发展战略—研究—中国 Ⅳ. ① F512.3

中国版本图书馆 CIP 数据核字（2016）第 276267 号

书　　名：中国交通运输中长期发展战略研究
著 作 者：王德荣
责任编辑：刘永芬
出版发行：人民交通出版社股份有限公司
地　　址：（100011）北京市朝阳区安定门外外馆斜街 3 号
网　　址：http://www.ccpress.com.cn
销售电话：（010）59757973
总 经 销：人民交通出版社股份有限公司发行部
经　　销：各地新华书店
印　　刷：北京鑫益晖印刷有限公司
开　　本：787 × 1092　1/16
印　　张：18.75
字　　数：411 千
版　　次：2016 年 11 月　第 1 版
印　　次：2016 年 11 月　第 1 次印刷
书　　号：ISBN 978-7-114-13465-4
定　　价：80.00 元

《中国交通运输中长期发展战略研究》
编 委 会

序

“十三五”时期是全面建成小康社会的决胜阶段。2016年是“十三五”规划的开局之年，也是推进供给侧结构性改革的攻坚之年。交通运输业作为生产性服务业是经济社会发展的重要支撑，研究制定科学的中国交通运输中长期发展战略，是深入贯彻落实习近平总书记、李克强总理多次对交通运输工作的重要指示，“使交通真正成为发展的先行官”，为实现建国一百年时建成富强民主文明和谐的社会主义现代化国家和实现“中国梦”提供重要支撑。

为了实现“十三五”目标，完善现代综合交通运输体系，中国交通运输协会主办了“第三届中国交通运输发展战略研讨会”，以“改革、开放、融合、共享”为主题，针对交通运输发展中长期发展战略进行交流与研讨。会议论文贯彻“创新、协调、绿色、开放、共享”新发展理念下的战略部署，针对我国交通运输发展取得的成绩和存在的问题，面临的国内外环境，发展的战略目标、发展路径及建设重点，交通运输与物流融合发展的思路和政策措施，“一带一路”、“长江经济带”、“京津冀协同发展”国家战略下区域交通运输发展思路和主要任务，国外交通运输发展趋势和可资借鉴经验，基于大数据、智能化、移动互联网、云计算下的交通运输信息化发展目标，绿色交通建设、交通运输技术装备和新技术新材料发展重点，深化交通运输体制改革和推动交通运输企业“走出去”等议题进行论述。

在“第三届中国交通运输发展战略研讨会”论文征集过程中，得到了交通运输界广大科研院所、高校、相关政府部门、企业界的积极支持和响应，在此我谨代表编委会表示衷心的感谢！经专家认真评审，择优选用，现将论文成果编辑成册。本书涵盖了综合运输、区域交通、城镇化交通，以及铁路、公路、水运、民航、管道、城市交通、多式联运、综合枢纽等多个领域的战略与规划理论研究，以及运营管理和新技术应用等。这些研究成果，可供编制交通运输领域中长期发展战略规划等时参考。文中如有疏漏之处，敬请谅解并指正。

王德荣

2016年11月

目　录

我国现代化交通运输发展战略内涵及指标体系研究

王德荣

（中国交通运输协会　北京　100825）

【摘　要】 交通运输作为国家经济社会发展的基础和支撑，为实现“两个一百年”奋斗目标发挥重要作用，特别是到本世纪中叶，在建国一百年时，我国将建成富强民主文明和谐的社会主义现代化国家，要求交通运输必须率先实现现代化。因此，科学制定我国交通运输现代化发展战略具有重要意义。本文在阐述我国现代化内涵与特征基础上，明确现代化交通运输内涵与特征，提出我国现代化交通运输指标体系，为制定我国中长期交通运输发展战略提供参考。

【关键词】 现代化　交通　内涵　指标体系

Research on the Strategic Connotation and Index System of Modernization Transportation Development in China

Wang Derong

(China Communications and Transportation Association, Beijing 100825)

Abstract: As the foundation and support of national economic and social development, transportation plays an important role in implementing the “one hundred two goals”. Especially by the middle of the 21 century, the time of one hundred years after the founding of the state, China will build a prosperous, strong, democratic, civilized and harmonious socialist modernized country, which requires transportation taking the lead in realizing modernization. Therefore, it is of great significance to develop the modern development strategy of China’s transportation. In this paper, based on the discussion of the connotation and characteristics of China’s modernization, the connotation and characteristics of modern transportation were clearly defined. Also, the index system of modern transportation in China was proposed, to provide an important reference for the development of China’s long-term transportation development strategies.

Keywords: Modernization　Transportation　Connotation　Index system

一、引言

党的十八大提出，在建党一百年时要全面建成小康社会，在建国一百年时建成富强民主文明和谐的社会主义现代化国家。交通运输作为国家经济社会发展的基础和支撑，需要为实现“两个一百年”奋斗目标发挥基础性作用，特别是到本世纪中叶，在建国一百年时，我国将建成富强民主文明和谐的社会主义现代化国家，要求交通运输必须率先实现现代化。因此，科学制定我国现代化交通运输发展战略具有重要意义。交通运输现代化具有动态性、先进性、系统性等特征，是交通运输形成、发展、转型和国际互动的复合过程，是人类追求更高品质交通的动态发展过程。交通运输现代化不仅涵盖交通基础设施、技术装备、运输服务的现代化，而且涵盖交通治理能力、交通可持续、交通文化等方面的现代化。目前，面临着复杂的国内外环境，我国经济发展进入新常态，正处于工业化发展中后期，也是跨越“中等收入陷阱”的关键阶段，研究我国交通运输现代化发展战略的内涵和指标体系，是制定我国中长期交通运输发展战略的重要部分。

二、我国现代化交通运输内涵

（一）现代化内涵与特征

1. 现代化内涵

现代化（Modernization）是人类发展的历史过程，也是人类追求更高先进性的永恒主题。现代化内涵是指一个国家或地区处于或达到当时世界先进水平的状态和过程，是创新、选择、淘汰、学习的过程。中国现代化的内涵，可以从时间和任务两个维度进行阐述。一方面，从时间维度分析，从 2000 年开始，我国开始向实现第三步战略目标迈进，“我们要在本世纪头 20 年，集中力量，全面建设惠及十几亿人口的更高水平的小康社会，使经济更加发展、民主更加健全、科教更加进步、文化更加繁荣、社会更加和谐、人民生活更加殷实。这是实现现代化建设第三步战略目标必经的承上启下的发展阶段，也是完善社会主义市场经济体制和扩大对外开放的关键阶段。经过这个阶段的建设，再奋斗几十年，到本世纪中叶基本实现现代化，把我国建成富强民主文明的社会主义国家。”另一方面，从任务维度分析，中国在实现现代化进程中，同时肩负着完成工业时代目标和信息时代目标的双重任务，在实现工业化时代目标的同时，启动实现信息化时代的目标。工业化和工业转移并重，城市化和城市扩散并举，物质文明、精神文明、政治文明同时推进，信息化、网络化、知识化相互交融，经济发展和环境生态保护良性循环。知识创新、知识传播、生活质量、经济质量、社会质量均达到 20 世纪中等发达国家的平均水平。

2. 现代化特征

现代化具有动态性、变革性、进步性和全球性的特征。

第一，现代化是一个动态的过程，是继续深化的过程。现代化具有鲜明的时代特征。社会在发展、经济在发展，现代化的内涵和外延也是动态的。现代化的目标应是相对的、动态的，要随着历史发展的进程而不断更新内容。

第二，现代化是一个变革的过程。是从传统社会向现代社会多层面、全方位的过程。现代化不单纯是经济的变革过程，而是在经济变革基础上发生的包括社会变革、文化变革、政治变革以及人的成长等一系列内容的从传统转变到现代的历史变迁，涉及人类生活的所有领域和各个方面。

第三，现代化是一个地区或国家社会经济全面进步的标志，表明该地区或国家政治、经济、社会、文化等领域达到或接近世界先进水平。

第四，现代化是一个全球性的过程。现代化导致不同发展程度和不同社会制度国家的相互影响和相互依赖进一步加深。

（二）现代化交通运输内涵和特征

1. 现代化交通运输内涵

交通运输现代化是经济社会现代化的重要组成部分，是经济社会变革的重要方面，是人类社会追求更高要求的动态发展过程，属专项领域的研究范畴。交通运输现代化本质是交通运输不断提升自身服务能力，并实现交通与人、与社会、与自然的和谐共处；它既是交通运输满足经济社会需求、适应自然环境要求的一种状态，也是交通运输从欠发达到较发达的一个过程。

“交通现代化”这一概念是世界性的、动态的概念。它是一个历史发展过程，也是一种发展状态，是在某一历史时期我国交通运输发展的状态。随着国内外的环境复杂多变，新技术和高新科技迅猛发展，特别是大数据、移动互联网、云计算先进新技术在交通运输系统中得到广泛应用，运输装备和运输工具快速提升，运输系统的运行效率和可靠性得到进一步提高，客、货运输管理及组织科学化、生态化、人性化。另外，人的因素，低碳、节能、环保都上升到了前所未有的高度，新时期的“交通现代化”的内涵也有一些变化，即更强调用先进的工业化技术和新型的信息化技术改造传统的交通运输业，使各种运输方式能够在外部条件的约束下有效衔接、分工协作、优势互补，进而形成一体化的运输系统。该系统不仅能够在管理和技术上充分满足社会经济发展所产生的各种客货运输需求，而且能够实现与资源环境和经济社会的协调。

2. 现代化交通运输特征

现代化交通运输具有动态性、变革型、先进性、同质性和普遍性。

第一，现代化交通运输具有动态性。不同的历史阶段有不同的现代化交通运输特征，所谓现代化只是针对当时的生产力水平而言。

第二，现代化交通运输具有变革性。是从传统交通运输向现代交通运输变革的过程。现代化交通运输不单纯是基础设施、运输装备的变革，而且还包括生态变革、人才变革等。

第三，现代化交通运输具有先进性。无论现代化交通运输的过程方向，还是其变革的状态结果，都应该是符合人类社会先进文明的前进方向。现代化交通运输要体现交通发展的新技术、新趋势、新元素、新理念。

第四，现代化交通运输是一种状态，具有同质性。如安全、便捷、绿色、高效等，是世界各国交通运输发展的共同价值追求。

第五，现代化交通运输具有普遍性。现代交通运输服务充分体现以人为本的理念，每个公民都有机会享受到普遍运输服务。现代交通运输基础设施要更好地服务社会经济的发展。

三、现代化交通运输指标体系

交通运输作为经济社会发展的基础设施和经济社会活动的支撑，其现代化的发展战略目标是对经济社会发展满足的程度。现代化交通运输内涵必须通过具体的指标体系才能落实。

（一）指标选择原则

现代化交通运输指标体系的构建遵循以下原则：

1. 综合性与系统性

交通运输现代化是一个广泛、综合、系统的范畴，指标必须体现综合性与系统性，各个指标之间，要形成有机的联系，从多个方面反映现代化交通运输的发展情况。

2. 可获得性

即使选择的统计指标虽然很科学，但平时却难以采集数据，不容易实施，指标体系的应用范围就会受到限制。因此，指标除少数需要另做专门调查外，大多数指标可以通过统计资料来获得。

3. 实用性

构建现代化交通运输指标体系的目的，就是要把复杂的现代化目标变为大部分可以量化的指标，以便为制定现代化交通运输规划及方针政策提供依据。因此，合理、正确地选择有代表性、可比性、独立性、信息量大的指标是构建高效、系统的指标体系的关键。

4. 可比性

在现代化交通运输发展战略研究中，做一些适当的参照系比较总是必要的，便于进行比较研究，尽量使指标和资料的口径、范围与国际上常用的指标相一致。

5. 独立性

反映现代化交通运输发展情况指标较多，要注意所选指标间的相关性问题，所选择的指标间的独立性要强，减少指标之间交叉影响对整体的判断。

6. 通用性

建立的现代化交通运输指标体系既要符合我国实际，又要具有通用性，能与国际接轨，并且对现代化交通运输发展的政策制定起到参考作用。

（二）功能层

根据指标选择的原则，现代化交通运输发展战略应满足全面建成“两个百年”目标的要求，应考虑通达通畅性、服务水平、可持续发展、国防经济安全及技术创新进步、制度机制等六个方面，如表1所示。

战略目标的指标体系 表1

一级指标（功能层）	二级指标（目标层）	三级指标（指标层）
通达通畅状况	通达性	国际运输网络通达度
		国内运输网络通达度
		城市公共交通站点覆盖率

续上表

一级指标（功能层）	二级指标（目标层）	三级指标（指标层）
通达通畅状况	通畅性	固定设施能力保障状况
		移动设施能力保障状况
		枢纽（换装、换乘保障状况、多式联运状况）
服务水平	安全	单位周转量事故率
	可靠性	正点率、公交分担率
	快捷	出行效率（出行时间 / 出行长度）、运输效率
	经济	降低单位成本
	舒适	出行舒适度（换乘方便度，乘车环境、拥挤度）
	应急系统	应急出警率（救援时间、人员、装备等）
可持续发展	节能减排状况	降低单位运输周转量的能耗和碳排放
	新能源使用情况	新能源汽车比重 铁路、水运、民航等运输低碳燃料
国防、经济安全状况	国防、经济安全要求	促进经济发展 降低交通能源依赖度
技术创新进步状况	科技研发	交通科技投入占交通总投资比重、贡献率
	技术装备水平	智能化率、信息化覆盖率
	人员素质	科技人员占从业人员比例
制度机制	法律法规	完备性
	土地、市场、投融资、税收、管理等体制机制等	治理效能

（三）目标层和指标层

根据全面实现“两个百年”目标对交通运输发展不同阶段的要求，提出相应的现代化交通运输发展目标和指标，具体如下。

1. 通达通畅性

现代化的通达通畅性主要是指交通基础设施的国际运输网络、国内运输网络的通达通畅性，交通基础设施能力的适应性，以及保证技术等级的不断提高等，构建畅通经济的现代化交通基础设施。

（1）通达性指标

通达性主要涵盖国内城乡间、城市内、城市间和地区间的网络通达，也包括陆上、海上、空中与邻近国家、地区乃至全球的通达状况。此外，还包括城市公共公交覆盖率等。

（2）能力适应性指标

交通运输基础设施要有足够的能力保证运输通畅。交通运输能力满足客货运输需求，是我国现代化交通运输发展战略目标的重要内容之一。选取固定设施能力保障状况、移动设施能力保障状况，尤其是现代化的枢纽（换装、换乘保障状况、多式联运状况）等。

2. 服务水平

服务水平的提高是满足用户需求的根本性标志，更是反映现代化交通运输系统发展状况和战略目标的重要内容。现代化交通运输服务水平，不仅保证安全便利、应急安全、旅客换乘等指标，更要提高准点率、舒适、快捷等指标。

（1）安全。选择单位运输周转量交通事故死亡人数下降比例。

（2）正点。一定程度上反映了服务水平。此外，公交分担率，公共交通占出行比重体现城市公交社会服务水平。

（3）快捷。出行效率是表示快捷性的主要指标。选择交通路径和交通方式的方便程度，以及交通满足经济发展需求和综合交通运输发展程度，可以用平均单位公里的时耗表示，出行时间 / 出行距离，还可以用运输效率表示。

（4）舒适度。表示各行业各阶层对交通运输提供的主观舒适度的指标。包括旅客换乘和货物中转的方便度，乘车环境、拥挤度等。

（5）应急系统。交通运输系统建设应急系统特别是其应对的状况，是评价现代化交通运输系统发展状况的标准之一。选择应急系统的出警救援时间、人员以及设备等。

3. 可持续发展

实现可持续发展，已成为现代交通运输系统建设的重要内容，是制订战略目标必须考虑的要求。要求加快构建绿色环保的现代化交通运输体系，关键在于加强交通资源的集约利用和生态环境保护。

（1）单位运输周转量的占用土地（岸线）下降比例、单位运输周转量的碳排放下降比例和单位运输周转量的能耗下降比例 3 个指标。

（2）城市交通中新能源汽车比重、铁路、水运、民航等运输低碳燃料。

4. 国防、经济安全要求

交通运输作为国防建设的基础设施之一，是保障国防运输和应对突发事件的需要。因此满足国防安全要求是评价交通运输系统发展状况的标准之一。主要指交通能源依赖度等指标。

5. 科技进步

现代化交通运输系统科技创新是指交通基础设施、装备设备以及管理服务水平都需要科技支撑，是评价现代交通运输系统发展状况的重要标准。主要指标包括交通科技投入占交通总投资比重、贡献率、智能化率（如无人驾驶汽车普及率等）、信息化覆盖率等。

6. 制度机制

交通运输系统体制机制主要包括完善的交通运输的法律法规以及土地、市场、投融资、税收、管理等体制机制等，是评价现代化交通运输系统发展状况的重要指标。主要指标包括法律法规的完备性以及治理能力的现代化水平等。

四、结语

基于分析我国交通运输现代化发展战略的内涵与特征，提出我国现代化交通运输指标体系，这对为制定我国中长期交通运输发展战略，率先实现交通运输现代化，建成富强民主文明和谐的社会主义现代化国家具有重大意义。

参考文献

[1] 王德荣. 中国运输交通运输中长期发展战略研究[M]. 北京:中国市场出版社, 2014: 63-78.

[2] 王德荣. 中国运输结构的现状与发展[J]. 世界轨道交通,2008,3: 16-19.

[3] U.S. DOT. Transportation Vision for 2030[M],2008, January 1-29.

[4] 王德荣. 王德荣文集[M]. 北京:人民交通出版社, 2013.

[5] 李善同, 刘云中. 2030 年的中国[M]. 北京:经济科学出版社, 2011.

[6] 黄民, 张建平. 国外交通运输发展战略及启示[M]. 北京:中国经济出版社. 2007, 1: 1-22.

[7] 徐宪平. 我国综合交通运输体系构建的理论与实践[M]. 北京:人民出版社, 2012.

新时期综合交通运输体系的发展路径研究

耿彦斌　李　可　陈　璟

（交通运输部规划研究院　北京　100028）

【摘　要】党的十八大以来，我国经济社会发展进入全新的历史时期，综合交通运输发展迈入新的阶段。围绕在新时期推进我国综合交通运输体系建设问题，借鉴国外发达国家综合交通运输发展主要经验，提出我国应坚持走中国特色的综合交通运输体系发展道路。进一步，采用 SWOT 分析方法，对新时期我国推进综合交通运输发展的内外部环境做综合分析。在此基础上，从发展主线、发展理念、需求管理、物流模式、客运取向、发展空间六大方面，提出了构建中国特色综合交通运输体系的实现路径。

【关键词】综合交通运输　中国特色　实现路径　道路　SWOT

Study on the Development Routes of Comprehensive Transportation System in the New Era

Geng Yanbin　Li Ke　Chen Jing

(Transport Planning and Research Institute, Ministry of Transport, Beijing 100028)

Abstract: Since the Eighteenth National Congress of the CPC, China's economic and social development has entered a new historical period, which advancing the development of comprehensive transportation into a new stage. The paper focuses on promoting the construction of China's comprehensive transportation system in the new period. Firstly, based on the summing up of the main experiences of foreign developed countries, the opinion is puts forward that our country should adhere to the Chinese characteristics road for the comprehensive transportation system development. Further, using SWOT analysis method, the comprehensive analysis of the internal and external environment is conducted for the China's comprehensive transportation development in the new era. Finally, from the development mainline, development ideology, demand management, logistics mode, passenger-transport orientation, and development space and so on, the realization routes are put forward for the construction of comprehensive transportation system with Chinese characteristics.

Keywords: Comprehensive transportation system　Chinese characteristics　Realization routes　Road　SWOT

党的十八大以来，中央提出了一系列治国理政新理念、新思想和新战略，我国经济社会发展进入全新的发展阶段，对综合交通运输发展提出了新的更高要求。新的历史时期，构建综合交通运输体系面临的环境更为复杂、肩负的任务更加艰巨、原有的要素深度变化，亟须提出新时期推进综合交通运输体系的发展路径。本文拟在借鉴国外发达国家发展综合交通运输体系的有益经验基础上，分析新时期我国推进综合交通运输体系的发展机遇、面临挑战、自身优势和存在不足，提出构建中国特色综合交通运输体系的六方面着力点，促进我国交通运输事业更好引领、适应和支撑经济社会发展。

一、中国特色综合交通运输体系发展之路的必然选择

从国外典型发达国家综合交通运输体系的发展经验和道路分析发现，世界各国推进综合交通运输发展并没有固定的路径和模式可以遵循。综合交通运输体系的形成与本国基本国情、经济发展阶段、社会结构背景等因素密切相关，还与市场机制的作用和效果强弱密切相关。发展综合交通运输，不仅是交通问题，更是复杂的经济社会问题。发达国家在构建综合交通运输体系时，普遍考虑国土开发、国家安全、国际竞争力、资源环境以及各方式比较优势等因素，尽管如此，受国情差异以及市场作用的不可预知影响，最终各国的发展模式、规模结构等均存在较大差异，很难找到一个“放之四海皆准”的标准范式直接用于我国。以发达国家运输结构为例，各国目前结构基本趋于稳定，但差异较大。旅客周转量方面，日本铁路占比达到70%以上，而美国、英国、德国等则仍以公路居主导地位。货物周转量方面，美国、加拿大、俄罗斯等国铁路占比较高，美国达到36%左右，而日本和英国则是公路发挥主体作用，占比均超过50%。

我国从20世纪50年代学界开始关注综合交通运输体系的构建问题，受交通行业发展阶段所限，“十一五”之前的综合交通运输体系发展，实际上是以各方式各自发展、加快提升能力、补齐各自短板为主线的，这一阶段的综合交通运输体系构建更多体现在理念指导层面，实践操作空间略显不足。“十一五”以来，随着交通运输总体服务水平与经济社会发展的基本相适应，辅之以综合交通行政管理体制的深化改革，综合交通运输体系构建进入理念和实践并行深化的新阶段，特别是经历两轮国务院大部门制改革后，综合交通运输发展理念深入人心，发展实践遍地开花，综合交通运输体系构建逐步实现由被动推动形态向主动推进形态的转变。参照国外发达国家实践经验，综合交通运输体系的构建，是以各种运输方式进行充分竞争为前提的，政府部门主要通过法律、规划、政策来引导市场需求创造公平竞争的环境，各方式主体间的统筹协调最终还是依靠市场机制发挥决定性作用。由于我国与西方发达国家在经济、地理、资源、人口、制度等方面存在较大差异，受我国经济社会发展阶段、基本国情、资源环境条件、各运输方式历史发展路径等因素影响，客观上决定了我国的综合交通运输体系发展无法完全照搬西方国家的既有模式。从我国基本国情出发，对应于供给侧结构性改革、新发展理念、三大战略、资源环境资金制约等新的发展环境和要求，我国构建综合交通运输体系必须选择走出一条具有中国特色的发展道路。

二、新时期我国综合交通运输体系构建环境分析

（一）机遇

一是享有“发展”的红利。在实现国内生产总值和城乡居民人均收入两个“倍增”的进程中，经济社会发展基本面长期趋好，交通运输需求持续旺盛的长期趋势和基本面不会发生大的改变，安全可靠、经济高效、便捷舒适的价值取向更趋增强，交通运输作为服务业中优先发展的领域，在拉动消费需求、改善消费环境、挖掘内需潜力、扩大就业中的地位和作用更加凸显。二是具有后发赶超的机遇。与美国上世纪70年代大规模建设交通基础设施时期相比，许多现代运输技术以及互联网技术已经成熟并得到广泛应用，便于我国采用“引进－消化吸收－再创新”的发展路径，实现对欧美国家的弯道超车。

（二）挑战

一是资源环境的巨大压力对交通发展空间形成制约。我国已成为世界第一大温室气体排放国，人均排放大幅超过世界平均水平；大面积严重雾霾现象日益常态化，70%左右的城市空气质量不达标；2020年交通建设用地将占全国的11.3%。“十三五”时期交通运输仍处于加速成网时期，面临的能源、土地、环境等刚性约束将进一步增强。二是投融资困局对行业持续发展的挑战。财税体制改革和加强地方政府性债务管理对地方交通建设融资带来重大影响，车辆购置税等专项资金的增速趋缓，PPP模式在基础设施领域推广进展缓慢，总体上，交通行业投融资环境未见好转，此外，还需要着力解决不断累积的债务风险，养护资金紧缺带来的规模性“失养”，以及建设成本的不断攀升等问题。

（三）优势

一是区域、需求多样性提供了发展空间。我国幅员辽阔，人口、产业及资源分布不均衡，资源要素和产业需求间呈逆向分布，货运需求仍然旺盛；我国居民收入水平持续增长，消费结构持续升级，出行的高端化和个性化趋向明显。总体上，需求结构的复杂性和多样性为交通运输供给端发展提供了巨大的空间。二是当前发展阶段为交通综合发展提供了扎实基础。目前我国各种运输方式总体网络布局形态基本成型，基本能够适应经济社会发展的需要，方式间形成了一定的市场竞争，正在加快推进各自网络完善、结构调整、运输一体化和发展方式转变，可以说，当前的交通运输发展水平已经为构建中国特色的综合交通运输体系提供了良好条件。

（四）劣势

一是基础设施“人口多底子薄”现象将长期存在。我国处于并将长期处于社会主义初段阶段的基本国情没有变，从交通行业看，尽管总量较大，但人均看仍很薄弱。我国综合交通网面积密度约为日本的1/6，欧盟的2/5，美国的7/10，综合交通网人口密度则比美国、欧盟、日本、俄罗斯低一半以上，其中美国约是我国的6倍多。二是我国设施和运输结构仍有待优化。各种运输方式发展不平衡的问题依然比较突出，特别是铁路、内河、综合运输枢纽及其集疏运系统仍是薄弱环节，仍需解决公路长途运煤、内河优势不充分和综合枢纽衔接不畅等问题。

三、中国特色综合交通运输体系的实现路径

新的历史时期，要立足我国发展实际与面临环境，在发展主线、发展理念、需求管理、物流模式、客运取向、发展空间上多点着力，努力走出一条具有中国特色的发展道路，发挥好引导和支撑经济社会发展的两个作用。

（一）发展主线上，坚持抓好交通行业供给侧结构性改革

交通运输作为国民经济运行的重要载体，把社会生产、分工、交换和消费各个环节有机联系，与工业、商贸、旅游等多个产业密切关联，既有助于消化钢铁、水泥等过剩产能，又能在稳定增长、结构调整中发挥突出作用，理应在国家供给侧改革布局中发挥重要作用。新时期做好交通运输行业的供给侧改革，中心思想是要切实提高投资的质量和效益。

一是优化供给结构，包括区域结构、城乡结构、方式结构、军民结构。加大对贫困地区的政策支持力度，改善中西部地区的交通条件来优化区域交通结构；改善城乡公共交通服务水平来优化城乡交通结构；充分发挥铁路、内河、城市公交系统等大容量交通方式的比较优势，优化方式结构；按照“平时服务、急时应急、战时应战”的原则实现来实现交通运输与国防交通的统筹发展。

二是因地制宜做好增量项目遴选，实现供需协调发展。现在对于高速公路、高速铁路建设存在一定冲动，许多地方希望“县县通高速、市市通高铁”，应科学评估建设需求和综合效益，充分考虑资源环境约束、资金约束，综合运用项目审批、投资引导等手段，掌握好建设速度和节奏。同时，要瞄准新消费和新需求，适应客运快速化、货运一体化的发展特点，拓展建设领域，在提供个性化、定制化产品方面下功夫。

三是盘活基础设施存量，发挥交通优势拉动产业发展。交通设施对外能够“扩腹地”，对内可以带动形成经济发展高地。法国依托福斯港，形成了炼油－石油化工、钢铁－金属加工为主体的工业体系，产量占到全国的1/4；日本新建工厂的40%建在距高速路出入口10km范围内。“十三五”时期，应更加注重交通与产业的融合发展，充分发挥交通运输的先导性作用，拉动产业沿交通点轴集聚，特别是要搞好交通轴沿线土地的综合开发，统筹考虑高铁走廊沿线产业规划，超前谋划通用航空产业功能。

（二）发展理念上，坚持充分发展大容量公共交通

交通发展受到国土资源禀赋、能源供给保障、环境生态承载能力、公众出行偏好、产业结构特点等因素的影响，必须针对国情，采取适宜的发展模式。我国人均拥有国土面积仅为美国的1/6，不可能照搬美国模式走小汽车出行为主的私人交通发展模式，必须坚持以公共交通为主的发展导向。

一是建设“轨道上的城市群”。城市群交通的突出特点就是大规模、高频率的人员流动，城际轨道（城际铁路、市郊铁路、通勤列车）具有大容量、快速化的特点，容易分流小汽车出行、减轻城市交通压力，也是引导沿线城市功能布局和土地开发利用的重要走廊。“十三五”时期，要在京津冀等城市群，加快推进城际轨道建设，积极发展大城市市域

（郊）铁路，构建衔接大中小城市和小城镇的多层次快速客运网络。以京津冀城市群为例，实现交通一体化发展，核心是要促进干线铁路、城际铁路、市域（郊）铁路、城市轨道“四网融合”。

二是提升内河水运资源综合利用水平。“十二五”开局之际，内河水运发展上升为国家战略，内河水运具有运能大、成本低、能耗低的优势，应进一步发挥其比较优势。要加强主要港口的铁路、公路集疏运通道建设，实现高等级公路与内河主要集装箱港区的联接。要加快推进内河运输船舶船型标准化，积极发展集装箱运输、干支直达和江海联运。要提升水资源综合利用水平，加强部门协调，实现防洪、航运和发电的统筹兼顾和共同发展。

三是确保城市公共交通优先发展。进一步实施城市公共交通优先发展战略，将公共交通发展放在城市交通发展的首要位置，构建以公共交通为主的城市机动化出行系统。加强轨道交通、BRT 等大容量交通系统的构建，与地面常规公交协调配合，共同构建包容性的城市公共交通系统。将城市公共交通发展作为重要民生工程，加大公共财政投入力度，建立城市公共交通用地综合开发政策落实机制。充分重视慢行系统建设，在中小城市，将慢行系统作为重要出行方式着力建设和完善，在大城市和特大城市，着力提升慢行交通对地铁、公交的接驳功能。

（三）需求管理上，坚持统筹好交通运输需求的适应与引导

在实施交通供给侧结构性改革的同时，做好交通运输需求侧综合管理。我国经济发展过去对于需求侧的认识更多的是从刺激的角度来对待，交通行业以往则更多强调对出行需求的适应和满足。根据当斯定律，“新建的道路设施会诱发新的交通量，而交通需求总是倾向于超过交通供给”，需求永远是无法满足的，在当前已经解决公众基本出行需求的背景下，行业应避免单方面注重对于需求的适应和满足为目标来发展供给，而应适度运用各类有效手段来进行需求侧的引导，“适应”和“引导”都是需求侧管理的应有之义，相得益彰，不可偏废。

一是推进出行方式转变。要通过技术标准等政策手段提高公共交通便利化水平，引导出行方式由小汽车向公共交通转变，鼓励出行者改变出行行为以达到减少交通量的目的。例如，通过优化民航与高铁时刻的相互衔接，提高空铁联运的服务水平，引导机场的集散由公路向铁路转移；还可以进一步完善城际汽车租赁系统，提供异地租车的便利化服务，使城际间出行由单纯依靠小汽车向“高铁＋租车”的模式转变。

二是鼓励智慧化出行。通过使用先进技术，特别是智能交通系统有关技术手段，为出行者提供更为有效、实时的交通信息，使用户的出行选择行为更加理性和合理。例如，通过建立信息发布和共享机制，鼓励出行者拼车出行，解决货主和车主的信息不对称问题，及时发布高速公路拥堵状况下的分流路径选择，提高整个运输系统的效率；还可以应用大数据技术来更加准确的分析和预测 OD 需求，据此来优化民航和高铁的排班计划以提高上座率，从而提高资源利用效率。

三是促进出行的空间相对均衡。路网中车流的分布是不均衡的，通过交通需求管理，尽可能减少交通过度集中而造成某个节点或路段的拥堵，发挥网络的整体效能。例如，可以提前发布交通诱导信息，引导拥堵路段向非拥堵路段转移，比如在节假日高速公路免费期间，提前发布拥堵备选路径，将高速公路出行向国省干线分流，向高铁和民航分流；必要时还可以考虑划设高速公路的客运或货运专用通道，计划性的引导不同类型出行需求的空间分布。

四是引导出行的时间相对均衡。交通出行在一天中的分布是不均匀的，比如在城市地区一般有2~3个高峰时段，在时间分布上对交通出行进行削峰填谷使之尽可能相对分散出行是交通需求管理的重要目的。例如，通过价格引导政策实现削峰填谷，目前民航系统已经普遍提高了价格对于时间的敏感程度，地铁系统如北京等城市也开始探索分时段的价格政策，建议高铁系统可以考虑引入这一方案；另外，在高速公路上，为降低日间货运车辆的出行频率，提高出行的安全性，可以考虑出台高速公路对于货运车辆的夜间出行优惠政策，吸引货运车辆由日间出行向夜间出行转变。

（四）货运模式上，坚持交通物流品质化发展。

2013年，我国制造业产出占世界比重达到20.8%，连续4年保持世界第一大国地位。但近年来发达国家纷纷实施“再工业化”战略，吸引制造业回流；东南亚等发展中国家依靠其成本相对优势积极参与全球产业再分工，承接产业及资本转移。在“双向挤压”的严峻挑战下，我国发布《中国制造2025》，力争用10年时间，迈入制造强国行列。预计未来货物运输需求总量曲线将渐趋平缓，小批量、高附加值产品运输需求将更加迫切。我国要成为制造业强国，交通物流业水平事关生产力布局和出口竞争力，目前我国交通物流业最突出问题在于“小、散、乱”，必须坚持品质化发展道路，支撑新型工业化发展和制造业强国战略实施。

一是建立分层次的物流信息数据交换平台。我国道路货运行业市场主体分散，户均车辆数不足1.5，且车辆与货源供需分散，信息不对称。近年来，交通行业重视物流信息平台建设，政府部门主导建设的平台近20个，国家交通运输物流公共信息平台日均交换量稳定在80万条；企业建立的平台近千家，主要为中小企业提供信息配载服务。下一步，要继续升级完善国家平台，推进区域交换节点建设，基本形成全国性层次化物流信息基础交换网络，并推动区域间和行业内的物流平台的互联互通。

二是培育发展专业化高端物流企业。我国物流领域缺乏专业性强（包括化工、危险品、冷链、特种装备等领域）、精细程度高的龙头企业，企业竞争力不强。我国最大的物流企业中外运2014年物流收入不及德国邮政DHL集团1/4，差距明显。天津港“8·12”瑞海公司危险品仓库特别重大火灾事故，以及内地多个港口先后限制办理烟花爆竹出口业务的现象，则说明我国危险品物流专业化水平低，缺乏实力强的龙头企业。应支持企业以兼并联合、资本运作等多种渠道，尽快壮大规模，形成一批大型现代专业物流品牌企业。

三是完善和优化物流枢纽布局。我国是产业承接国，也要做剩余产能输出国，利用好“两种资源”和“两个市场”，都需要功能强大、辐射范围广的物流枢纽作为支撑。现在我国港口体量都不小，原因是腹地经济强，但中转量不大，效益也不如国外港口。上海组合港（含江浙两翼）年吞吐量高达17.8亿吨，集装箱吞吐量约5700万TEU，如能与长江港口江海联运，其联动效应将非常显著。未来应去行政化，再打造若干个多式联运功能强大的物流枢纽。

（五）客运取向上，坚持城镇交通精细化发展

未来我国城镇化率每年将以1%左右的速度增长，每年由农村向城市转移的人口将达到1200万~1500万人；同时，目前我国已经成为世界上汽车产销量最大的国家，2020年我国民用汽车保有量将超过2亿辆。城镇化和机动化的进程，将加速城乡、城际、区域间的人员流动，人民生活水平的提高，个性化、品质化出行比例更高，可以预见，未来客运总量将持续增长，但出行比例会向个性化、品质化发展，出行性质会向旅游、探亲、休闲型出行变化。出行频次、范围、要求的深度变化，将带来交通行为复杂性的指数级提升。2015年底召开的中央城市工作会议提出做好“五个统筹”，走中国特色的城市发展道路，城市工作将实现三大转型。笔者认为，面向新时期城市工作的交通运输发展，突出表现在“三个转变”，即由注重基础设施建设向空间要素协同转变，由注重大循环向微循环转变，由低智慧出行向高智慧出行转变。

一是推进土地、空间与交通要素的一体化。要优化城市空间布局，倡导公共交通支撑和引导城市发展的规划模式，统筹城市空间布局、功能分区、土地利用和交通需求，加强城市公共交通规划与新型城镇化规划的衔接，充分发挥公共交通对城市发展的先导作用。要加强城市内外交通便利衔接，促进城市交通与对外交通的顺畅衔接和能力匹配，注重相关基础设施和服务功能的配套建设，推进运输服务一体化。

二是搞好交通的微循环。逐步推广社区微型巴士、公共租赁自行车等出行方式，解决居民最后一公里出行问题。在特大城市尝试实施停车场差异化收费和建设驻车换乘系统等需求管理措施，加强停车设施规划建设及管理。落实城市建设项目交通影响评价制度，并作为项目实施的前置性条件，严格落实公共交通配建标准，实现同步设计、同步建设、同步验收。大力发展汽车租赁、包车客运、定制公交等交通服务方式，通过社会化、市场化手段，满足多样化的出行需求，提高车辆的利用效率。

三是大力发展智慧交通。通过做好各方面信息的采集、集成和系统开发，为公众提供更加方便、多元的出行信息服务。推进城市公交一卡通的互联互通，尽快完善一卡通技术标准，对清分结算、服务价格、风险管控等制度规则进行规范，先期实现20个城市交通一卡通的互联互通。推进道路客运联网售票系统建设，于2016年底前基本建成部、省两级系统并实现全面联网，实现二级以上客运站道路客票实名联网售票的全覆盖。

（六）发展空间上，坚持打造开放型交通运输体系

当前，“一带一路”建设已经进入重点突破、抓好落实的关键阶段，交通运输互联互通是“一带一路”战略的基础，也是重点。国务院出台的《推动共建“一带一路”愿景与行动》，把基础设施互联互通作为优先领域，其中交通运输是重中之重。交通运输推进“一带一路”建设，在发展空间上应坚持打造开放型交通系统。

一是强化廊道。以周边国家为重点，大力推进国际陆上运输大通道建设，重点关注中蒙俄、新亚欧大陆桥（境外段）、中巴、孟中印缅等4大经济走廊，加快形成交通基础设施主通道。充分利用亚投行、丝路基金等融资平台，统筹和创新融资渠道，综合运用多种手段，从基础设施、国际运输便利化等方面加快推进廊道互联互通。

二是连接欧亚。按照麦金德悖论，中亚作为世界的中心，却是世界权力的边缘。中亚之于中国，实为中国之战略大后方和资源重地。要通过开行中欧班列，贯通中欧走廊，改善口岸通关环境，进一步扩大国际铁路班列、国际道路运输规模和范围，努力将新疆建成丝绸之路经济带上重要的交通枢纽，将我国文化、经济、政治、军事影响力辐射到亚洲、欧洲。

三是建立支点。在经马六甲、印度洋至北非、欧洲方向上，围绕海外港口打造一批重要战略支点，发挥好主要港口作为战略支点的作用，提高能源运输安全保障水平。通过摸索和实践，我国企业海外投资已逐渐由投资参股码头向投资控股码头转变、由投资集装箱码头向多类型码头拓展。

四是开拓新线。特别是北极航道的开发与利用，北极航线是我国与欧洲、北美、亚洲远东地区的联系捷径，对我国具有重要影响。如大连的集装箱从横滨到鹿特丹港，经好望角需航行 30 天，经马六甲海峡需 23 天，但北极航线仅需 15 天。北极航道开通后，俄罗斯、北欧丰富的石油、铁矿石资源将以更低的成本运往我国，大大缩短我国与欧洲间的贸易距离，提高我国产品在欧洲市场的竞争力。

五是企业走出去。加大参与交通领域国际组织工作的力度，提高在国际标准规范制定中的话语权，推进交通运输标准国际化，推动我国高铁、快速铁路、港口、公路工程建设和产品技术“走出去”。完善并落实支持交通运输企业“走出去”的优惠政策，努力消除企业在跨国并购、技术转让、市场准入方面的法律障碍、技术壁垒和歧视性措施。

四、结语

国外典型发达国家已基本完成综合交通运输体系的构建，从其发展经验和道路分析发现，世界各国推进综合交通运输发展并没有固定的路径和模式可以遵循。我国在新的历史时期，必须坚持走具有中国特色的综合交通运输体系发展道路。本文紧扣交通运输转型发展这条主线，着眼于新时期构建综合交通运输体系面临的新形势、新特点、新要求，从发展主线、发展理念、需求管理、物流模式、客运取向、发展空间等六个角度，提出了中国特色综合交通运输体系的实现路径，供业内人士参阅、交流与指正。

参考文献

［1］耿彦斌，李可，陈璟．综合交通运输体系发展有径可循［N］．中国交通报，2016-06-22 (005).

［2］耿彦斌．交通运输供给侧结构性改革 实现更高水平的供需平衡是最终目标［N］．中国交通报，2016-05-31 (008).

［3］中华人民共和国交通运输部．关于贯彻《国务院关于加快长江等内河水运发展的意见》的实施意见［Z］．交水发［2011］76 号，2011.

［4］邵春福．交通规划［M］．北京交通大学出版社，2012.

［5］郭继孚，毛保华，刘迁，等．交通需求管理——一体化的交通政策及实践研究［M］．科学出版社，2009.
［6］交通运输部规划研究院．全面建成小康社会交通发展目标及指标体系研究［R］，2015.
［7］仇保兴．“工业立市不可持续”［EB/OL］.http: //magazine.caijing.com.cn/20151225/4040637.shtml,2015-12-5.

我国现代化交通运输发展战略目标研究

王德荣　高月娥

（中国交通运输协会　北京中交协物流研究院　北京　100825）

【摘　要】目前，我国正处于全面建成小康社会的关键时期，研究现代交通运输发展战略目标，是编制我国中长期交通运输发展战略的关键。根据在建国一百年时建成富强民主文明和谐的社会主义现代化国家的要求，本文站在战略高度，从国际、国内视角出发，以交通运输综合发展、绿色发展、创新发展、智慧发展、开放发展、人文发展等理念作为支撑，基于交通行业发展、用户感知分析，研究按照交通运输现代化的总体要求，结合宏观与微观，共性与个性，考虑长远与当前，分阶段确定2020、2050年我国交通运输现代化发展目标，为制订我国中长期交通运输发展战略提供重要参考。

【关键词】现代化　交通　目标　指标体系

Research of Development Strategic Target of Modernization Transportation in China

Wang Derong　Gao Yuee

(China Communications and Transportation Association,
Institute of Logistics and Transportation of Beijing, Beijing 100825)

Abstract: China is now in a critical period of completing the building of a moderately prosperous society in all respects, and study on the strategic goal of modern transportation development is the key for planning China's long-term transportation development strategy. In this paper, according to the requirements of building a prosperous, strong, democratic, civilized and harmonious socialist modernized country when the founding of the state of 100 years. According to standing in the strategic height, from the international and domestic perspective, being supported by comprehensive development, green development, innovation development, intellectual development, open development and human development of transportation, based on the development of transportation industry and user perception analysis, accommodating the general requirements of the transportation modernization, combining macro and micro, generality and individuality, considering long-term and current, we determine in stages China's transportation modernization development goals by 2020 and 2050, to provide an important reference for the development of China's long-term transportation development strategies.

Keywords: Modernization　Transportation　Connotation　Index system

一、引言

到2050年，我国将处于经济社会转型期关键期和后小康社会的攻坚期。预计到2020年我国拥有人口约14.2亿，人均GDP将达到10000美元，同时还将实现单位国民生产总值CO_2的排放量下降40%~50%，交通运输面临巨大的机遇与挑战；预计到2030年我国人口约14.7亿，之后人口将出现负增长，人口老龄化问题进入最严峻时期；同时城镇化率将达到70%；人均GDP将达到20000美元，步入高收入国家的行列。将是我国的经济重要转折期，交通运输发展也将在这一时期出现历史性转折，综合运输体系基本适应国民经济社会的发展。预计到2050年，我国人口将达到14.6亿，人均GDP有可能达到40000美元。21世纪中叶也是我国实现现代化的关键时期，现代综合运输体系基本构建，不断引领国民经济社会发展的需求。

二、我国现代交通运输发展战略总体思路

根据2020年全面建成小康社会和2050年建成富强、民主、文明、和谐的社会主义现代化国家宏伟目标的总体要求，以现代化为指引，统筹谋划我国现代化交通运输未来发展的战略目标、建设任务和实施路径。我国现代化交通运输发展战略总体思路如图1所示。

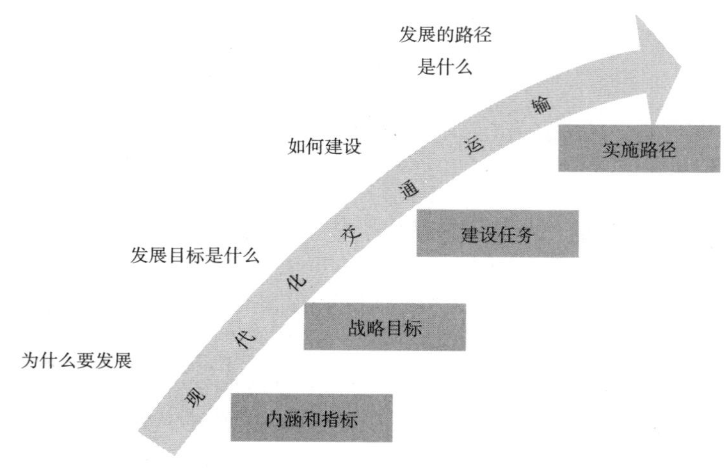

图1　我国现代交通运输发展战略总体思路

三、我国现代交通运输发展战略基本原则

（一）坚持突出重点，服务引领现代化经济社会发展原则

交通运输是国民经济和社会发展的基础性、先导性和服务性产业，应紧紧围绕着实现现代化目标和方向，突出反映支撑引领现代化经济社会发展。

（二）坚持全面统筹，超前发展原则

统筹考虑国际国内两个大局，兼顾自然禀赋、经济布局、地区分布、国土开发、城

镇化格局、对外开放，以及国防建设、经济安全和社会稳定对现代化交通运输的要求，立足现阶段客货运输需求，坚持交通运输超前发展原则。

（三）坚持优化结构，协调发展原则

充分发挥各种运输方式的技术经济特征和比较优势，优化运输结构，推进各种交通运输方式间、各种运输方式与城市交通系统以及每种运输方式内部间的协调发展。

（四）坚持人民主体地位，惠及民生原则

在交通运输设计、建设、运营等方面，坚持以人民为中心的发展思想，提高运输服务水平；大力发展轨道交通、公共交通、农村公路等民生工程，扩大交通网覆盖面，维护社会公平正义，充分反映现代交通运输使用者不同层次人群的诉求，增进人民福祉。

（五）坚持安全第一，提升服务水平原则

提高客货运输安全，提升安全生产理念，加强交通安全管理和监督，减少交通事故频发多发。进一步扩大服务范围，增强服务能力，提升服务水平和服务质量，提高交通运输用户满意度。

（六）坚持低碳发展，绿色交通原则

注重资源节约，减少能源消耗，保护生态环境，各种运输方式共线，节约土地资源，建立与我国国情和资源禀赋相适应的、低碳发展的现代化综合交通运输体系，强化绿色出行，加强交通安全。

（七）坚持维护国防安全，提升应急能力原则

适应巩固国防和加强战备、维护社会稳定、保障国家经济安全，特别是能源运输安全的需要，提高国防交通的机动性与应对重大自然灾害和突发事件的能力。

（八）坚持科技创新，增强效率效益原则

实施科技强交战略，统筹推进科技创新能力建设，研发重大交通科技技术与应用，加强信息化建设，推广成果转化等，增强行业发展的强大动力，提升交通运输效率和效益。

（九）坚持市场导向，全面深化改革原则

坚持以市场为导向，统筹交通运输的经济效率和效益，在管理、运营中强化市场的决定性作用，合理配置运输资源，更好发挥政府作用；通过全面深化改革，发挥各种运输方式的优势和交通网络效能，为交通现代化发展提供动力。

（十）坚持地缘政治，增强国际竞争力原则

重视地缘政治，加强与周边国家和地区的交通通道建设，这既是解决地区间交通瓶颈，实现互联互通，又是解决边界安全的战略举措。

四、现代化指标体系

（一）现代化指标权重方法

权重的研究主要使用主观赋权法。主观赋权法主要是由专家根据经验主观判断而得到，采用 AHP 法。低级指标通过一定的权重加权平均计算得到高级指标，在现代化交通运输指标研究中，三级指标（指标层）通过不同的权重计算得到二级指标（目标层）；二级指标通过不同的权重计算得到一级指标（功能层）；而一级指标又可以通过一定的权重计算得到现代化交通运输指数。权重的确定坚持系统优化、客观性、民主与集中相结合的原则，通过重点调研综合运输、公路、铁路、民航业内专家，经过专家分析打分，结合数学方法，对一级指标通达通畅状况、交通服务水平、可持续发展、国防经济安全及技术创新进步、制度机制等分别计算得出经验权重。二级指标和三级指标也采用AHP法确定权重。

（二）现代化交通运输指数

通过现代化交通运输指标体系中三级不同的指标计算权重，最后合成现代化交通运输指数。通过计算，我国现代化交通运输指数预期2020、2030、2050年分别达到83.0、92.4、98.3，如表1所示。

指标分数及现代化交通运输指数结果 表1

一级指标（功能层）	2020年	2030年	2050年
运输通达通畅状况	82.0	92.5	97.5
运输服务水平	82.8	92.3	97.5
可持续发展	85.0	95.0	100.0
国防、经济安全保护状况	80.0	90.0	98.0
技术创新进步状况	84.0	92.5	100.0
制度机制	80.0	90.0	97.0
现代化综合指数	83.0	92.4	98.3

五、战略目标选择

（一）目标要素分析

根据实现现代化交通运输战略目标的可能性分析法的要求，对主要影响战略目标实现的因素进行分析。鉴于我国交通运输业经过多年的发展，总体上基本适应了经济社会的发展需求，根据对我国现代化交通运输指数预期2020、2030、2050年分别达到83.0、92.4、98.3，对2020年交通运输发展战略目标拟定为基本实现现代化，2030年拟定为率先实现现代化，2050年继续实现现代化。

时间因素。2010~2020年期间交通运输系统的总投资匡算大致为28万亿元，约占同期GDP比重超过4.2%。因此，到2020年我国交通运输可以建成基本适应或满足经济社会发展的交通运输体系。2020~2030年期间交通运输系统的总投资匡算大致为50万亿元，约占同期GDP比重超过3.8%。这一投资目标是可以实现的。2030~2050年期间交通运输系统的总投资约占同期GDP比重超过3.0%。这一投资目标是可以实现的。

技术装备因素。技术装备的供给条件直接影响现代化交通运输能力、服务水平和运输企业的效率和效益，随着未来我国科技水平的提升，通过技术、运营和管理的创新驱动，交通运输技术装备水平的不断提高，是可以实现目标的。

人力资源因素。交通运输人力供应状况直接关系运输的服务质量以及未来的可持续发展，由于我国是劳动力资源大国，加快人才培养等战略的实施，目标是可以实现的。

时间因素。2015~2020 年、2020~2030 年、2030~2050 年分别建成以上交通运输基础设施，需要一个时间过程，综合分析时间因素是可以保障的。

工业化进程阶段。我国正处于工业化中期向后期转型阶段，我国交通运输需求不断增加，同时物力、人力、财力的增长，也为实现现代化战略目标奠定基础。

自然禀赋因素。贯彻落实科学发展，合理利用土地、水等资源，适应气候变化，推进节能减排，这一目标是可以实现的。

认识因素。未来几十年，交通运输需求仍将持续增长，推进现代交通运输体系建设对增强我国综合国力和竞争力已经得到社会共识。

体制政策因素。通过全面深化改革，良好的体制机制将有力地促进现代化交通运输发展战略的实现。

（二）战略目标的选择

现代化交通运输战略目标的选择主要取决于投资规模、时间进程、技术装备及人才满足程度等多种因素。其中，战略目标选择的关键是在这一历史时期交通运输建设所投入资金规模。从资金规模分析，2010~2020 年期间，我国交通运输建设所需固定资产投资匡算为 28 万亿元左右，相当于这一时期 GDP 总量的 4.2%。因此，经过未来 5 年左右的加快发展，到 2020 年我国现代交通运输发展战略目标是基本实现现代化。2020~2030 年期间，设想我国交通运输仍有较快发展，匡算建设所需固定资产投资 50 万亿元左右，相当于这一时期 GDP 总量的 3.8%，因此，2020 年再经过 10 年的建设，未来交通运输发展战略目标是率先实现现代化。2030~2050 年期间，设想我国交通运输仍有较快发展，匡算建设所需固定资产投资相当于这一时期 GDP 总量的 3.0%，因此，2030 年再经过 20 年的建设，未来交通运输发展战略目标是继续实现现代化。

根据国外以及我国的发展经验，只要政策实施得当，这一投资规模是可以实现的。从时间进程分析，只要采取措施适当，尽早规划、设计和施工，这一目标可以实现。从运输装备的设计制造和施工能力分析，我国已加大对技术装备制造业的扶持力度，施工能力能够完成已有任务，各层次人才也能满足我国现代化交通运输发展的需要。因此，未来 2020 年现代交通运输发展战略目标为基本实现现代化，2030 年战略目标为率先实现现代化，2050 年战略目标为继续实现现代化，具体分为“三步走”，如图 2 所示。

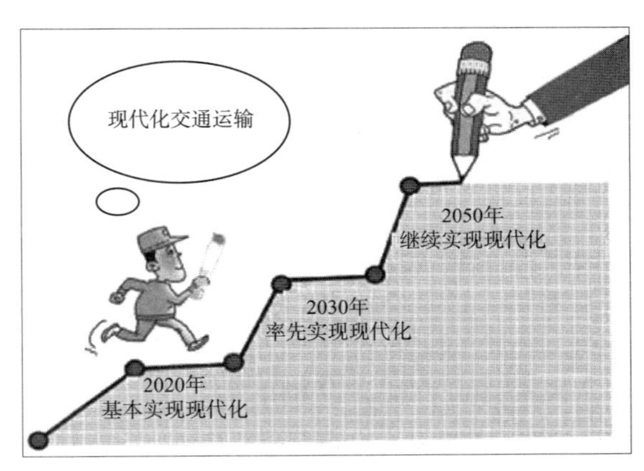

图 2　我国现代化交通运输“三步走”战略

1. 2020 年战略目标

基本实现交通运输现代化。根据全面建成小康社会目标的总体要求，紧紧围绕以创新、协调、绿色、开发、共享为发展理念，以推进供给侧改革为发展主线，优化运输结构，充分发挥各运输方式的比较优势，拓展基础设施建设空间，构建内通外接的运输通道网络，加快建设现代高效的城际城市交通，加快海上运输通道建设，盘活存量，用好增量，提高效率和效益，提升服务质量，打造一体衔接的综合交通枢纽，推动运输服务低碳智能发展，保障国家安全，建立基本满足经济社会发展和基本具有全球经济竞争力的一体化的交通运输体系，基本实现交通运输现代化。届时，中国交通运输现代化指数预期达到 83。

2. 2030 年战略目标

率先实现交通运输现代化。根据实现现代化的总体要求，以可持续发展为主题，推进各运输方式协调发展，使运输结构更加合理，满足不同层次的运输服务需求，加强科技创新，推动交通运输较为富有效率、较为公平，较好满足国民经济持续快速发展和国家安全的要求，促进全社会就业和经济增长，减少交通能源依赖度，基本建成具有全球经济竞争力的、互联互通、服务满意、绿色低碳的现代化交通运输体系，率先实现交通现代化。届时，中国交通运输现代化指数预期达到 92。

3. 2050 年战略目标

继续实现交通运输现代化。根据实现现代化的总体要求，以创新发展为主题，促进各种运输方式一体化发展，使运输结构更加优化，满足个性化、深层次的运输服务需求，推动交通运输更加富有效率、更加公平，满足国民经济持续快速发展和国家安全的要求，促进国家富强和社会和谐，最大限度减少交通能源依赖度，全面建成具有全球经济竞争力的、服务一流、智慧高效、充满活力的现代化交通运输体系，继续实现交通运输现代化。届时中国交通运输现代化指数预期达到 98。

六、结语

根据 2020 年全面建成小康社会和 2050 年建成富强、民主、文明、和谐的社会主义现代化国家宏伟目标的总体要求，提出我国现代化交通运输发展战略总体思路，根据基本原则，构建现代化指标体系，引入现代化交通运输指数，设计现代交通运输发展战略目标，这是编制我国中长期交通运输发展战略的关键。

参考文献

[1] 王德荣 . 二十一世纪我国运输发展战略问题 [J] . 交通运输工程与信息学报 , 2003, 1(1): 1-5.

[2] 张国伍 . 中国 “十二五” 交通运输发展战略——“交通 7+ 1 论坛” 第十六次会议纪实 [J] . 交通运输系统工程与信息 , 2009, 9(5): 1-10.

[3] 北京中交协物流院 . 转变交通运输发展方式的政策措施研究 [R] . 北京 : 2012.

[4] 王德荣 , 高月娥 . 关于编制“十二五”交通运输发展规划若干问题的思考 [M] . 北京 : 人民交通出版社 , 2010.

[5] Wang Derong, Gao Yuee. Connotation And Design On The Strategic Target For The Development of China’s Communications And Transportation [C] , International Confer-

ence on Transportation Engineering 2007: 1891-1896.

［6］李茜．发达国家及地区交通运输长期发展战略分析［J］．综合运输，2016 (7): 86-90.

［7］项国峰．论运用科学发展观制定交通发展战略［J］．交通标准化，2004 (12): 10-15.

［8］向爱兵．2020 年我国交通运输发展目标指标体系构建［J］．综合运输，2013 (8): 10-16.

［9］贾进．新时期我国交通运输发展战略转型的思路和要点［J］．综合运输，2012 (3): 4-10.

［10］周乐．我国交通运输现代化的战略思考［J］．综合运输，2003 (7): 9-14.

交通运输科技成果推广问题与思路

樊东方　张晓利

（交通运输部科学研究院　北京　100029）

【摘　要】当前全球科技革命发展的主要特征是从“科学”到“技术”的转化，只有科技成果转化的渠道顺畅了，才能真正落实创新驱动发展战略。交通运输领域一直存在着科技成果向现实生产力转化不力、不顺、不畅的问题，本文从科研项目模式、科技成果质量、科技成果转化激励机制、转化渠道等角度论述了目前交通运输领域科技成果推广难的深层次问题症结。并从科技推广体制机制改革、完善技术转移机制、激励科研机构面向成果转化而开放共享资源和加强科技成果汇总和有效利用等方面给出交通运输行业科技推广主要思路。

【关键词】交通运输科技推广　科技体制改革　激励机制　技术转移机制

The Main Promotion Problems and Points of Scientific and Technological Achievements in Transportation System

Fan Dongfang　Zhang Xiaoli

(China Academy of Transportation Sciences, Beijing 100029)

Abstract: The main feature of the current global revolution of science and technology development is from “science” to “technology”. Only the channel of transformation of scientific and technological achievements is smooth, we can truly implement innovation-driven development strategy. Transportation domain has been lack of channels of scientific and technological achievements into realistic productivity. Based on the problems, this article discusses the issue from points of view, such as the scientific research pattern, the quality of scientific and technological achievements, the incentive mechanism of science and technology achievements transformation, and the transformation channel. It also puts forward the main promoting ideas about the popularization of science and technology system reform in transportation industry, in the ways of perfecting the technology transfer mechanism, motivating research institutions to emphasize achievements trastermation and open sharing resources and strengthing the scientific and technological achievements summary and effective utilization.

Keywords: Transportation science and technology promotion　Science and technology system reform　Incentive mechanism　Technology transfer mechanism

一、引言

当前全球科技革命发展的主要特征是从“科学”到“技术”的转化，科技成果不能仅仅停留在经费上、填在表格里、发表在杂志上，而是要面向经济社会发展，坚持产业化导向，才能真正实现科技的价值。科技成果转化是科技创新链条中相当重要的关键环节，只有科技成果转化的渠道顺畅了，才能真正落实创新驱动发展战略，促进科技与经济的结合，才能从根本上提高经济效益和社会效益，合理利用资源。

多年来，交通运输领域一直存在着科技成果向现实生产力转化不力、不顺、不畅的痼疾，其中最为突出的现象是创新和转化各个环节衔接不够紧密，就像接力赛一样，第一棒跑到了，下一棒没人接，或者接了不知道往哪里跑。基础研究、应用研发和科技推广各自为政，自成体系，没有从根本上进行衔接和连贯，导致虽然每年的科技成果很多，但是科技成果转化率远远低于发达国家水平。

二、交通运输领域科技成果推广难的深层次问题症结

（一）问题一：传统的科研项目模式不利于科技成果推广

2013 年纳入交通运输科技统计的科研机构达到 127 个，其中事业性科研机构 36 个，转制为企业的科技机构 23 个，高等院校 16 个，交通运输企业 41 个，其他性质科技机构 11 个。全年完成交通运输科研建设投资近 14 亿元，拥有科研仪器设备 5.2 万台（套），实验室 180 个，工程技术（研究）中心 100 个，其中省部级以上重点实验室 135 个，省部级以上工程技术（研究）中心 86 个。科研项目研究结构构成如图 1 所示。截至到 2015 年底，行业重点实验室达到 50 个，行业研发中心总数达到 18 个，覆盖了公路工程、运输工程、交通安全、环保节能和智能运输等众多专业技术领域。

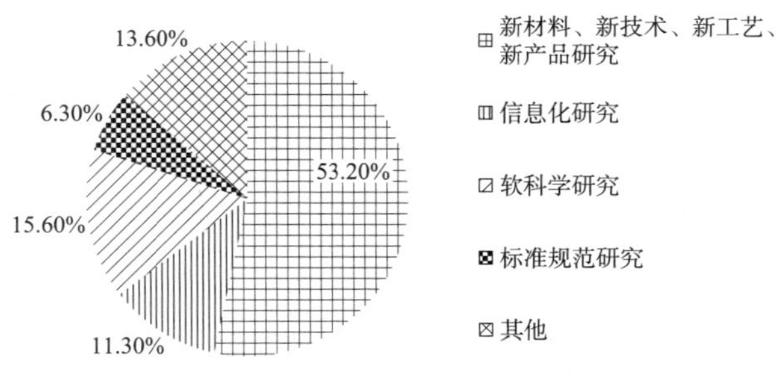

图 1　科技项目数量结构（按项目类别）

虽然行业科技投入和科研机构数量庞大，但是目前科技成果推广模式基本仍然停留在传统的运作模式之下，即传统的科研项目模式。科研项目是获得科研经费的最重要渠道，科研项目在立项之初一般对理论突破、方法创新、前沿技术等比较重视，而对于后期的

成果推广和产业化的重视力度不足，再加上科研人员本身对如何实现成果推广也不是很了解，缺乏实践调研，导致科研项目在立项的时候很可能缺乏市场需求，研究成果及时达到预期目标，也会因为经济价值不大而被淘汰。

在这种模式下，科研项目的评价天平会更加倾向学术价值，而非经济、社会价值。尤其是科研主管部门下拨的项目进行的研究以及科研成果的结题等主要停留在论文的产出和科研成果的鉴定评审上，轻视科研成果的二次开发、成果转化和推广，重视论文、专著、鉴定成果和评奖，科技成果缺乏相应的推广渠道，而市场却找不到急需的合适技术，更谈不上产业化，二者在市场需求层面的契合度不高。

此外，在现行的科研模式下，一般科研管理部门只负责科研项目的立项、审核、鉴定、结题和报奖等工作，服务科研人员和服务经济社会发展的意识不强，尤其是用于科研工作者的激励评价机制不健全，激励措施不完善，没有发挥出应有的导向作用，严重挫伤了科研人员的积极性和创造精神。

（二）问题二："重数量、轻质量"导致能够进行有效成果转化的技术不多

交通运输领域技术储备明显不足，核心技术短缺，一些重大交通基础设施工程处于边研发、边建设的不利局面，技术标准更新滞后，最新的科研成果不能及时纳入到工程标准和技术规范，更得不到有效推广。

从科技成果最为重要的专利角度来说，我国已经是专利大国，每年超过百万件的专利授权，交通运输领域的专利申请也在每年大幅度提高，但是这些庞大的专利中，很大一部分是"僵尸专利"，这些专利没有任何实际应用前景和转化的必要性；这些"僵尸专利"有相当部分以国家科研项目为依托，占用了大量的国家科研经费和资源，而真正有经济和社会利用价值的技术不多。

（三）问题三：科技成果转化激励机制不足

在现行的科研模式下，由于科技成果的考核仍然停留在纸面上，科技推广难以量化打分，所以推广工作基本还是依靠科研人员的"单打独斗"，没有形成体系和制度保障，更没有根据科技服务、科技成果转化的实际特点出发，从政策、资金、服务等各个方面加以保障，科技推广人员在职称评定、绩效考核、评先树优等方面对科研和科技推广也未同等对待，严重打击了推广人员的积极性，科研人员私自将科技成果转化而造成知识产权流失的不良现象也时有发生。另外，主力科研机构和重点科研基地功能作用尚未充分发挥，省部级重点实验室和研发平台的科技成果转化率低，缺乏有效的制度建设保障和共享平台的规范运行维护措施。

（四）问题四：科技成果转化渠道不畅

推广动力不足、机制不顺、渠道不畅、科技成果转化率整体不高等问题一直是长期困扰交通运输科技发展的突出问题，我国许多高校和科研院所还没有建立专门的科研管理机构专门进行科技成果的推广和转化工作，缺乏高效可靠的检测验证科技成果的手段，也没有按照市场化运作模式建立用于产学研合作的科技企业或中介组织，目前仅有的技术中介组织的专业化水平还比较低，远远不能满足科技成果转化的需要。

三、交通运输领域科技成果推广思路

（一）以科技推广体制机制改革推动科技资源的有效利用

科技成果推广难的根本问题是科研与经济“两张皮”，要解决这个问题，首当其冲的是进行科技体制改革；面向国家、行业重大需求，面向经济建设需求，破除制约科技创新的思想障碍和制度藩篱，让机构、人才、装置、资金、项目充分活跃并形成推动科技创新发展的强大合力。处理好政府和市场的关系，让科技深入经济社会发展，在科技强、产业强、经济强三者之间形成良好通道，让一切创新源泉充分涌流。

在创新体制机制改革中，最为重要的是转变政府职能，从最近的科技体制改革中我们可以看到政府在逐步地从分钱分物的具体事项中解脱出来，政府不再具体地管理科研项目，而是面向战略规划，做好创造环境、引导方向、提供服务等工作，能由市场做主的，政府不再具体插手，充分发挥市场在资源配置中的决定性作用。另外，科技体制改革另一个方向是政府加强在科技创新推广中的统筹协调作用，克服跨领域、跨部门的科技创新活动中存在的分散封闭、交叉重复等碎片化现象，避免科技推广中的“孤岛现象”，使创新主体、创新资源、创新环节有机互动、协同高效的科技推广体系。

与政府的管理职能相对应的是科研院所的体制机制和激励政策的改革，对承担国家基础研究、前沿技术研究、社会公益技术研究的科研院所，要以增强创新能力为目标，尊重科学、技术、工程各自运行规律，扩大院所自主权，扩大个人科研选题选择权。对已经转制的科研院所，以增强共性技术研发能力为目标，进一步实行精细化的分类改革，实行一院一策、一所一策，有些以公益为主、市场为辅，形成产业技术研发集团；有些要进一步市场化，实现混合所有制，建立产业技术联盟；有些要考虑回归公益，改组成重点实验室，承担国家或者行业科研任务。在科研院所内推进科技成果使用、处置和收益管理改革，强化对科技成果转化的激励，对用于奖励科研负责人、骨干技术人员等重要贡献人员和团队的比例，可以从现行不低于20%提高到不低于50%。

（二）完善技术转移机制，加速科技成果产业化

完善技术转移机制的核心是建立技术创新市场导向机制，支持产业联盟开展协同创新，推动产业技术研发机构面向产业集群开展共性技术研发。支持发展产品研发设计服务，促进研发设计服务企业应用新技术提高设计服务能力。在交通运输领域，技术转移市场还比较薄弱，重点应加强计量、检测技术、检测装备研发等基础能力建设，发展面向设计开发、生产制造、售后服务全过程的观测、分析、测试、检验、标准、认证等服务。

（三）激励科研机构面向成果转化而开放共享资源

近年来，科研设施与仪器规模持续增长，覆盖领域不断拓展，技术水平明显提升，综合效益日益显现。同时，科研设施与仪器利用率和共享水平不高的问题也逐渐凸显出来，部分科研设施与仪器重复建设和购置，存在部门化、单位化、个人化的倾向；闲置浪费现象比较严重，专业化服务能力有待提高，科研设施与仪器对科技创新的服务和支撑作用没有得到充分发挥。

因此，将科技资源实行开放服务，建立行业内外、科研院所的科研设施和仪器设备

开放运行机制，引导国家重点实验室、行业重点实验室、研发平台等向社会开放服务。同时，以这些基地为基础进行技术集成开发，并在行业内形成科技推广示范基地，推动科技服务企业牵头组建以技术、专利、标准为纽带的科技服务联盟，开展协同创新。

（四）激发企业科技推广的积极性

首先从国家科技创新体制中重视企业科技推广在整个创新链条中的作用，特别是在行业科技顶层规划和设计中更应该倾听企业的声音，建立高层次、常态化的企业技术创新对话、咨询制度，吸收企业参与研发合作、技术标准、知识产权、跨国并购等方面的沟通和对话。发挥企业和企业家在国家创新决策中的重要作用，吸收更多企业参与研究制定国家技术创新规划、计划、政策和标准，相关专家咨询组中产业专家和企业家应占较大比例。探索在战略性领域采取企业主导、院校协作、多元投资、军民融合、成果分享的新模式，整合形成若干产业创新中心。

鼓励企业技术、产品、标准、品牌“走出去”并建立国际化创新网络，提升企业利用国际创新资源的能力，支持企业在海外设立研发中心，参与国际标准制定。在行业内形成强有力的科技推广示范基地，形成能够代表行业科技发展前沿、在国际上有话语权的研发和推广高地，并以此为依托，优化配置资源，形成协同创新共享的新格局。

在交通运输领域，中小企业的科技创新一直是薄弱环节，面向中小企业创新服务体系要灵活多样，除了创业孵化、知识产权服务、第三方检验检测认证等机构的专业化、市场化改革外，构建面向行业的中小微企业的社会化、专业化、网络化技术创新服务平台也同等重要。

（五）加强科技成果汇总和有效利用

交通运输领域的科技成果目前还存在着各省、各行业领域自成体系，省与省之间、不同领域之间的借鉴交流机制还不畅通，这极大阻碍了科技进步。因此，建立跨区域、跨行业的科技成果信息汇交工作机制非常紧迫。通过推广科技成果交流体系，畅通科技成果信息收集和发布渠道。

围绕传统产业转型升级、新兴产业培育发展需求，鼓励综合运用云计算、大数据等新一代信息技术，开展科技成果信息增值服务，提供符合用户需求的精准科技成果信息。开展科技成果转化为技术标准试点，推动更多应用类科技成果转化为技术标准，加强科技成果、科技报告、科技文献、知识产权、标准等的信息化关联。

四、结语

交通运输行业由于具有行业自身特点，科技推广主要集中在应用型技术成果的推广，主要包括：交通工程技术（工程技术、检测技术）、新材料、新工艺、新产品、信息化等方面，结合目前科技体制改革和科技产业化方向，交通运输行业科技推广更加侧重于科技成果纳入相应的标准规范和规模化生产。

交通运输行业科技推广是一个系统工程，涉及资金投入、激励措施、信息共享、转移转化、人才保障等各个方面，推广主体也相应地包括政府、企业、科研机构等，具有涉及面广、环节复杂等特点。因此，在目前国家科技体制改革的大背景下，交通运输行业的科技推广更应该充分调动行业和社会的科技资源，完善科技管理体系，统筹科技资源配置，从顶层设计、成果检测和评估、推广激励等各个环节加以统筹推进，形成促进行业科技进步与创新的合力，整体提高行业科技竞争力。

参考文献

[1] 周正祥，夏飞．美国交通科技创新体系与我国交通科技创新［J］．中国科技产业，2002, 6: 68-70.

[2] 王辉．交通科技创新体系及对我们的启示［J］．中国软科学，2000, 4: 51-56.

[3] 龙传华．公路水路交通可持续发展的科技战略分析［J］．交通科技 2010, 1: 1-4.

[4] 中华人民共和国交通运输部．中国交通运输改革开放 30 年：综合卷［M］．北京：人民交通出版社，2008.

[5] 吕红蕾．基于交通运输产业经济特性的交通政策分析［J］．交通标准化，2010 (21): 190-193.

[6] 王黎明，曹怡春．交通科技管理工作探析［J］．科技创新与应用，2013 (17): 297.

交通运输企业创新发展的模式与环境

田仪顺

（交通运输部公路科学研究院　北京　100088）

【摘　要】提升运输服务效率、降低运输物流成本，亟需推动交通运输企业创新转型发展。全文在综述国内外关于创新及企业创新研究现状的基础上，从依托移动互联网技术、加强组织创新、服务创新、商业模式创新、制度创新等五方面提出交通运输企业创新发展的主要模式及路径，从推进治理体系创新、监管方式创新以及公平竞争有序环境的营造等三方面提出了政府行业部门引导运输企业创新发展的政策导向。

【关键词】运输企业　创新　模式　环境

Innovation and Development of Transportation Enterprises:Trend, Model and Environment

Tian Yishun

(Research Institute of Highway Ministry of Transport, Beijing 100088)

Abstract: To improve the efficiency of transport services and reduce the cost of transport logistics, it is necessary to promote the development of the innovation and transformation of transportation enterprises. Based on the research status of innovation and enterprise innovation at home and broad, this paper puts forward the main mode and path for enterprise innovation and development in five aspects such as relying on mobile Internet technology, strengthening organizational innovation, service innovation, business model innovation, and institutional innovation. At last, this paper proposes the government sectors to guide enterprise innovation and development of policy guidance in three aspects, which is modernizing governance system, innovation of supervision mode, and regulatory and other innovative ways to create fair competition

Keywords: Transportation enterprises　Innovation　Model　Environment

一、引言

创新是引领发展的第一动力。在交通运输服务市场竞争不断加剧和公众出行需求日益高端化、个性化的趋势下，充分发挥创新在企业发展中的示范、引领和带动作用，不断增强运输企业核心竞争力和创新创造力，对于增强运输行业发展内生动力，打造发展新引擎、培育发展新动能、创造发展新优势具有重要意义。

二、创新及企业创新研究综述

创新是一个国家、地区和企业获得竞争优势和不竭动力的来源。对于其涵义，创新理论之父熊彼特给出的定义是一种新产品、新工艺等的商业化或产业化应用，迈尔斯等（1969）则对其进行了发展，认为应该被定义为所有具有相互关联的事物以一种整合的方式行动的过程。也有学者指出，创新是技术的实际采用或者首次应用。对政府部门来讲，加强政府制度创新，提供新的制度安排和稳定开放的市场环境，能够显著地释放和引领新需求。对于政府创新的重要性，许多学者从多个角度进行了论证。翟瑞瑞等（2016）从横向和纵向维度探究了政府创新的作用机制，揭示出政府参与企业创新发展的复杂机理，有效发挥政府创新的驱动作用，能够强化政府创新驱动的主导地位。胡宝珠（2016）认为政府通过创新从而制定利于实现创新环境的制度，同时利用自身的需求点，以政府需求促进社会创新，通过创新提高效率。同时，张兴亮（2016）认为政府也能够创新运用公共政策，引导企业 R&D 投入，从而驱动企业创新，实现整个社会的产业转型升级。

面对当前异常激烈的市场竞争，一个企业想要生存并发展，就需要不断地进行技术、产品、管理等创新。樊增增（2016）对企业创新的概念从企业创新绩效、影响创新的因素、学习和创新的关系等做出了重要的概括和总结。周立群等（2016）对研发合作和企业创新的影响进行了实证研究，论证出企业创新的来源之一是合作，企业应加强对价值链上的网络关系的构建。于峰（2016）探究了企业创新管理的关键影响因素，得出主要的几个关键影响点为管理文化、组织形式、战略机制、政策环境以及员工发展，肯定了员工对企业创新的促进作用。叶晓露（2016）以温州服装企业为例，立足于“互联网 +”技术的深刻影响，深入剖析了此背景下的中小服装企业的创新要素，并对其创新发展提出了可行的对策和建议。朱松梅等（2016）认为当前中小企业的创新面临着内部创新资本不足，外部环境较差，同时创新的协同体系不完善等困境，而“十三五”规划则对中小企业的创新发展能够带来重大的机遇，并由此提出了借助“十三五”规划加强企业的内部创新，实现创新效益最大化。陈奇琦（2016）认为“互联网 +”知识经济背景下，企业效益高低的关键更多的在于非技术性效益，比如管理运营模式、组织制度形式等，为了更好的实现创新机制，企业管理者应该关注转变管理模式，构建长期高效的创新管理机制。刘建刚（2016）等分析了“互联网 +”战略下技术创新和模式创新的典型代表小米公司。

基于此，运输企业创新发展重点在于推进商业模式创新、组织及技术创新，将传统运输产业和互联网完美结合，及时关注运输产业发展特点，把握市场机遇，制定适合交通运输企业自身特点的创新协同发展路径。而作为政府部门应注重加强外部公共政策环境的营造，引导支持运输企业树立“崇尚创新、勇于创新、获于创新”的理念。

三、交通运输企业创新发展的主要模式

（一）依托移动互联技术引领运输企业转型升级发展

移动互联网等现代信息技术打破了方式间、业务间、区域间的信息壁垒，实现符合现代信息技术条件下扁平式、协同式、智能化、网络化的运输服务新模式。推动“互联网+”与运输企业深度融合，运输企业应树立“互联网+”思维，从市场需求和价值链的层面解决运输与其他产业的融合问题，使运输服务加快向满足用户价值最大化模式转变。

针对客运企业而言，着力推进“互联网+”公众出行服务。以满足公众出行需求为导向，以“互联网+”为手段，创新发展线上出行平台服务模式。客运企业利用自身车辆、站场等资源优势，创新拓展经营服务模式，提供公众出行信息查询、车票预订、定制出行、运旅拓展等服务，尤其是要充分整合线下线上资源，围绕乘客“吃、住、行、游、购、娱”，全力打造运旅出行生态圈。针对企业内部实现运输资源管理、调度以及动态监控等功能，全面提升客运服务水平，实现向现代运输服务业转型。充分利用互联网等信息化手段，积极创新售票服务方式，拓宽售票渠道，为旅客提供网络购票、手机智能程序（APP）客户端购票等多元化购票方式。根据客流变化和旅客需求特点，推广电子客票、跨方式联网售票等票务服务，切实提升旅客购票便利性。

针对货运企业而言，大力开展“互联网+”综合物流服务。以促进行业规模化为出发点，针对货运行业“散、小、弱”等特点，加强与互联网科技企业的合作，将大数据、云计算等先进信息技术融入传统运输方式，整合各类运输资源，通过网络信息平台、手机APP应用、微信公众号等形式，推进一体化物流管理服务，推动线上资源匹配与线下运输服务的有机结合，促进运输产业结构优化升级。优化货运服务网络布局，采取全供应链合作、冷链物流等特色经营模式，建立社会化、规模化的物流设施，提升装备专业化水平，加强信息化系统建设，完善仓储、配送、包装、流通加工等辅助服务，提升运营管理效率，拓展协同发展空间，推进传统货运企业向综合性物流服务商转变。

（二）加强运输企业组织结构创新，促进集约化发展

以整合市场为出发点，优化运输企业组织形式，着力提升行业集约化程度。根据国家有关政策，充分尊重企业意愿，行业优势企业要以资产为纽带，通过兼并、重组、收购、控股等方式，向区域化、网络化、多元化企业转变。通过行业联动、成立联盟等形式进行平台化运作，整合平台，抱团取暖；逐步延伸服务领域，建立完善企业联盟运行机制；规范服务标准，提升服务秩序，实现联盟企业同共发展。推进运输企业组织结构创新，着力从推进运输企业一体化和网络化组织创新方向发展。一方面，开展联程联运一体化组织模式。以信息化为抓手，大力开展联程联运。运输企业利用自有线路资源或与其他企业合作，在途经客运场站、配客点以及符合规定条件的高速公路服务区开展联程联运服务，拓展线路网络，提升班线实载率。通过强化多式联运信息集成和交换，为用户提供全程物流信息服务，以畅通的信息链推动设施装备有效衔接、转运作业高效协同，实现“一单制”联运服务。另一方面，推进实行网络化经营组织结构。以规模化、网络化发展为目标，针对运输服务网络不完善等突出问题，着力加强接驳点规划和建设，落实

接驳运输管理制度、安全生产和动态监控主体责任，推动客运接驳运输、节点运输网络建设。汽车维修企业向网络化、连锁化、专业化、绿色化方向发展，推进行业的诚信化、标准化、规范化建设，促进维修业向现代服务业转变。加快汽车租赁服务品牌建设，建立全国地级以上城市汽车租赁网络，推广异地租车还车服务。

（三）推进运输企业服务创新，满足多样化发展

针对运输企业提供的服务产品而言，为增强运输服务产品的行业竞争力和顾客满意度，应着力推进运输企业向上下游产业链拓展发展空间，不断推进运输企业服务产品自身满足多样化发展需求的能力。一方面，大力倡导协同化服务。以打破单一运输产业的绩效界限为出发点，提供适应市场需求的协同化、一体化运输服务产品。运输企业要加强与制造业、旅游业、电子商务、农业、邮政业等前后向、上下游关联紧密产业系统协调融合，着力解决企业集中化程度低等问题。道路客运企业依托现有的车辆装备、客货站场、专业化管理等优势，打造“游运结合”、小件快递等产品，由坐商逐渐向行商转变，实现协调一体化发展。

另一方面，着力提升专业化、差异化与柔性化服务水平。针对专业化服务而言，以实现高效、安全的运输为出发点，着力推进产品专业化发展，解决运输企业自身专业化程度低等问题。通过实行专业化运作，依托专业化人员、购买专业化运输设备、引入专业化管理，推动商品车整车运输、危险货物运输、冷链物流、防爆专运等专业化的运输服务产品的设计，充分发挥集约化优势，以大批量、低成本、高效率特点，为客户提供优质、便捷、安全的运输服务，提升运输企业的服务水平和运营效益。针对差异化服务而言，以满足“大、中、小、高、中、低”不同层次的用户需求为目标，运输企业产品朝个性化发展，着力解决运输产品种类单一、同质化等问题。以乘客需求为导向，实施交通运输供给侧结构性改革，针对不同区域、不同群体、不同时间段，设计有针对性的线路产品。优化道路客运服务产品，积极构建与铁路、民航相衔接的道路客运集疏运服务体系，形成与其他运输方式相互衔接、优势互补、差异化服务的市场格局。开展个性化服务试点工作，提供符合规范的“定制班车”、“定制包车”、“校园专线”、“小型包车”等服务，大力培育城际快线和城乡班线，将经营重点转向高铁盲区，按需定制、灵活发班，在大型市场、产业园区、学校聚集区等客源稠密区域建设适宜的客运停靠点，便于乘客就近上下车，实现客运企业转型发展。对于柔性化服务，以满足运输市场出现的一般和个别、批量和特殊共存的服务要求为出发点，运输企业产品朝柔性化发展，着力解决市场僵化等问题。运输企业要在政策允许的范畴内最大限度争取自主经营权，根据市场供求状况，自主调配运力投放、班次增减和运价水平，提前向社会公布，并报原许可机关备案。创新发展客车小件快运、城市共同配送、汽车租赁、城市通勤车等新兴产品，提高运输企业资源配置和利用的效率，拓展更多的利润来源和发展空间。

（四）注重运输企业商业模式创新，适应市场化发展

对于运输企业商业模式创新，从运输产品设计、营销、推广等环节展开，以适应市场化发展新需求。首先，以用户需求为导向，推动市场细分化，着力满足多样化市场需求。通过深入分析运输企业市场环境，垂直细分目标客户市场，按需求分层次提供服务产品，完善整合道路运输体系，开展“商务专线”，提供高端出行服务，使用小容量、高配置、大密度、优服务的客运组织模式，实行线上按需定制、线下统一调度、平台实时监控，实现门到门、精准化服务，最大程度地方便乘客就近、快捷、绿色出行，切实提高乘车的便利性。其次，以市场需求为导向，推进互联网营销模式，着力改进传统运输的营销策略。运输企业要借助互联网新技术开展营销活动，积极推进和应用电商模式，将用户需求信息和企业服务信息互通互联，利用微博、微信等平台，通过用户线上反馈信息，不断优化运输产品，提高服务质量，培养用户黏性。运输企业要不断拓展客运场站的附属功能，发挥网络优势，主动对接电子商务流通需求，为小件快运、农产品物流等提供服务。再次，创新线路经营模式，以满足群众出行为落脚点，推进线路专营模式，着力解决线路经济效益差等问题。探索在客运领域实施线路专营，统一经营管理线路资源，优化线路资源配置，根据实际需要选用符合规定的小型客车，并灵活调整线路和调配运力。对于有条件的长途客运班线将起讫站调整到乡镇客运站，强化与农村客运、镇村公交的衔接。市际短途班线可以实行公交化运营，以更灵活的运行模式，为更多群众提供服务，实现运输企业与行业、社会和谐发展。最后，倡导自主组客模式，以提升客运效率为目的，大力创新服务模式，着力发展智能化客运系统。在坚持“车进站，人归点”的基础上，运输企业应参照铁路、民航运输企业的经营模式，借助互联网营销思维，通过互联网、手机 APP 等方式开展自主组客试点，乘客可到指定的客运站和配客点电子扫码乘车。通过采用物联网技术，对营运车辆进出站、检验报班、调度运行、清单打印、费用结算全部实行联网操作，达到降本增效的目的。

（五）强化运输企业管理制度创新，实现规范化发展

推动运输企业内部管理制度、文化、品牌等规范发展，将是企业持续创新发展的源泉与根本。首先，注重企业制度创新。运输企业管理朝制度化、科学化、现代化方向发展，着力解决粗放经营、管理水平落后等问题。大力推进现代企业制度建设，完善企业法人治理结构，形成有效的权力制衡和激励约束机制，确保企业内部的权力机构、决策机构、监督机构和经营机构协调发展。建立完善现代企业经营制度，形成与社会主义市场经济相应适应的业绩考核、薪酬分配、员工管理、市场营销等机制，不断增强和激发运输企业的活力和市场竞争力。其次，加强企业品牌建设。强化运输企业的品牌意识，质量意识，着力解决运输行业“散”、“小”、“乱”的局面。通过实施品牌经营战略，以品牌扩张市场规模，拓展企业生存和发展空间，提升品牌影响力，营造企业文化，提高企业服务质量。加大品牌宣传和保护力度，通过专业展会、媒体渠道、各类活动对品牌企业的发展成就、先进管理经验、企业文化进行宣传，使企业品牌优势和知名度不断提升。再次，大力培养创新人才。运输企业大力创新人才培养模式，着力解决行业人才匮乏等问题。运输企业通过建立人才培养目标、培养制度、培养方案，指导帮助企业员工强化创新意识、训练创新思维、提升创新能力。运输企业通过采取多种形式培养业务骨干，创新海内外高层次人才引进方式，建立和完善创新人才激励机制，加强自主知识产权产品的开发、管理和保护，促进企业员工整体素质的提高，打造一批国际化、专业化、年轻化的高水品人才队伍。最后，建立协同创新机制。有条件的大型运输企业要着力推进研发机构建立，着力解决运输企业创新能力弱、技术含量低等问题。运输企业应以市场需求为导向，与高校、科研院所开展战略合作，探索产学研深度结合的有效模式和长效机制，建立企业实验室、企业技术中心等研发机构，主动争取政府部门各级技改项目和配套资金，提升对技术创新的支撑和服务能力。

四、交通运输企业创新发展的环境营造

运输企业要实现创新发展，离不开良好的政策外部环境。努力营造创新活力竞相迸发、创新源泉充分涌流的市场环境，有效激发运输企业创新内生动力，不断提升运输企业核心竞争力，需要政府及行业主管部门着力推进治理体系创新、监管方式创新以及公平竞争有序环境的营造。

（一）推进行业治理体系创新

通过加快推进供给侧结构性改革，进一步完善市场机制，创新行业管理方式，矫正以往过多依靠行政资源配置带来的要素配置扭曲，建立起与市场经济体制相适应的行业治理体系。利用信息化智能化手段，建立市场监测体系、引入保险等第三方机构，建立多部门协同管理机制，加快推进运输行业治理体系治理能力现代化建设，为运输企业发展提供不竭动力。

（二）加强运输市场监管创新

创新行业监管方式，全面推行“双随机、一公开”监管制度，理顺监管体制机制，着力解决多头监管、重复监管、监管缺位等问题，不断提升运输市场监管效能。强化事中事后监管，切实做好“放管服”工作，健全完善配套监管措施，重点加强行政审批事项取消和下放地方管理后的事中事后监管。健全涵盖各从业主体的市场诚信制度，完善运输企业质量信誉考核、企业等级管理等制度，全面落实运输安全生产企业主体责任。大力推进企业安全生产标准化建设工作。建立健全行业诚信与安全考核机制，强化考核结果公开，将考核结果与运输资源配置以及企业享受优惠政策挂钩。强运输驾驶员从业信息记录管理，落实“黑名单”信息库制度。

（三）营造公平竞争有序环境

坚决治理乱收费乱罚款，加大对涉企收费行为投诉的查处力度，着力清理取消不合理收费项目、违规设立风险抵押金政策等，切实消除隐性壁垒和减轻企业负担。规范市场经营秩序，严厉打击非法营运、垄断货源、欺行霸市以及超限超载、超员等各种违法违规行为，保护合法经营，健全优胜劣汰的市场化退出机制，为企业生产经营和发展创造公平、公正的环境。加强对连锁、联盟等企业联合体的监管，杜绝挂靠经营。

参考文献

［1］S.Myers, D.G.Marquis. Successful Industrial Innovation: a Study of Factors Underlying Innovation in Selected Firms［J］. National Science Foundation, NSF, Washington, 1969:

17.
[2] 翟瑞瑞，陈岩，姜鹏飞．横向还是纵向？政府参与与企业创新发展[J]．科技管理研究，2016, 8: 168-172.
[3] 胡宝珠．企业创新视角下的政府作用分析[J]．现代管理科学，2016, 3: 43-45.
[4] 张兴亮．政府运用公共政策引导企业 R&D 投入的效果：研究综述与未来展望[J]．论坛，2016, 4(8): 7-9.
[5] 樊增增．企业创新研究文献综述[J]．经济视野，2016, 12: 238-239.
[6] 周立群，张龙鹏，张双志．研发合作与企业创新——基于中国制造业的实证研究[J]．江苏社会科学，2016, 2: 47-55.
[7] 于峰．企业创新管理关键影响因素探究[J]．中国市场，2016, 16: 160-162.
[8] 叶晓露．"互联网＋"技术对中小型服装企业创新发展的影响[J]．经管空间，2016, 4: 53-56.
[9] 朱松梅，雷晓康．"十三五"中小企业创新思路分析[J]．科学管理研究，2016, 34(2): 66-69.
[10] 陈奇琦．知识经济背景下企业创新管理模式研究[J]．淮北职业技术学院学报，2016, 15(2): 117-118.
[11] 高俊光，刘旭．基于创新价值链的零售企业创新路径研究综述[J]．北京工商大学学报（社会科学版），2016, 31(2): 101-109.
[12] 杨朝辉．企业创新机制的理论与实证分析——以通用电气公司为例[J]．科技管理研究，2016, 6: 151-158.
[13] 余维新，顾新，彭双．企业创新网络：演化、风险及关系治理[J]．科技进步与对策，2016, 33(8): 81-85.
[14] 李晓亮．浅谈新常态下互联网时代的企业管理创新研究[J]．经营管理者，2016, 4: 71.
[15] 王永健，谢卫红．任务环境与制度环境对企业创新的交互影响研究[J]．2016, 37(4): 89-97.
[16] 韩雯．商业模式创新研究述评与展望[J]．商业流通，2016, 9: 15-17.
[17] 张俊瑞，陈怡欣，汪方军．所得税优惠政策对企业创新效率影响评价研究[J]．科研管理，2016, 37(3): 93-100.
[18] 徐维祥，江为赛，刘程军．协同创新网络、知识管理能力与企业创新绩效——来自创新集群的分析[J]．浙江工业大学学报（社会科学版），2016, 15(1): 11-17.
[19] 陈英华．新常态下中小型物流企业创新发展研究[J]．商场现代化，2016, 11: 47-48.
[20] 彭雪蓉，刘洋．我国创新评价研究综述：回顾与展望[J]．科研管理，2016, 17: 247-256.
[21] 王长峰．大数据背景下企业创新模式变革[J]．技术经济与管理研究[J]．2016, 3: 29-33.

中国交通运输战略问题研究回顾与展望

莫辉辉[1] 王姣娥[2]

（1. 中国民航科学技术研究院　北京　100028；
2. 中国科学院地理科学与资源研究所　北京　100101）

【摘　要】近代以来，中国交通运输战略问题研究大体先后经历了五个阶段：从空想主义到理想主义、社会主义初期实践与探索、改革开放初期的兴起与发展、市场经济转型期的理论与实践、新世纪的全面发展与综合发展。历史的积淀仍然面临着理论不足、数据匮乏、重视有限等主要问题，新时期的发展则亟须推进发展转型、人文主义、模式革新等重要方向。

【关键词】中国　交通运输　战略问题

Research on China's transportation strategy: Retrospect & prospect

Mo Huihui[1]　Wang Jiaoe[2]

(1. China Academy of Civil Aviation Science and Technology, Beijing 100028;
2. Institute of Geographic Sciences and Natural Resources Research, CAS, Beijing 100101)

Abstract: Since modern times, research on China's transportation strategy has had a long history, which can be divided into five stages: (1) Utopianism to idealism; (2) Practice & exploration in the early socialism; (3) Flourishing & development in the initial Reform and Open-up; (4) Theoretical research & practice in economy transformation period; (5) Comprehensive & integrated development since the new century. However, the historical accumulation faces three principal problems: theoretical insignificance, data scarcity, and limited national attention. In the new period, it has encountered many focuses, such as development shift, humanism turn, and mode innovation.

Keywords: China　Transportation　Strategy

一、历史回顾

（一）从空想主义到理想主义

现代交通运输于19世纪初期在西方发达国家诞生，随后被作为殖民掠夺的重要工具之一，中国末代封建清王朝也未能幸免。不少仁人志士期待国家能够“师夷长技以制夷”，并兴邦利民。如太平天国运动重要人士的洪仁轩在《资政新篇》（1859年）提出“造火车、轮船，修筑省、郡、县、市镇、乡村大道，整理街道，疏浚河道，以兴车马和舟楫之利”；陆士谔的《新中国》（1910年）描绘了“汽油车风驰电掣、游憩所光怪陆离”的情形。诸如此类幻想成为混沌历史中的“黄粱美梦”。

近代国人对中国交通运输问题研究最为引人瞩目的成就当推孙中山，其总体成果体现在集结出版的《建国方略》中。受在美、日等地游历的影响，《建国方略》的实业计划（物质建设）部分着力提出发展铁路、辅以港口。其后，孙中山更是亲自担任铁路督办，谋求外资以发展中国交通。在外患内忧的时局下，《建国方略》的理想更多地是为后来的地方交通谋划留下基垫。

（二）社会主义初期实践与探索

新中国成立之初，百废待兴，交通运输也不例外。“一五”计划期间，国务院颁布12年国家科学发展规划《1956~1967年科学技术发展远景规划纲要》，其中运输（与通讯）被列为十二个重点科学技术任务之一，核心内容是运输装备新技术的研究和综合发展运输问题。第二个国家科学技术规划《1963~1972年科学技术发展规划纲要》中，“技术改造、综合利用”是交通运输中长期战略的重点内容。值得指出的是，交通运输作为国家科学技术中长期规划的内容一直保留至今，但其侧重于技术创新与运用，难以覆盖交通运输发展战略的全部内涵，时代迫切需要交通运输自身的战略问题研究。

（三）改革开放初期的兴起及发展

改革开放之后，受中央政府的邀请，世界银行组织专家团队两次对中国的发展问题进行了系统研究，分别出版了《中国：社会主义经济的发展》、《中国：长期发展的问题和方案》，交通运输均是重点（专题）问题之一。与此同时，1982年国务院技术经济研究中心开始组织研究“2000年的中国”发展战略，交通运输是其13个战略问题之一；1985年向中共中央、国务院提交了研究报告，1987~1989年各项研究成果陆续公开出版。《2000年中国的交通运输》中就发展目标提出了“基本适应”、“有所缓和”、“持续紧张”三种战略选择，这种描述一直影响到当今交通运输五年规划及中长期发展规划中的战略目标设计。此外，为配合中国科学院地理所主导的国土规划，编制的《2000年全国综合交通运输网规划纲要》对运输布局及运网规模进行了全面研究。

（四）市场经济转型期的理论与实践

进入“七五”以后，我国交通运输的紧张局面不仅未见缓解，反而出现全面紧张的趋势。为此，1987年中国科协牵头组织《中国交通运输发展战略的政策研究》，1991年通过专家组评审。该研究以“2000年的中国”的研究为基础，再次进行了深入细致的战略问题研究和目标设计，设计了“完全适应”、“基本适应”、“较大缓和”、“继续紧张”、“进一步恶化”五种方案，并对可行的“基本适应”、“较大缓和”、“继续紧张”三个方案进行系统论证。1980年代末，作为交通运输重要瓶颈的铁路部门也组织研究了《我国交通运输业发展综合问题研究》等相关战略问题，并针对铁路发展提出了相关的战略目标和政策措施。

（五）新世纪的全面发展与综合发展

进入21世纪以来，在综合国力全面提升和全球化的影响下，解决交通运输长期面临的供需矛盾问题迫在眉睫。2004年，铁道部率先颁布新世纪交通运输发展的首个中长期战略规划——《中长期铁路网规划》，随后《国家高速公路网规划》、《全国民用机场布局规划》等一批中长期规划先后出台。协调部门出台的《综合交通网中长期发展规划》采取系统化发展思路，即以最短的时间完善交通基础网络，以较低的成本提供安全、高效、便捷的运输服务，以最佳的途径缩短与发达国家管理和技术上的差距，并提出“五纵五横”综合运输大通道和国际区域运输通道及42个全国性综合交通枢纽。尽管如此，在经济社会巨大变动的驱动下，铁路网中长期规划进行了两次重大调整（2008年和2016年），国家高速公路网也进行了一次调整，民航运输机场布局规划调整也即将公布。综合发展已成为中国交通运输战略问题面临的最大挑战。

二、主要问题

（一）理论问题

长期以来，经验主义或实证主义占据决策地位，战略问题的结论体现更多的是各种思想的调和，缺乏综合集成决策理论的支撑。经济学、地理学、系统工程学是中国交通战略问题研究中最为基础的三大理论来源，其中经济学以其悠久的历史和长期的社会影响而在中国交通运输发展战略问题研究中处于优势地位，年轻的系统工程学以其专业性和定量化而升起成为研究战略问题的主流群体。地理学则以其综合性，一则更关注于国家更全面的战略问题，交通运输战略问题居于从属地位；二则为交通战略问题的设计与评价提供空间分析与决策的技术手段。显然，交通运输战略问题的研究需要多理论学科的综合团队的通力合作。

（二）数据基础

交通运输战略问题在国家层面的学术研究并不多见，其中一个核心问题在于有关支撑战略问题研究的基础数据缺失。一方面是可供学者研究的细致数据公开性不足，另一方面是有关支撑决策的数据的不全面。时至今日，我国仍然未开展过一次系统而全面的全国性综合交通调查工作，而美、日、英等发达国家均已持续开展了多次五年期的多项全国交通调查，为战略及规划的制定提供了定量化的重要决策依据。由此可见，上述中国交通运输发展战略问题的研究及规划的科学性有待考量。值得指出的是，尽管互联网在数据获取方面取得一定的突破，但对战略问题研究所需数据的支撑仍显不足，加强交通基础数据库建设迫在眉睫。

（三）国家重视

进入新世纪以来，国内外咨询机构相继发表了一系列有关中国2020年、2030年乃至2050年的发展战略，如世界银行和国务院发展研究中心的《2030年的中国》；令人惊奇的是，这些以经济学为主导的研究绝大多数缺乏对未来中国的交通运输问题的论述，似乎中国交通运输已脱离了1980年代以来的困境，而这些颇有影响力的报告直接影响了国家对中国交通运输战略问题的重视。从国外历史来分析，交通运输规划作为美国唯一国家级空间规划一直延续至今，交通运输在德国基础设施规划中占据重要地位，交通运输也是日本国土空间规划的重要组成部分。据此分析，交通运输在任何国家、任何时期都是一个不容忽视的战略问题，需要在更高决策层形成持续可靠的研究及决策机制。

三、未来展望

随着历史的推进，我国交通运输已经取得了举世瞩目的成就。然而，新时期的经济社会发展对交通运输提出了更多内容丰富的需求。可以预见，作为国民经济社会重要组成的交通运输，其战略问题仍将并将长期成为影响我国经济社会发展的重大战略问题之一。

（一）发展转型

新时期，我国交通运输面临经济社会发展的新常态，发展转型成为战略问题的首要问题，供给侧改革、结构性供给不足是突出问题。目前，我国交通运输发展在规模数量、技术水平上已经达到甚至超越发达国家水平，然而破除部门利益、优化运输结构、走综合发展之路是重中之重。与此同时，发挥市场经济的决定性作用，完善体制机制还有一段很长的路要走。

（二）人文主义

交通运输的任务是实现旅客和货物的空间位移，其服务的本质对象是人，以人为本决定了交通运输战略问题更多地需要关注人对交通运输需求的多样性、时空性等问题，这在以往的国家层面的交通运输战略问题研究中是较少被提及的（除城市公交外）；随着基础设施的完善及技术水平的提升，人文主义不仅要体现在运输的服务上，还要体现在对问题研究与决策的过程中（如公众参与）。

（三）模式革新

战略问题研究对指导实践的关键意义在于对解决问题的模式革（创）新及运用。交通发达国家为我国交通运输发展提供了众多参考面，但在自然地理基础、社会制度环境等巨大差异的前提下，一方面需要透析其理论基础及依据，吸纳优秀的发展模式；同时需要结合发展中的中国国情及技术变革（如互联网 +）、制度创新，构建可持续发展模式。

参考文献

[1] 王德荣．中国交通运输中长期发展战略研究［M］．北京：中国市场出版社，2014.

[2] 王德荣．王德荣文集：综合运输与现代物流［M］．北京：人民交通出版社，2013.

[3] 孙中山．建国方略［M］．北京：中国长安出版社，2011.

[4] 王庆云．交通运输发展理论与实践［M］．北京：中国科学技术出版社，2006.

[5] 中国科协交通决策咨询专家组．中国交通运输发展战略与政策［M］．北京：人民交通出版社，1992.

[6] 雷汀，王德荣．2000 年的中国交通运输［M］．北京：中国社会科学出版社，1988.

实施“五大创新”驱动交通运输供给侧结构性改革

耿彦斌

（交通运输部规划研究院　北京　100028）

【摘　要】供给侧结构性改革的要义是提高全要素生产率，只有依靠创新驱动，才能提供与生产力发展要求相适应的生产关系，为供给侧改革提供不竭动力。循此视角，结合我国处于由交通大国向交通强国跨越发展的历史阶段，提出当前应加快实施交通运输战略创新、理念创新、科技创新、管理创新、制度创新等“五大创新”，按下交通转型发展的“加速键”，提高交通行业全要素生产率，扭转交通供需两侧的结构性错配，为交通运输供给侧结构性改革提供核心驱动力。

【关键词】交通运输　创新　供给侧改革　结构性　动力

Implementation of Transportation Supply Side Structural Reform Driven by the Five Major Innovation

Geng Yanbin

(Transport Planning and Research Institute, Ministry of Transport, Beijing 100028)

Abstract: The essence of supply side structural reform is to improve the total factor productivity. Only by relying on innovation, production relations could match with the developing requirement of productive forces to provide an inexhaustible motive force for the supply side reform. In the stage of China leaping from “large transportation country” to “power transportation country”, it is proposed that the China transportation supply side structural reform should rely on innovation in order to press the traffic transformation development “accelerator” and realize the leap to the high level of traffic supply-demand balance. Further, it is proposed to improve the transportation industry total factor productivity and reverse the structural mismatch on traffic supply-demand, by grasping the traffic development strategy innovation, philosophy innovation, technology innovation, management innovation and institution innovation.

Keywords: Transportation　Innovation　Supply side reform　Structure Power

一、引言

推进供给侧结构性改革，是综合研判世界经济形势和我国经济发展新常态作出的重大决策，是对我国经济发展方式的优化调整，是解决我国经济发展面临突出问题的有力举措。供给侧结构性改革被确定为我国“十三五”时期的发展主线，体现了鲜明的问题意识和目标导向，现实针对性和实践指导性很强，是保持“双中高”即经济中高速增长、推动产业迈向中高端水平的必然要求和行动指南，也是交通运输转型升级、提质增效的必由之路。交通运输供给侧结构性改革（以下简称“交通供给侧改革”）已经进入稳步实施阶段，目标和任务的总体框架已相对明晰，下一步，仍需深刻认识交通供给侧改革的动力驱动机制，以便为交通供给侧改革提供不竭动力。

二、创新是供给侧结构性改革的关键驱动力

（一）提高全要素生产率必然依靠改革创新

供给侧结构性改革，其核心在于提高全要素生产率，重点是解放和发展社会生产力，用改革的办法推进结构调整，减少无效和低端供给，扩大有效和中高端供给，增强供给结构对需求变化的适应性和灵活性。有别于西方供给学派的“减税为主”的思路，我国的供给侧结构性改革内涵更加丰富，不仅涉及税收和税率问题，更是要通过一系列政策举措，特别是推动科技创新等政策措施，来解决我国经济供给侧存在的问题。从政治经济学的角度看，供给侧结构性改革的关键驱动力，就是通过创新引领，使生产关系更好适应生产力发展需要，进而推动生产力的进一步发展，为供给侧提供强大的资源和要素配置动力，实现要素在供给侧的优化合理配置，以满足有效需求为导向，扭转供需错配现象，提高全要素的利用率。简而言之，就是以创新发展为重要驱动力，实现资源的优化合理配置，确保“好钢都能用在刀刃上”。无论是完成近期的五大重点任务，还是实现最终的高水平的供需平衡，实施供给侧结构性改革，必须是依靠创新驱动等一系列政策举措来实现的。

（二）创新是引领供给侧结构性改革的第一动力

供给侧大致涉及劳动力、土地及自然资源、资本、科技和制度等五大要素，国际经验表明，前三项在一个经济体达到中等收入水平之前，表现出的支撑力和贡献率通常较高，但在向高收入经济体跨越时，若不能充分发挥后两项要素的作用，实现经济发展方式的转变，极易导致经济体增长动力不足而掉入“中等收入陷阱”。提高全要素生产率包含多重任务，从短期看，实施“三去一降一补”的五大歼灭战是主要切入点，而从长期看，实施创新驱动发展战略、推进各类创新则是根本之举。从世界历史进程看，每次科技和产业革命都会带来生产力大幅提升，供给侧一旦出现革命性创新，市场需求就会排浪式增长，蒸汽时代、电气时代和信息时代的历次产业革命皆是如此，英美就是抓住了前两次产业革命的发展机遇，先后成为世界霸主。当前，创新能力不强、体制机制僵化成为制约我国经济发展的关键问题。世界知识产权组织发布的“2015 年全球创新指数”显示，我国排名第 29 位；中国科学技术发展战略研究院发布的《国家创新指数报告 2015》表明，我国排第 18 位，均处于第二梯队。要推进供给侧结构性改革，深入实施创新驱动发展战略、深化创新体制改革势在必行。

三、实施交通供给侧改革建设交通强国亟需新的发展动力

当前，我国交通运输发展处于从粗放到集约、从单一到融合、从重板块到全链条转变的阶段，必须调整交通发展方式，优化交通发展结构，加快培育形成新的增长动力，实现持续发展、更高水平的发展，这是由交通大国向交通强国跨越、实现交通运输现代化的必经之过程。交通供给侧改革是个重大机遇，如能充分利用这一契机，理顺行业管理制度、管理要素等各方面生产关系，加快转变交通发展方式，实现交通综合化、智能化、绿色化和安全化发展，必将加快交通强国的建设进程。

处于转型期的交通运输事业，长期向好的基本面没有变，交通总体需求旺盛、发展空间不断拓展的基本特征没有变，动力转换逐步加快、改革红利持续释放的支撑条件没有变，运输结构加快调整的前进态势没有变。但在前进道路上，必须破除一些长期积累的结构性、体制性、根源性突出的矛盾和问题。近期主要表现为“三降两升”，即交通投资的边际效益下降、实体运输企业（港航、物流等）盈利下降、公益性交通服务的可持续发展能力下降、交通债务风险概率上升、交通拥堵等负外部性上升等。这些问题的主要矛盾不是周期性的，而是结构性的，是由供给侧结构性错配引发的。因此，必须把改善交通供给结构作为主攻方向，通过交通改革创新，按下交通转型发展的“加速键”，实现由低水平交通供需平衡向高水平交通供需平衡的跃升。

四、以“五大创新”为驱动，提高交通行业全要素生产率

创新是一项复杂的社会系统工程，涉及交通行业各个层面和多个领域。国务院新一轮大部制改革以来，交通运输部党组深入贯彻落实习近平同志重要讲话精神，认真落实党的十八大历次全会精神，站在战略和全局高度，从历史发展的新阶段新起点上，统筹研究和提出了一系列交通科学发展的创新性战略思想。一是在发展战略上，系统提出立足于交通运输发展的阶段性特征，服务好“两个百年目标”，集中力量加快推进“四个交通”[1]发展；二是在发展导向上，履行“三个坚持”[2]，不断提高交通服务于全面深化改革、全面依法治国、经济稳增长等方面的能力和水平；三是在发展宗旨上，突出做好“五个更加”[3]，切实发挥交通运输在国民经济和社会发展中的先行引领和基础支撑作用；四是在发展着力点上，围绕交通供给侧改革、加快建设交通强国，要求努力做好“五个注重”[4]。实践证明，这些理念、思路和措施，体现了新发展理念的要求，体现了交通运输服务的基本属性和本质特征，是当前和今后一段时期交通运输工作的思想基础、战略方向和重

[1] “四个交通”于2013年全国交通运输科技创新电视电话会上提出并于2014年全国交通运输工作会议上得到系统解读，即：综合交通、智慧交通、绿色交通、安全交通。

[2] “三个坚持”于2015年全国交通运输工作会议提出，即：坚持以全面深化改革统领交通运输工作全局、坚持把推进法治建设作为交通运输加快发展的根本保障、坚持以经济建设为中心充分发挥交通运输发展对稳增长的关键作用。

[3] “五个更加”于2015年全国交通运输工作会议提出，即：更加注重服务国家战略、更加注重转方式调结构、更加注重依靠创新驱动、更加注重可持续发展、更加注重保障改善民生。

[4] “五个注重”于2016年全国交通运输工作会议提出，即：更加注重补齐交通基础设施短板、更加注重提升运输服务品质、更加注重运输装备提档升级、更加注重各种运输方式协调发展、更加注重推进放权降费。

点任务。未来需要在这一系列战略框架指导下，针对加快构建综合交通运输体系、建设交通强国这一根本目标，以新的视角、新的方法和新的思维模式，稳步实施“五大创新”，即战略创新、理念创新、科技创新、管理创新、制度创新，全方位提高交通行业全要素生产率，为交通供给侧改革提供第一驱动力。

（一）交通运输战略创新

改革开放特别是“九五”时期以来，正是在一系列鲜明的战略导向引领下，交通运输事业实现了跨越式发展。这些战略至少包括：铁路“跨越式发展”战略，公路“抓两头带中间”战略，内河“加快发展”战略，海运强国战略，民航强国战略（持续安全、大众化、全球化战略），公交优先发展战略等，特别是新一轮交通大部制改革后，交通运输部党组提出的“四个交通”发展战略，指明了交通运输行业的宏观导向、发展方向和战略重点，是交通运输基本适应经济社会发展的强大战略指引。站在新的历史起点上，需要围绕“四个全面”战略布局，深入贯彻新发展理念，在“四个交通”的战略框架下，针对交通供给侧改革任务，瞄准加快构建综合交通运输体系、建设交通强国这一根本目标，深化和完善新时期的交通运输发展战略。无论是现行综合运输领域的“抓枢纽、促联运”战略，还是原交通部于 1998 年提出的实现交通基础设施现代化的“三阶段”战略，都可以为新时期战略的提出和制定提供很好的借鉴和参照。

（二）交通运输理念创新

近年来，国家对交通运输的定位是“三性”，即基础性、先导性和服务性，但在交通运输所处的不同发展阶段，对不同属性的突出程度是不同的。总的来看，在“十一五”之前，交通运输服务能力总体处于短缺状态，对国民经济和人民出行的支撑能力明显不足，则更多强调交通的基础性。进入“十一五”，交通运输紧张局面逐步缓解，人民群众对交通的要求开始由“走得了”向“走得好”转变，交通的服务性得以彰显。党的“十八大”以来，随着交通运输与国民经济发展需要的总体适应，国家将交通定位为发展的“先行官”，更加注重发挥交通的先导性作用。总体上，随着对交通运输行业定位认识的不断深化，交通运输与国民经济间关系实现了由“瓶颈制约”到“初步适应”和“基本适应”再到向“适度超前”迈进的过程转变，对交通运输的发展定位和要求不断抬升，指导交通运输的发展理念也发生了相应变化。下一步，围绕交通供给侧改革，同样需要在发展理念上与时俱进、开拓创新，特别是关注以下三方面问题。

1. 未来交通产业新定位的问题

交通供给侧改革归根到底是为建设交通强国目标服务的，交通由大国跃升为强国，顾名思义交通产业在国家产业体系中的地位一定是大有提升的，是否应赋予交通产业新的定位？去年仅滴滴出行全平台订单总量达到 14.3 亿，北京市仅六环内工作日人均出行次数已达 2.75 次，交通运输产业能够有效拉动钢铁、水泥、建材、冶金、机械、玻璃、建筑、橡胶、电力、信息、计算机、精密仪器等多个产业的发展，足以说明交通的出行市场规模、上下游产业链规模及所创造的经济和社会效益均是极其巨大的。既然文化产业和高技术制造业均已成为新的支柱性产业，在交通强国的目标指引下，未来的交通运输产业是否具备支柱性或准支柱性的属性，值得开展先期研究。

2.“三性”如何统筹平衡的问题

在交通供给侧改革中，交通运输究竟应该“三性并重”，还是突出其中一方面定位，比如“以先导为核心、基础和服务为辅助”，或是分阶段、分领域的划分阶段定位，分阶段可以按照交通全面达小康、交通基本现代化、交通全面现代化等三个大的阶段考虑交通定位，分领域可以按照基建、装备、运营、保障等分类考虑交通定位。如何对“三性”做统筹平衡，值得深入思考、系统研究。

3. 交通装备产业的发展理念问题

车辆装备产业这块更多是在工信部管理，行业以往关注较少。不同的发展理念导致了不同方式装备的发展水平迥异。高铁装备研发坚持原始创新、集成创新和引进消化吸收再创新相结合的创新模式，整合部门、行业、院校、企业等全国科技资源，打造战略性产业公共创新平台，现已进入完全自主化和高端制造出口升级的国际化发展新阶段，成为装备“走出去”的拳头产品。反观汽车产业，由于“市场换技术”战略的失败，国内汽车产业自主创新能力明显不足，在核心零部件方面依附于发达国家。装备的标准化、专业化和现代化是实施交通供给侧改革、建设交通强国的重要一环，迫切需要提出新的发展思路和理念予以指导。

（三）交通运输科技创新

交通行业历来重视科技研发，以高速铁路成套技术、民航大飞机研发、离岸深水港建设、沥青路面新材料、大深度饱和潜水等为代表，我国交通行业自主研发能力与核心竞争力不断增强，部分技术成果已达世界领先水平。随着大数据、云计算等新一代信息技术的蓬勃发展，互联网 + 交通运输领域应用创新也取得了长足进步。新时期做好交通科技创新工作，重点可从“能力、转化、体系”三个方面加以强化。

1. 把增强自主创新能力作为战略基点

按照交通供给侧改革的需要，针对全局性、方向性、综合性的关键技术问题，大力推进交通科技自主创新，着力提升原始创新能力，大力增强集成创新和引进消化吸收再创新能力，强化基础性研究，攻克关键性技术，突破牵引性技术，普及应用型技术，更加重视决策支持、智能交通、交通安全、环境保护等方面的技术研发。

2. 强化科技成果的转化推广与应用

充分重视知识产权保护，做好科技成果的推广应用和产业化工作，积极采用新技术、新材料、新工艺、新装备，鼓励使用创新成果，促进科研成果的产业化发展，通过开展交通示范工程、纳入标准规范、发布技术指南等手段，为科技成果转化和推广提供多种渠道。

3. 加强交通科技创新体系建设

合理定位并充分发挥政府、企业、学研机构、中介机构等的作用，形成“政府把方向、企业推应用、学研机构重研发、中介机构做纽带”的高效互动的有机整体，完善创新激励政策，增强交通科技创新主体活力。

（四）交通运输管理创新

按照全面推进依法治国的总体要求，政府与市场的边界更加清晰，以建设服务型政府为目标，政府将重点在市场失灵或效用不足的领域更好发挥资源调节和配置作用，简政放权、放管结合、优化服务。政府指挥棒将不再凌驾于市场之上，而是与市场的手放在同一个平台上，换位思考，统筹协作，实现资源的最优化配置。交通运输行业管理创新主要体现在管理方法、管理手段和管理模式的三个方面转变。

1. 管理方法上由依靠前置审批向简政放权、强化事中事后监管转变

抓好《交通运输部关于深化交通运输行政审批制度改革加强事中事后监管的意见》的贯彻落实，加紧制定部门权力清单和责任清单，试点市场准入负面清单制度，全面做好政府信息公开，推动政府更好依法履职，做到法定职责必须为、法无授权不可为。

2. 管理手段上由依靠外部管理向推进系统自主管理转变

通过加快交通行业信用体系建设，纳入全国信用信息共享平台和全国企业信用信息公示系统，推行互联网手段开展智能监管等，提高交通参与个体的自主管理意识。

3. 管理模式上由粗放式向规范化、专业化转变

探索引入交通行业行政审批的首问负责制，提供便捷的办理平台；加强部门联动，提高交通执法的标准化、专业化，减少多部门分头执法，提高执法效率。

（五）交通运输制度创新

改革开放以来，我国交通运输事业发展积累了丰富的宝贵经验，形成了一系列有益的发展制度，指导了交通运输事业的科学发展。这些制度至少包括：牢牢把握基本国情坚持以发展为行业第一要务，贯彻国家的交通投融资方针等一系列宏观政策，坚持发挥交通规划的强大战略引领作用，坚持调动央地和广大人民群众合力办交通的积极性，坚持改革开放解放和发展运输生产力，坚持实施科技兴交和人才强交战略等。新的历史条件下，需要在完善综合交通运输管理体制、拓展交通投融资政策、塑造交通文化（公交优先、安全出行、零距离换乘等理念贯彻的核心是形成文化）、坚定市场化方向、发挥地方的积极性和能动性、构建中国特色综合交通运输体系等方面，创新性地提出新的发展思路并制度化，逐步推广好的发展经验。

五、结语

本文着重研讨交通供给侧改革的动力问题。实施供给侧结构性改革，其核心在于提高全要素生产率，这代表了新的生产力的发展诉求和方向，按照生产力决定生产关系的客观规律，必然要求调整生产关系与其相适应，生产关系的调整也意味着创新驱动发展势在必行。按照这一思路，结合我国处于由交通大国向交通强国跨越发展的历史阶段，本文提出解决交通供给侧改革的动力问题，必须从交通运输改革创新入手，特别是应抓好交通发展的战略创新、理念创新、科技创新、管理创新和制度创新等“五大创新”，提高交通行业全要素生产率，扭转交通供需两侧的结构性错配，实现低水平交通供需平衡向高水平交通供需平衡的跨越。

参考文献

[1] 杨传堂. 在供给侧结构性改革中当好先行[N]. 学习时报, 2016-03-07 (001).

[2] 七问供给侧结构性改革(权威访谈) 权威人士谈当前经济怎么看怎么干[N]. 人民日报, 2016-01-04 (002).

[3] 贾康. 供给侧改革十讲[M]. 上海: 东方出版中心, 2016.

[4] 习近平在省部级主要领导干部学习贯彻党的十八届五中全会精神专题研讨班上的讲话[N]. 人民日报, 2016-05-10 (002).

[5] 马建堂. 供给侧结构性改革的意义与途径[N]. 人民日报, 2016-06-24 (007).

[6] 赵永新. 中国创新领跑第二集团[N]. 人民日报, 2016-06-30 (012).

[7] 耿彦斌, 李可, 陈璟, 综合交通运输体系发展有径可循[N]. 中国交通报, 2016-06-22 (005).

[8] 耿彦斌, 交通运输供给侧结构性改革 实现更高水平的供需平衡是最终目标[N]. 中国交通报, 2016-05-31 (008).

[9] 杨传堂在 2014 年全国交通运输工作会议上的讲话[EB/OL]. (2014-02-10) [2016-04-01]. http: //www.chinahighway.com/news/2014/806210.php.

[10] 中国现代化的“先行官”——交通部出台公路水路交通发展三阶段战略目标[J]. 交通世界, 2001, (7): 10-11.

[11] 马化腾. 分享经济——供给侧改革的新经济方案[M]. 北京: 中信出版集团, 2016.

[12] 王雄. 中国速度——中国高速铁路发展纪实[M]. 北京: 外文出版社, 2016.

[13] 中华人民共和国交通运输部《中国交通运输改革开放 30 年》丛书编委会. 中国交通运输改革开放 30 年——综合卷[M]. 北京: 人民交通出版社, 2008.

加快我国现代化交通运输发展的政策措施与建议

王德荣　高月娥　程　亮

（中国交通运输协会 北京中交协物流研究院　北京　100825）

【摘　要】为了实现我国交通运输现代化发展战略目标，未来一段时间，我国交通运输发展任务将更加繁重。本文从体制机制、供给侧结构性改革、运价改革，科技创新、财税体制改革、法律法规以及人才优先战略等方面，提出实现未来我国现代化交通运输发展的政策措施与建议。

【关键词】现代化 交通 政策 供给侧 结构性改革

Policies and Measures of speeding up on the development of Modernization Transportation in China

Wang Derong　Gao Yuee　Cheng Liang

(China Communications and Transportation Association,
Institute of Logistics and Transportation of Beijing, Beijing 100825)

Abstract: In order to realize the strategic goal of the modernization of China's transportation, for a period of time in the future, the development of China's transportation will be more arduous task. This paper, from the system mechanism, the supply side structural reform, tariff reform, technological innovation, tax reform, legal regulations and personnel priority strategy, puts forward measures and suggestions for future development of modern transportation in China.

Keywords: Modernization　Transportation　Policy　Supply side　Structural reform

一、引言

为了我国 2020 年、2030 年和 2050 年基本实现、率先实现和继续实现交通运输现代化发展战略目标，未来一段时间，我国交通运输发展任务依然十分繁重。经过十几年的建设发展，我国交通运输将取得显著成效；综合交通网络规模不断提高，区域布局明显改善，技术装备和管理水平快速提升，运输供给能力大幅增加，运输保障能力不断增强。为确保实现未来我国现代化交通运输发展的战略目标，提出以下几个方面加快交通运输现代化发展的政策措施与建议。

二、推进管理体制改革，加快现代化交通运输发展

（一）继续深化综合运输管理体制改革

2013 年 3 月，国务院实行机构改革，成立国家铁路局，由交通运输部管理，组建中国铁路总公司，承担原铁道部的企业职责。虽然交通运输部已经实现了统管铁路、公路、水路、民航等各种运输方式，但各种运输方式的发展规划仍然是分部门编制的，交通基础建设仍是分部门实施。因此，亟须在中央和地方层面建立综合交通运输管理部门，统筹铁路、公路、水运、航空等各种运输方式的规划、建设、运营管理，包括编制综合交通运输体系规划，制定综合交通运输政策、标准、统计，承担运输市场、工程建设和运输服务质量监管等。加强和规范交通运输建设专项资金和财政性资金的管理和使用，培育统一开放、竞争有序的现代交通运输市场，营造公平公正公开的市场环境。

（二）继续深化各种运输方式管理体制改革

在完善综合运输管理体系改革的同时，继续深化各种运输方式管理体制改革，力争重点领域的关键环节改革率先实施。加快推进铁路货物运输市场化改革。继续深化取消政府还贷二级公路收费后续改革，推进公路管理体制改革，重点解决好事权不清、责权不符的问题，推进以高速公路为主的收费公路体系和向社会公众提供普遍服务的免费公路体系的建设。完善港口、航道、锚地等公用设施建设、维护和管理体制，确保航道、港口、海事事权、责权落实。深化民航管理体制改革，建立健全航空公司、机场、空管的协调发展机制，推进机场管理体制改革和空管体制改革。深化城市公共交通管理体制，加快城市轨道交通发展，促进城市建设和经济社会发展。

（三）加大交通运输项目行政审批下放力度

进一步深化交通运输行政审批制度改革，减少交通运输项目行政审批事项，让市场在资源配置中起决定性作用。通过进一步取消和下放，促进规范管理，接受社会监督，各级交通运输管理部门不得擅自新设行政审批事项。逐步向审批事项的“负面清单”管理迈进，做到审批清单之外的事项，均由社会主体依法自行决定。同时，要改变管理方式，加强事中事后监管，切实做到“放”、“管”结合，降低行政成本，提高行政效率。

三、深化投融资体制改革，建立公益性与商业性投资机制

（一）建立多元化的交通运输投融资模式

为保障实现交通运输现代化，应进一步拓宽投融资渠道和方式，继续推行投资主体多元化，鼓励民间资本以独资、控股、参股等方式投资建设公路、水运、港口码头、民用机场、通用航空设施等项目，鼓励民间资本参与铁路干线、铁路支线、铁路轮渡以及站场设施的建设，多渠道筹集资金加快交通运输业发展。研究中央和地方政府财政投资用于公路建设联动机制和差异化投资政策。

建立现代企业制度，尽早出台关于鼓励和引导民间资本和外资进入投资铁路的实施细则办法和透明的运行环境，保证其投资安全、稳定的回报，逐步形成投资主体和产权主体多元化的新体制，对加快铁路发展，转变发展方式将起到显著作用。按照“政府主导、

社会参与、市场运作”的方针，建立多元化多渠道投资保障体系，保障资金供给能力。

加强铁路投融资法规建设，改善投资环境，放宽市场准入，鼓励和引导国有、民营及境内外各类资本投资铁路基础设施建设。用多种形式的项目融资方式；对主要为地区或地方经济发展服务的铁路项目，充分发挥各级地方政府、社会投资者及铁路运输企业的积极性，以合资、合作、联营等多种方式投资建设。鼓励民营、社会资本和外资进入交通运输基础设施建设领域，规范民营和社会资本投资项目管理，不断提高利用外资的质量和水平。进一步扩大公路、水路建设项目直接投融资比重，鼓励符合条件的企业通过发行企业债券等形式筹集建设资金。继续发挥银行贷款等间接融资渠道的功能，保证银行资金的连续性，尽可能为交通建设筹集更多的建设资金。

（二）建立交通运输公益性体制机制

交通运输业作为国民经济和社会发展的基础性、服务性产业，既要为经济社会活动提供商业性的服务，同时，作为提供公共服务产品的产业，又要为社会提供公益性服务。也就是说，交通运输业提供的服务产品具有公益性、商业性双重属性。政府作为公益性公共服务产品的提供者，为实现社会服务产品的公平、公正，国家应尽早制定交通运输业的公益性和商业性评价体系。在投资方向上要明确各种交通运输方式中公益性和商业性的强弱程度，公益性强的应主要由财政支出提供，商业性强的应在保证国家利益的情况下充分利用社会资金，以使交通运输建设资源得到优化配置，实现投资效率最大化。研究建立公益性交通项目建设和运营的财政补贴机制，加大对公益性交通项目和运营的投资和补贴力度。特别是要将革命老区、民族地区、边疆地区、贫困地区的交通项目建设与运营纳入到中央财政转移性支付，将城市公共交通基础设施建设与运输服务纳入到地方财政补贴，形成加快我国交通运输业发展的合力。

因此，建议中央和地方财政将公益性铁路如：国家战略需要、开发性的线路建设纳入预算，发挥政府主导功能。同时，建议对公益性铁路建设贷款给予财政贴息，建立公益性补贴的长效机制。深入研究制定农村客运成本费用评价、政策性亏损评估及政策性补贴制度，设立农村客运发展专项补助资金，使经营者能获得合理利润，连续提供农村客运服务，有能力改善安全设施，服务设施和服务水平，实质性解决农村班线开通难、维持难的问题。为加快内河水运发展，建议将内河主要航道和海河联运航道的工程建设也纳入国家财政预算，建议对公共航道及锚地等配套基础设施予以大力支持，并加大资金补助力度。

四、推进供给侧改革，优化交通运输结构

深化改革推进交通运输结构改革，加大重点领域和关键环节市场改革力度，调整各种扭曲的政策和制度安排，推进交通运输结构转型升级。优化运输结构本质上是一个资源重新配置或者优化资源配置的过程。一是要加快补齐交通基础设施短板问题。二是提高供给质量效率，降低运输服务成本。三是按照“用者付费”和“谁污染谁治理”的原则，促进交通运输业可持续发展。由于各种运输方式的技术经济特性不同，对资源的使用与环境的影响不一，由此导致的交通运输使用成本（包括建设与运营支出的直接成本或称

内部成本）和由建设和运营使用资源与环境损害以及交通拥堵、安全造成的影响付出的成本即外部成本不同。四是优化运输结构。尽量发挥资源占用少、环境污染少的运输方式的优势，改变目前对各种运输方式只注重计算内部成本的状况，制定科学的评价指标体系和政策，通过提高燃油税标准和征收拥堵费等途径，把以小汽车为主的外部成本高的运输方式补贴给铁路、水运等外部成本低的运输方式，以此来引导资源占用少、环境污染小的运输方式如铁路、水运等加快发展。通过政策引导，促进各种运输方式的比较优势在其最有效的运输领域充分发挥，实现“宜路则路、宜水则水、宜空则空、宜管则管”，引导交通运输发展由资源粗放型向资源集约型，由环境污染型向环境友好型转变。加快以城市轨道交通为主体的城市公共交通发展，倡导绿色出行，鼓励自行车、步行等慢行交通发展。

五、深化运价体制改革，增强交通运输业发展活力

改革开放以来，我国交通运输价格改革从政府严格管制，政府定价和调价，到政府部分放松管制，调放结合，政府指导价和市场调节价相结合，我国的运价改革在稳步前进。随着社会主义市场经济体制的不断完善，交通运输基础设施建设的加强，运输供给能力的增长，各种运输方式竞争的格局的初步形成，政府应进一步放松管制，继续推进运输价格市场化改革。

（一）继续加快运价体制改革

首先，要逐步改变过分集中的运价管理体制，形成国家物价部门、交通运输管理部门和地方政府分级管理的运价管理体制。根据运输市场供求状况，实行灵活多样的运价形式。在国家宏观调控的前提下，除少数垄断性较强、公益性运输等领域外，建立以市场形成价格为主的运价机制，使运价起到调节运输市场和配置资源的作用。其次，公路和水运运价已基本放开，应继续实行在政府指导下由市场调节运价的政策。随着铁路改革的深化，客货运输市场的开放和竞争机制的引入，民航重组方案的实施和竞争格局的形成，铁路和民航运价也应建立符合市场经济要求的运价机制和管理体制，在规定的程序下，给运输企业更多的运价浮动权。第三，减少收费项目，进一步降低交通运输行政事业性的收费标准。完善运价监管体制机制，促进制定运价向建立长效机制、民主化、法制化的方向转变，增强我国交通运输的发展活力。

（二）规范公路收费政策，制定和理顺收费标准

自20世纪80年代国家实行允许收过路费、过桥费、收费还贷的政策以来，收费公路对解决建设资金不足，吸引大量的国内外资金投入公路建设，加快公路发展产生了积极效果。目前收费公路有高速公路和一、二级公路，有经营性收费公路和非经营性收费公路，还有新老路捆绑收费等。因此应对收费公路的范围、收费标准加以规范。现有的和在建的收费公路，在还清贷款和特许经营期满后，应及时改为非收费公路，或降低收费标准仅用以公路的维护。收费公路的收费标准应严格控制和适当降低。对于各类车辆的收费标准，应借鉴国外经验，降低大型货车，特别是集装箱车和公用运输大客车的收费标准，以降低物流费用，促进地区经济和公共交通的发展。

六、推进科技创新，提升交通运输技术装备和管理现代化水平

交通运输技术装备和管理在现代交通运输发展中起着举足轻重的作用。为提升我国交通运输业技术管理水平，应把科技创新和信息化作为加快转变交通运输方式的中心环节。不断完善科技创新的体制机制，增加科技创新投入，提高我国交通运输科技水平。依靠科技创新提高交通运输装备技术水平，研发一批具有我国自主知识产权的大飞机、大轮船、新一代动车组，以及施工机械、设施、信息系统等，满足我国交通运输发展的装备需求。同时，通过管理创新，主要包括业务模式流程，机制重构，提升行业管理水平，提高交通运输业的组织效率、服务能力和服务质量，提升交通运输行业和企业的抗风险和可持续发展能力。按照建立高效现代交通运输体系的要求，提高运输服务能力与质量的总体要求，加快运输市场体系建设，完善政府运输监管和公共服务职能，着力提高运输服务水平和物流效率，提升运输服务对实现现代化的支撑作用。

七、加快财税体制改革，实现交通运输业可持续发展

税收是财政收入的主要形式，同时还具有调节经济结构的作用。国家可通过科学合理地设置税种，制定差别税率和各种不同的税收政策、法令等，实现资源的有效配置和经济结构的优化组合。完善的税收政策是实现交通运输业可持续发展的重要手段。

（一）提高燃油附加税

征收燃油税就是一种交通运输外部成本内部化的通行措施。2009 年，国家开征了燃油税，取代主要是养路费、客运附加费、运管费等行政规费。开征燃油税对鼓励汽车运输发展起着积极作用。从长远来看，石油是不可再生的能源，其价格上涨和高位运行有其客观必然性，开征燃油税，不仅可以以燃油税补偿汽车运输对资源环境带来的损耗，减少其他税费如养路费的征收，使用车的人得到更公平的待遇，同时还可以刺激油品消费者购置使用高效率低油耗的汽车，以降低石油需求，提高石油利用率。目前，我国成品油消费快速增长，新增消费主要以汽车和民航为主，如果采取低油价，由财政补贴成品油生产商并间接补贴消费者的办法，则有失公平原则，因此，坚持“谁受益、谁付费”的公平准则，应该提高成品油税负等手段，增加成品油消费成本，适度控制成品油消费，引导绿色出行。建议将燃油税额提高到每升 3~4 元。

（二）实行铁路、公共交通税收优惠政策

对铁路、公共交通实行税收优惠政策是世界各国普遍的做法，许多国家对铁路免征全部或部分税收，还有的国家对铁路实行低税率。国家对铁路应在税收上给予适当优惠，在税制改革中应充分考虑铁路不同于一般性企业，把铁路企业纳入税收优惠产业目录，比如降低铁路所得税率，免去城市维护建设税和教育费附加，或者将营业税和所得税作为铁路建设基金返回。同时，对于铁路使用的技术装备，如机车车辆、装卸机具以及通信设备等大型高值设备，免征关税和增值税，以减轻铁路发展的资金压力。对公共交通企业适当减免营业税、城建税、土地使用税、房产税等，或将缴纳税费按时、足额返还公交企业。

八、完善法律法规建设，健全交通运输现代市场体系

（一）加快完善交通运输法律法规建设

随着我国市场经济体制的建立，继续深化改革、扩大开放，特别是交通运输业的快速发展，一些法规难以适应交通运输业的发展要求。因此，除了对现行的法规进行必要的修改完善外，要建设法制政府部门，强化法制思维，根据深化改革、扩大开放的要求，制定必要的法规，为交通运输发展和运营营造良好的政策法规环境。为推动交通运输体系综合发展、协调发展，应尽快出台综合交通运输法，实现以综合交通运输法为指导，加强各种运输方式规划、建设、运营的衔接与协调。根据需要适时研究出台《绿色交通法》，为我国交通运输走绿色发展之路提供法律保障，满足交通安全、技术先进、管理科学与节能减排、可持续发展的要求。此外，在国家及地方交通主管部门交通法规的支持下，建立严格的运输市场准入标准及运输市场信用机制，按照建立统一开放、竞争有序的交通运输市场的要求，依法规范市场秩序，提高交通运输保障能力，加强和改进市场监管手段，依靠科技和信息手段，加强有效监管，严厉打击无证经营、违章经营，保护合法经营者和旅客、货主的权益，净化市场环境，开展清理违规收费、免征等专项工作。

（二）完善交通运输市场监管职能

目前，交通运输市场准入门槛较低，道路货运资源过剩，市场竞争激烈，特别是压低运价，恶性竞争现象时有发生，导致超速、超载、超限、疲劳驾驶等现象十分严重。建议提高交通运输市场准入门槛，提高行政执法和监管水平，建设统一开放、规范有序的运输市场秩序。

（三）加强交通运输安全监管能力

提高交通运输安全监管水平，以行政执法手段降低恶性竞争和超速、超载、疲劳驾驶等现象，降低交通事故发生，保障人民群众生命财产安全，提高客货运输经营安全水平，促进交通运输市场健康发展。

九、实施人才优先战略，提高现代交通运输人才素质

现代化交通运输离不开人的现代化，人的现代化不仅是现代化交通运输的重要内容之一，也是重要的决定因素。“人”的现代化主要包括素质现代化、组织现代化、职业现代化，其中最关键的是素质现代化。人才是现代化交通运输发展的根本，加强人才队伍建设，全面提升现代交通运输人员的专业技能、管理素质和职业道德是我国交通运输业一项长期而艰巨的任务。交通运输各行业技术经济特征差异较大，不同子行业、部门、岗位等对从业人员的要求不一，不同业务需求对人才知识结构的需求也存在较大的差异。目前我国人才结构总体不够优化，中、高级交通运输人才匮乏，人力资源的补充渠道和开发力度不够充分。实现交通运输业又好又快发展，关键是要造就一批数量足、素质高、结构合理的现代人才队伍。对人才的培养和队伍建设，从现代交通发展的实际需要出发，以实现现代交通运输人才快速成长为目标，以提高自主创新能力为重点，不断优化人才结构，提升人才素质。大力强化实践教育培训，实现高学历型人才向能力型、创新型人

才的突破，提高人才素质，为行业管理和企业发展提供高水平的管理人才；重点培育交通装备制造如高铁、桥梁等设计、制造、运营等高技术人才，提高重大基础设施建设工程技术人才素质，加快交通规划人才队伍的培养；交通运输企业结合运营管理的实际需要建立多层次、合理衔接的人才结构体系。健全人才成长机制，改善人才成长环境，通过学历教育、职业教育、网络教育等多种方式造就一支数量足、能力强、素质高、作风硬的现代化交通运输人才队伍。为实现我国交通运输现代化提供坚强有力的人才保障和智力支持。

参考文献

[1] 汪鸣.我国交通运输发展形势展望[J].中国投资,2016(3): 68-71.
[2] 李波.我国交通运输业发展现代物流的必然性及对策研究[J].公路交通科技,2004, 21(11): 114-117.
[3] 陈文玲.关于加快我国现代物流产业发展的思考和对策[J].港口经济,2003(2): 42-44.
[4] 杨广威.浅析我国现代交通运输的发展方向[J].交通标准化,2008(10): 78-82.
[5] 李盛霖.转变发展方式加快发展现代交通运输业[J].交通标准化,2010(14): 1-1.

“一带一路”战略为交通运输与物流行业央企“走出去”带来重要机遇

徐 文

（中国外运长航集团 北京 100029）

【摘 要】“一带一路”是我国在新的历史条件下进一步扩大对外开放的重要战略举措，在不同程度上促进了我国与沿线国家贸易和金融一体化的发展，同时也为我国中央交通运输与物流企业“走出去”提供了难得的战略机遇。中国外运长航集团作为央企中的物流排头兵企业，高度重视“一带一路”带来的各种发展机会，努力拓展相关业务，在实践中也取得了明显的成效。本文以中国外运长航集团为例说明交通运输物流类央企面临的重要机遇与挑战，并提出相应建议。

【关键词】一带一路 物流 机遇

The strategy of “One Belt One Road” to Bring Important Opportunities for Transportation and Logistics Industry Central Enterprises to “going out”

Xu Wen

(SINOTRANS & CSC Holdings Co., Ltd., Beijing 100029)

Abstract: “The Belt and Road Initiative” is an important strategic initiative to further expand opening up in the new historical conditions in our country. In different degrees, it promote the development of trade and financial integration between China and countries along the route, at the same time, it provide a rare strategic opportunity for China’s central transportation and logistics enterprises “going out”. SINOTRANS & CSC Holdings Co., Ltd. as the central enterprises in the vanguard of logistics enterprises, Attaches great importance to a variety of development opportunities, brought by “The Belt and Road Initiative”, and strives to expand the related business, and also achieves remarkable results in practice. This paper takes SINOTRANS & CSC Holdings Co., Ltd. as an example to illustrate the important opportunities and challenges faced by the central enterprises of transportation logistics enterprises, and puts forward corresponding suggestions.

Keywords: The Belt and Road Initiative Logistics Opportunities

一、“一带一路”战略带来的重要机遇

首先，“一带一路”战略有利于中国构筑全球一体化的交通运输与物流通道，大大提升交通运输与物流基础设施的建设规模与水平。“一带”着眼于加快我国向西开放，侧重于通过开行中欧班列打通陆路通道。去年以来，中欧班列开行省份更多，密度更大，回程班列增多，并已运行东线、中线、西线三条班列运输通道，为中欧之间进出口货物提供了全新便捷的物流运输模式。“一路”着眼于建设海洋强国，侧重于通过港口这一海上战略支点建设打通海上通道。海上战略支点建设虽不如中欧班列那样快速推进，但我国港航企业通过联盟、控股等参与马来西亚和土耳其等国港口经营的步伐正在加快。

在实践中，我集团积极与地方政府通力合作，共建国际物流大通道。2015 年 6 月，我集团与广东省人民政府签署了战略合作框架协议，双方积极推动在中外运东莞（石龙）物流中心建设国际铁路口岸，形成华南地区与中亚、俄罗斯、欧洲地区及东盟国家的多式联运物流大通道，促进与“一带一路”沿线国家的经贸合作。石龙国际物流园区已成为中俄经贸合作枢纽型项目和连接“一带一路”的战略节点。除了石龙项目，我集团还与甘肃省人民政府建立了战略合作关系，在开行中亚欧洲国际货运班列、建设物流中心等项目上加强合作与对接。目前兰州－中亚国际货运班列已实现一周一班的开行频率，打通了向西开放货运大通道。

“一带一路”还有助于推进新的区域经济和发展格局的形成，为东南亚、中亚、中欧区域物流枢纽节点建设以及物流园区等基础设施的互联互通提供重要发展机遇。

由于我集团在霍尔果斯、二连浩特、满洲里及凭祥等国内主要陆路口岸长期开展铁路物流业务，在欧亚大陆桥、多式联运、国际集装箱运输等方面具有丰富的运营经验。因此，今年来我集团紧紧抓住“一带一路”为契机，加大了陆路口岸的投资力度。例如集团所属新疆公司积极参与中巴（巴基斯坦）经济走廊“苏斯特干港”项目建设，为中巴合作关系做出特殊贡献。此外，我集团还积极参与连云港中哈国际物流基地建设，拓展与哈萨克斯坦等中亚五国过境运输和仓储物流业务。

其次，“一带一路”将配合“中国制造”走出去，为中央交通运输与物流企业创造巨大的市场机会。2015 年，我国企业共对“一带一路”相关的 49 个国家进行了直接投资，投资额合计 148.2 亿美元，同比增长 18.2%。投资主要流向新加坡、哈萨克斯坦、老挝、印尼、俄罗斯和泰国等国。根据商务部统计，2015 年，我国企业在“一带一路”相关的 60 个国家新签对外承包工程项目合同 3987 份，新签合同额 926.4 亿美元，占同期我国对外承包工程新签合同额的 44.1%，同比增长 7.4%，这必然会催生工程物流等细分物流业务量的快速增长。

在实践中，我集团积极与央企联合“出海”，助力国际产能与装备制造合作。近年来，我集团已与中石化、中石油、中铁建、中铝、五矿、国机、中车、三峡集团、中铁集装箱公司等大型央企建立了战略合作关系，加快与央企在海外水电工程、交通、能源、装备制造以及国际铁路运输通道等方面更高层次的物流合作。近两年来，我集团承担的“一带一路”沿线国家的工程物流项目约 40 多个，为央企“走出去”提供了优质物流服务。

第三，"一带一路"还将引领中国交通运输与物流产业的转型升级。随着交通运输服务方式向多式联运、构建甩挂运输服务体系等转变，交通运输行业将在"一带一路"战略推进过程中，"从幕后走到前台"，物流效率得到进一步提升。

目前，中国外运长航集团在东南亚、中亚、非洲、中东、欧洲等"一带一路"沿线国家投资设立了20多家经营机构，提供全程物流服务，与国内服务网络有效协同，为客户提供国内一国外一站式"门到门"的全程物流服务。此外，我集团还借力"一带一路"相关政策，充分发挥境外机构的特殊作用。例如在财资服务上发挥香港的区域金融、中介专业服务、物流航运服务方面的独特优势，强化了集团香港资金管理平台RTC的重要作用。

二、央企"走出去"遇到的主要问题与挑战

经济全球化、区域经济一体化及贸易金融一体化依然受地缘政治、法律制度、经济管理体制机制等多种因素的制约，使我国企业在走出去过程中仍然面临各种障碍、挑战和风险。

一是汇率风险较大。"一带一路"沿线国家的金融管理体制存在很大差异，货币政策和汇率政策多变，汇率波动较大，容易导致汇兑损失。例如，近年来越南盾、俄罗斯卢布大幅度贬值，使我国很多贸易商造成汇兑损失，也对物流服务商造成了不利影响。此外，部分国家进行外汇管制，也增加了跨境结算的风险。

二是市场秩序有待进一步规范。国际贸易需要一体化的服务，包括报关、报检、退税、结汇等相关全程服务。作为综合物流服务提供商，中国外运长航集团是贸易金融一体化的直接受益者。我集团的客户是贸易商，进行跨境跨国业务，进行结算、融资、信用查询等均需国际金融服务，贸易和金融越一体化就越便利。

近年来我集团所属企业在开展外贸综合服务方面进行了积极的改革探索，在传统的外贸代理业务基础上为广大中小微企业代理报关、报检、退税、结汇等一条龙服务，效果很好。例如我集团下属广东公司正在推出集产品设计、品质检控、宣传推广、贸易撮合、国际信用保障、金融及保理为一体的外贸综合服务，把供应链上成千上百家企业集成为利益关联的产融生态圈，解决国际结算、供应商资源共享、仓储、全球物流、通关、报检、信息化、高效核算、财税管理等问题，这将大大促进贸易、金融一体化的发展。

目前为国际贸易提供服务的物流供应商十分分散，甚至有不少企业在缺乏有关资质的情况下开展业务，进行不规范竞争，扰乱了市场环境。在"信息不对称"的情况下，沟通成本、协调成本或资源重复配置的成本高企，彼此缺乏有机协同，使得客户的股东、客户的债权人、客户的客户、客户的供应商难以及时、透明的掌握动态，市场可能会陷入恶性竞争状态。

三、对策建议

首先，从国家层面而言，推进"一带一路"国家战略，加快区域一体化进程，加大对外开放步伐，需要我国进一步改革和完善贸易、投资、金融管理体制，为企业走出去

提供强有力的支持和服务；同时更需要进一步加强与有关国家的磋商和协作，优化外贸和投资环境，降低我国外贸企业的经营风险。

其次，在行业管理方面，需抓紧出台一系列促进国际贸易、投资便利化的政策措施。当前，亟需为大企业下属的财务公司“松绑”，为其提供海外经营的便利，从而有助于实现像中国外运长航集团这类的大企业在“走出去”过程中提供贸易、物流、金融一体化服务。

最后，就企业自身而言，除了利用好国家有关政策机遇外，应充分了解“一带一路”沿线国家的各种情况（包括政局、经济形势、管理体制、投资政策、外贸政策、汇率政策等等），事先规避有关风险。当前，外贸综合服务企业更应抓住产业互联网大发展机遇，打造跨境供应链一体化服务，加强财资管理，寻找新的利润增长点。

参考文献

［1］董锁成，程昊，郭鹏等．“一带一路”交通运输业格局及对策［J］．中国科学院院刊，2016, 6: 663-670.

［2］张锦，陈刚，李国旗，Nguyen Thiyen．“一带一路”战略中交通物流关键问题与对策［J］．物流技术，2015, 21: 4-6, 14.

［3］张诗瑜，张义．论“一带一路”战略下的国际贸易与国际物流协同［J］．中国商论，2016, 04: 120-122.

［4］田文．论“一带一路”战略下的国际贸易与国际物流协同［J］．中国乡镇企业会计，2016(5): 126-128.

［5］金真，张志宏，丁三朵．“一带一路”背景下航空物流业的机遇与挑战——“第二届中国国际航空物流发展大会2016”综述［J］．郑州航空工业管理学院学报，2016, 34(3): 1-4.

［6］谢泗薪，张志博．“一带一路”战略架构下基于物流服务供应链的中国物流发展策略研究［J］．铁路采购与物流，2016(5): 45-47.

［7］张良卫．“一带一路”战略下的国际贸易与国际物流协同分析——以广东省为例［J］．财经科学，2015(7): 81-88.

［8］刘文政．“一带一路”战略下，中国物流业迎来发展新机遇［J］．重型汽车，2015, 2: 29-30.

［9］戴雅兰，谢泗薪．“一带一路”背景下物流一体化发展战略研究［J］．铁路采购与物流，2015, 12: 52-55.

［10］徐长山，金龙．“一带一路”战略下中国铁路走出去的时间价值、空间意义与约束条件［J］．科技进步与对策，2016, 16: 111-115.

“一带一路”和“亚投行”对我国交通建设投资带来的机遇和挑战

王赵明　邵社刚　沈　毅

（交通运输部公路科学研究院　北京　100088）

【摘　要】在“一带一路”战略背景下，要实现互联互通，交通运输行业实际上起着基础和支撑的作用，从“一带一路”沿线国家及地区吸引外资情况、交通建设格局、主要大国在该地区的资源竞争战略等视角进行分析，并针对分析结果提出了我国在“一带一路”地区实施交通建设投资战略的启示。

【关键词】一带一路　交通建设　战略　机遇　挑战

Opportunities and Challenges Brought by Transport Investment Construction from “One Belt and One Road”

Wang Zhaoming　Shao Shegang　Shen Yi

(Research Institute of Highway, Beijing 100088)

Abstract: Based on the background of the strategy of “The Belt and Road Initiatives”, the paper analyzes the countries and regions’ situation along this area including attracting foreign investment, landscape of power competition and resource competition strategy in the region in detail. According to the results of the analysis, the paper proposed strategy of transport investment.

Keywords: The Belt and Road Initiatives　Transport construction　Strategy　Opportunities　Challenge

一、“一带一路”的含义

2013 年 9 月，国家主席习近平在访问哈萨克斯坦时提出构建“丝绸之路经济带”。2013 年 7 月，习近平主席又在出席亚太经济合作组织（APEC）领导人非正式会议期间提出了中国愿同东盟国家加强海上合作，共同建设“21 世纪海上丝绸之路”。从此，向西推进“丝绸之路经济带”的建设，向东南构建“21 世纪海上丝绸之路”开启了中国政府的地缘布局，也即“一带一路”。

2014 年 11 月 6 日，习近平主席主持召开中央财经领导小组第八次会议时进一步提出，发起并同一些国家合作建立亚洲基础设施投资银行是要为“一带一路”有关沿线国家的基础设施建设提供资金支持，促进经济合作。分析人士指出，区别于西部大开发等区域规划，“一带一路”战略获得国际多边组织以及我国专项基金（亚洲基础设施投资银行）的资金支持，解决了战略发展最重要的瓶颈问题，保障战略落地。

2016年8月17日，习近平总书记出席推进“一带一路”建设工作座谈会并发表重要讲话，强调以钉钉子精神抓下去，一步一步把“一带一路”建设推向前进，让“一带一路”建设造福沿线各国人民。接受本报记者采访的外国专家学者等表示，习近平主席的讲话传递出让“一带一路”建设“抓住发展这个最大公约数，不仅造福中国人民，更造福沿线各国人民”的强烈信号，彰显中国倡导的坚持共商、共建、共享原则，进一步坚定了国际社会对推进“一带一路”建设的信心。

具体而言，“一带”：六条走廊。新亚欧大陆桥、中伊土走廊、中巴走廊、孟中印缅走廊、中新走廊、中蒙俄大走廊。在国内，比较重要的节点城市包括乌鲁木齐、喀什、昆明、兰州和郑州。“一路”：海上要建立若干港口支点，重点的港口节点包括天津、连云港、青岛和日照。

“一带一路”的重点任务包括六个方面：

（1）基础设施互联互通。包括交通设施、油气管道、通信设施三大工程建设。

（2）经贸合作。包括优化贸易结构、创新贸易方式两个方面。

（3）调整产业结构。鼓励装备制造业走出去。鼓励具有自主知识产权且技术水平相对较高的产业如核电、轨道交通、工程机械、汽车、北斗导航到沿线国家投资。推进国内产能过剩行业如钢铁、电解铝等到资源富集、市场需求大的国家建立生产基地。

（4）保障能源安全。加强与中亚、俄罗斯等国能源通道建设的合作，保障运输通道的安全等。

（5）加强人文交流。在教育、文化、卫生、旅游等领域开展合作交流。

（6）海上区域合作。主要面向南亚和东南亚，首先要妥善处理好南海的争议和分歧，然后再农业、渔业、海洋科技、海上互联互通、航道安全、港口运营等方面展开工作。

“一带一路”建设取得积极进展，目前，已有50多个国家积极响应并要求参与共建。“一带一路”战略具体包括北、中、南及海上四条线路，即中蒙俄经济带、新亚欧陆桥经济带、中国—南亚—西亚经济带和海上战略。

中蒙俄经济带：主要通过环渤海、东北地区与俄罗斯、蒙古等国家的交通与能源通道，并向东连接日本和韩国，向西通过俄罗斯连接欧洲。新亚欧陆桥经济带：通过原来的亚欧大陆向西通过新疆连接哈萨克斯坦及其中亚、西亚、中东欧等国家。

中国—南亚—西亚经济带：通过云南、广西连接巴基斯坦、印度、缅甸、泰国、老挝、柬埔寨、马来西亚、越南、新加坡等国家；通过亚欧路桥的南线分支连接巴基斯坦、阿富汗、伊朗、土耳其等国家。

海上战略堡垒：分别由环渤海、长三角、海峡两岸、珠三角、北部湾等地区的港口、滨海地带和岛屿共同连接太平洋、印度洋等沿岸国家或地区。

在全球经济增长放缓的同时，亚洲发展的需求愈发强烈，利用互联互通实现贸易“逆生长”是各国发展的共同愿望。2014年11月11日，APEC会议在北京圆满闭幕，“一带一路”

战略走出国门，成为整个亚太地区发展的重要战略支撑。

在众多的利好中，交通行业将是其中一个受益群，并可能享受长期的利益。对交通行业而言，企业“走出去”将会得到更多的支持，并呈现多样化、高质量、更积极的特点。许多新兴国家基础设施建设严重不足，交通运输能力不足现象非常严重，交通基础设施建设的需求很强，但苦于资金短缺，一直解决不了这个难题。中国“亚洲基础设施投资银行”的成立，既解决了新兴国家的投资短板，也为中国带来持续稳定的原材料供应来源，解决中国投资渠道不畅的难题。

二、“一带一路”沿线国家和地区道路现状

传统的地缘政治学是根据地理要素和政治格局的地域形式，分析和预测世界或地区范围的战略形势和有关国家的政治行为。它把地理因素视为影响甚至国家政治行为的一个基本因素。而如今，在市场经济发展如此发达的地步上，地缘政治学更要加入经济这一重要因素。从经济的角度来看，地缘政治核心目的为了控制贸易通道，左右经济发展甚至财富的流向。为了保证经济体系的正常运转，有两步关键工作要做：

（1）必须要确保能源和原材料的来源以及运输通道畅通；

（2）保证通向世界市场不出问题。

目前，周边国家的道路联通状况主要是通过道路运输发展状况反映出来。“一带一路”贯穿亚欧非大陆桥，一边与东亚经济圈相连，另一边与欧洲经济圈相连。丝绸之路经济带最主要的三条联络线，如图 1 所示。

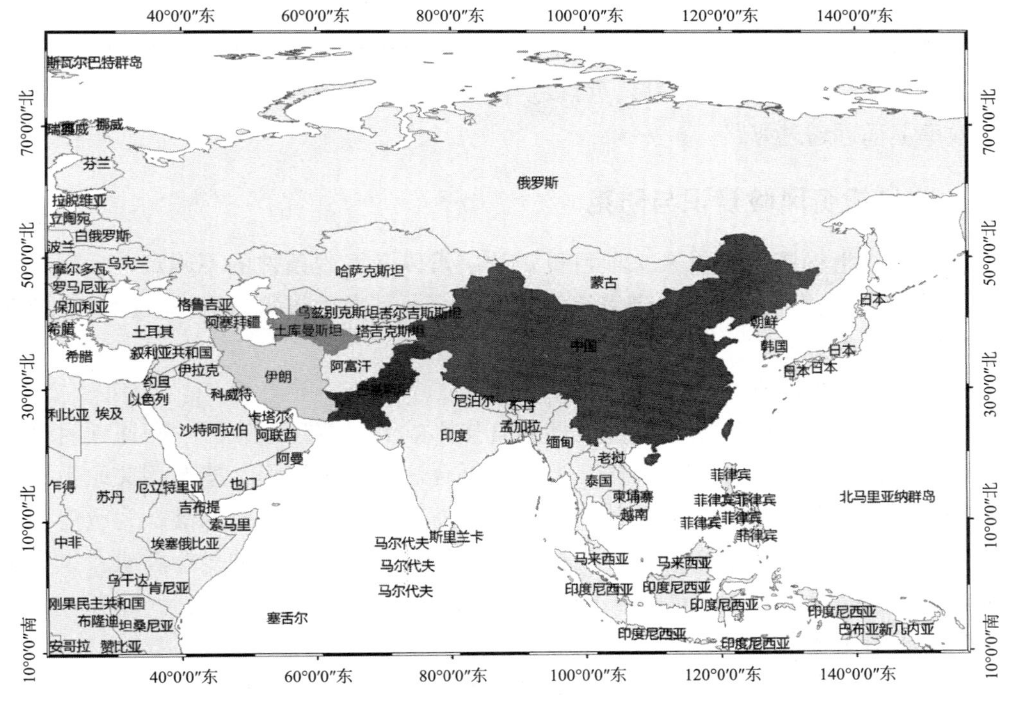

图 1　丝绸之路经济带的三条联络线

中国经中亚、俄罗斯、波罗的海三国；

中国经中亚、西亚、波斯湾、地中海；

中国至东南亚、南亚，最终至印度洋。

2000年以来，中国与“一带一路”沿线国家公路货运周转量和客运周转量迅速的增长，到了2012年，货运周转量是2000年的8.38倍。哈萨克斯坦、巴基斯坦、土耳其等国家的公路货运周转量都出现了明显的增长。

三、交通投资建设伴随“一带一路”“走出去”

“新丝绸之路”的发展，在方向上，是我国面向欧亚大陆，在纵深方向发展。“新丝绸之路”是由中国及丝绸之路沿线国家的政府牵头来发展，因此，国有企业要走向最前线。在信息高速发展时代，很多的商业机会是靠速度抢出来的，海权国家和陆权国家来比，时间是一个不可逾越的障碍。未来谁更有竞争优势，时间是最重要的因素。

根据我国与欧盟签署了一项基于“一带一路”倡议的合作框架协议，计划的高铁主要有三条：

欧亚线：由我国东北出发，横贯俄罗斯，到达莫斯科，从莫斯科到柏林，最终到伦敦，全线10000多km，运行时间全程2天。我国东北－莫斯科－基辅－华沙－巴黎－伦敦。

中亚线：由我国新疆出发，经中亚五国，到伊朗德黑兰，至土耳其，最终到达欧洲。我国新疆－哈萨克斯坦－乌兹别克斯坦－土库曼斯坦－土耳其－德国。

泛亚线：有我国昆明出发，最终至新加坡。我国昆明－越南－柬埔寨－泰国－马来西亚－新加坡。

这三条线路中，中亚铁路地处于欧亚大陆，是全世界集中的能源、天然气、矿产和原材料的产地，高铁和公路修好后，可以从两端快速运送到世界各地。大陆交通体系将在时间效率上远远超过海路。

四、交通投资风险辨识与防范

投资风险是指投资者因对未来项目投资的决策以及客观条件的不确定性，而导致该项目投资的实际收益与期望收益产生负偏差的程度及其发生概率。辨识风险源是应对和控制投资风险的重要环节。

（一）政治局势风险

东道国政权的稳定性、政策的连续性会直接影响到投资环境，影响交通项目投资的收益。因此，投资者可采取一些措施：严格遵循合法的开发流程，按照相关政策、指引逐步推进项目，避免引发法律流程的问题。配套海外投资债权保险产品，为政府违约风险等提供保障。合理运作股权安排，项目公司股权可有多个国家的投资者或者世界银行等国际多边机构共同持有，已对所在国形成强大的影响力。

（二）延迟支付风险

东南亚国家以及中亚五国普遍存在官僚作风以及效率低下的现象，导致对项目费用支付延迟。交通项目因缺乏流动资金，被迫依赖银行贷款勉强维持运营。对此，投资者可采取以下措施：积极争取国际知名银行出具的循环备用信用证。通过购电协议条款安排，延迟支付会构成对其他国际性贷款合同的违约，从而严重影响东道国政府在国际金融市场上的融资信誉。

（三）外汇兑现风险

一是积极争取东道国央行出具购汇额度许可，项目有权直接到央行按照正常汇率兑现美元，并争取尽快落实快速灰度的机制。二是采取信贷互换等手段规避汇兑损失风险。三是确定合理的资本结构和筹资方式，从资金的筹措、发放、收回全程来防范汇兑风险。

（四）安全保障风险

俄罗斯的车臣、多年的印度和巴基斯坦的领土之争等问题，带来了战争后遗症，区域的安全问题难以得到根本性的解决。措施：一是聘请专业安保顾问对项目面临的安全形势进行全面评估，制定最高标准的安全保障方案。二是积极争取与东道国共同制定安保方案，落实预算与相关责任。

五、政策建议

（一）扩大海外投资险承保范围，提振企业投资信心

面对复杂难控的政治局势和愈演愈烈延迟支付，考虑到交通投资项目的特殊性，以中央企业为主体的投资人肩负政治使命和社会责任，将力扛风险而艰难前行。因此，建议政府通过扩大中信保的承办范围，对延迟支付等进行承保。加强与国外保险机构和国际组织的合作，扩大保险的规模、增加保险的险种、拓宽担保的范围，振奋企业投资的信心。

（二）加快融资银行国际化进程，支持企业规避风险

银行业的国际化是海外直接投资领域的拓展，也是中国企业开展海外投资不可缺少的前提条件。

（三）健全政府间对话机制，解决企业重大担忧

总之，有效辨识、规避和防范投资风险，积极有序推进项目开发、建设和运营，"一带一路"交通项目必将惠及周边的人民，为巩固"一带一路"周边国家战略合作伙伴关系，做出重要贡献。

参考文献

［1］崔丽媛．亚投行助力"一带一路"基础建设［J］．交通建设与管理，2015: 29-31.

［2］孙兴杰．亚投行的前景与挑战，经济专家［J］．2015(102): 16-18.

［3］杜群阳，黄卫勇，方建春，王莉，黄金亮，李凯．"网上丝绸之路"对"一带一路"战略的意义［J］．浙江经济，2014(24): 34-35.

［4］王思童．"一带一路"为电工行业带来新机遇［J］．市场透视，2014 (12): 34-36.

［5］李罗莎．中国参与全球区域经济一体化战略与对策研究［J］．全球化，2015(1): 84-96.

[6] 周武．融入“一带一路”战略构建天基丝路［J］．太空探索，2014(12): 32-33.
[7] 荣冬梅，顾海旭，李娜．“一带一路”地区矿产资源竞争形势浅析［J］．当代经济，2015(6): 42-44.
[8] 芮雪．群策群力共谋“一带一路”建设大计［J］．中国港口，2014(9): 1-3.
[9] 贾常艳．一带一路：通五湖四海 开筑梦空间［J］．风云策划，2015(1): 23-24.
[10] 陈安娜．中国高铁对实现国家“一带一路”战略构想的作用［J］．商业经济研究，2015(9): 4-6.
[11] 金星宇．高铁将成“一带一路”战略助推器［J］．地球，2015(2): 50-51.
[12] 何谨．“一带一路”成我国中长期重要战略［J］．科技智囊，2015(2): 30-35.

云南融入“一带一路”互联互通建设的思考

王宗建

（云南省发展和改革委员会　昆明　650041）

【摘　要】随着我国铁路运输不断提速，高铁网不断延伸，客货运输效率大幅提高。加之互联网的迅猛发展，人们对新事物、新趋势接受程度进一步提高，资金周转的需求也进一步加快，陆路运输的高时效优势（陆路优势）日益突显。如果说此前世界经济发展主要依托海运的低运价优势（海路优势）展开，那今后极有可能是在陆路优势与海路优势相融合与互补的区域发生。地处“一带一路”和“长江经济带”两大战略重要接合部的云南，站在“孟中印缅经济走廊”和“中南半岛经济走廊”的关键交汇点，是陆路优势和海路优势融合与互补的重点区域。而陆路互联互通是“两路融合”的基础。本文围绕云南与周边国家陆路互联互通建设的机遇、目标任务和措施建议进行探讨。

【关键词】陆路优势　海路优势　融合与互补

Thinking on Yunnan's Connectivity with the Neighboring Countries under "The Belt and Road" Initiative

Wang Zongjian

(Yunnan Development and Reform Commission, Kunming 650041)

Abstract: With the upgrade and the expansion of railways, the efficiency of freight and passenger transportation have been greatly increased in China. Furthermore, the fast development of the internet, the acceptance of new things and new trends, the need of circling of capitals are making the time-saving advantages in land transportation more prominent. If the world's economic development mainly relied on maritime advantages for its cost-saving in the past, the advantages would likely transfer, in the future, to the intersection area of land and sea. Yunnan Province is located in the junction which "The Belt and Road Initiative" and "the Yangtze River Economic Belt" cover and both "the BCIM Economic Corridor" and "the Indochina Economic Corridor" start from. Thus, Yunnan lies in an important area where the land transportation advantages and the sea transportation advantages integrated and complemented. Yet, the inter-connectivity in the land transportation is the basis of integration of the Land and the Sea.This paper mainly discusses the opportunities, objectives, tasks and measures of Yunnan's connectivity with the neighboring countries.

Keywords: Land transportation advantages　Sea transportation advantages　Integration and complementarity

一、重大机遇

习总书记在云南考察工作时指出："基础设施特别是交通设施建设滞后，是制约云南发展的重要因素，要着力推进路网、航空网、能源保障网、水网、互联网等设施网络建设。加快国际大通道建设步伐，形成有效支撑云南发展，更好服务国家战略的综合基础设施体系，要从根本上改变基础设施落后状况"。我理解：加快国际大通道建设，就是要加快推进云南与周边基础设施互联互通建设。此举是党中央、国务院做出的重大战略部署，对于提高经济竞争力、扩大地缘政治影响、深化与周边国家友好合作关系都具有十分重要的意义。是凸显云南沟通两洋（太平洋和印度洋）连接三大市场（中国、东南亚、南亚）区位优势的重大机遇。又是把云南从祖国的交通末梢转变为前沿的关键所在。同时，亚洲基础设施投资银行的成立，国家"一带一路"建设基金的设立，又为加快周边基础互联互通建设创造了有利条件。而且，境外交通基础设施互联互通建设，作为中国企业走出去，参与国际产能合作的重要内容，已经得到了周边国家的广泛认同。

二、思路和目标

铁路为主，公路为辅，尽快实现陆路与海路的对接畅通，最终形成陆路高时效运输优势与海路低运价运输优势的高度融合与互补。最大限度提高运输效率，最大幅度降低运输成本。

三、主要任务

（一）铁路互联互通

1. 中越铁路（泛亚铁路东线）

昆明至越南海防全长 782.4km，进入太平洋，融入 21 世纪海上丝绸之路。云南境内昆明至河口全长 390km，快速铁路将于年内全线贯通。期待境外段，老街至河内至海防全长 392.4km，也能尽快按准轨制式进行升级改造。

2. 中老泰铁路（泛亚铁路中线）

昆明至泰国曼谷全长 1667km，进入泰国湾，融入南太平洋。云南境内段，昆明至磨憨全长 610km，其中：昆明－玉溪段目前正在进行扩能改造，将建为双线快速铁路，全长 106.9km，将于 2016 年建成通车；玉溪－磨憨段 503km，已全线开工建设，预计在 2020 年建成通车。老挝段，磨憨至万象至老泰边境廊开（属泰国）全长 442km，也于 2015 年 12 月开工建设。万象至泰国廊开已建成米轨铁路 24km。泰国段，廊开至曼谷全长 615km，有希望 2016 年内实现中泰合作进行准轨改造。

3. 中缅铁路（泛亚铁路西线）

昆明至缅甸皎漂全长 1507.1km，进入印度洋，融入 21 世纪海上丝绸之路。其中：

境内段，昆明至瑞丽全长 622.6km，昆明至广通段扩能改造已完成；广通至大理段扩能改造正在抓紧进行，可于 2017 年建成；大理至保山段 133.6km 正在建设，也将于 2018 年建成通车；保山至瑞丽段已开工建设。昆明至瑞丽铁路有望在 2020 年前全线建成。境外段，缅甸木姐至皎漂铁路，纵贯缅甸东北部、中部、西南部，自东北部木姐口岸，向西南经掸邦、曼德勒省、马圭省、若开邦至皎漂港，沿途翻越掸邦高原、跨越伊洛瓦底江、穿越若开山。正线全长 884.5km，目前正在加快推进前期工作。

4. 昆明至仰光铁路

全长 1048km，进入印度洋，融入 21 世纪海上丝绸之路。线路走向为：昆明－临沧－清水河口岸－登尼－腊戌－曼德勒－内比都－仰光。其中境内段昆明至大理铁路已建成，大理至临沧铁路 202km 已于 2015 年开工建设；临沧至清水河铁路 160km 尚处于前期研究阶段。期待出境后新建铁路约 149km 至缅甸腊戌，与缅甸铁路网对接。期待缅甸境内的主要干线铁路进行升级改造后，连通缅甸各主要城市。

5. 中国打洛口岸出境连接缅甸内比都和泰国曼谷铁路

线路从玉溪至磨憨铁路的景洪站接轨，经打洛口岸出境，连接缅甸景栋－东枝－内比都－皎漂，进入印度洋，融入 21 世纪海上丝绸之路。线路由玉溪至磨憨铁路景洪站引出，经猛海（打洛）出境，经缅甸景栋－东枝－内比都－皎漂港。线路全长约 900km，其中中国境内 80km，缅甸境内 820km。

从缅甸（景栋）向南 230km 到缅泰边境大其力，之后连接（泰国）清迈接入泰国铁路网。向西南可连接印度洋上（泰国）毛淡棉港，向南直达曼谷进入泰国湾，融入南太平洋 21 世纪海上丝绸之路。

6. 中国猴桥口岸出境经缅甸至南亚铁路

线路从大理至瑞丽的芒市站接轨，经腾冲、猴桥口岸、到缅甸密支那，全长 260km。芒市经腾冲至猴桥铁路全长约 170km，已经启动前期研究工作。出境后新建铁路长约 90km 至缅甸密支那，与缅甸铁路网对接，向西北通向南亚地区。支撑孟中印缅经济走廊。

（二）公路互联互通

1. 昆曼公路

昆明至曼谷公路，走向从昆明－玉溪－思茅－景洪－磨憨，由磨憨口岸出境－老挝南塔－会晒跨越湄公河进入泰国清孔－清莱－南邦－那空沙旺－曼谷，路线全长 1807km。泰国境内 890km 已全部实现了高速或高等级化。目前，中泰合作建设昆曼公路会晒－清孔湄公河大桥已建成通车；老挝境内已全线改造完成，大部分为东盟国家二级标准；云南境内昆明－磨憨 688km，已建成昆明－小勐养高速公路 513km，小勐养－磨憨二级公路 175km 目前正在按高速公路标准进行改造，预计 2017 年底前改造完成，昆明－泰国曼谷公路通道，境内段全线高速，境外段可全部实现高等级化。

2. 昆明至（越南）河内公路

走向从昆明到达河口。由河口口岸出境经越南老街－安沛－永安到达越南首府河内，路线全长 669km。其中：境内段昆明至河口公路 405km 已实现高速化。境外段：老街－安沛－河内 264km 已建成高速公路。另外，河内－海防高速公路也全线贯通。

3. 昆明经瑞丽至缅甸皎漂公路

路线全长 1754km。境内：昆明—瑞丽。全长 707km，全部实现高速化。境外：从瑞丽口岸出境，经缅甸腊戍—曼德勒—马圭—皎漂。缅甸境内 1022km。其中：木姐—登尼 115km 基本可达国内三级标准，沥青路面；登尼—腊戍 51km，沥青路面，基本可达国内二级标准；腊戍—曼德勒 252km，沥青路面，可达国内二、三级标准；曼德勒—马圭 354km，沥青路面，可达国内二级公路标准；马圭—皎漂 220km，为国内三、四级标准，晴通雨阻。缅甸境内道路条件相对较差。期待尽快进行提升改造。

4. 中印公路（史迪威公路）

昆明—腾冲—缅甸密支那—印度雷多公路，是中国通往南亚、印巴次大陆的国际大通道。路线走向为云南昆明—大理—保山—腾冲，由猴桥口岸出境，经缅甸密支那—班哨—印度雷多。路线全长 1249km。境内：昆明—猴桥 678km，已建成昆明—腾冲 618km 高速公路，腾冲—猴桥口岸已建成 60km 二级公路。境外：缅甸境内 551km，猴桥—密支那 124km，已建成二级公路；密支那—班哨长 402km，相当于我国二级公路标准，无路面。班哨—雷多长 56km，由印方出资按三级公路标准建设。缅甸、印度境内道路条件稍差。期待尽快提升改造。

5. 昆明经临沧清水河至缅甸皎漂公路

昆明经清水河至缅甸公路，线路走向为云南昆明—玉溪—临沧—孟定，由孟定清水河口岸出境，经登尼、腊戍、曼德勒、马圭、到达皎漂，全长 1707km。云南境内段（昆明—孟定清水河）里程长 732km，其中昆明至墨江段 265km 已建成高速；墨江至临沧临翔区段 247km 高速公路，已于 2015 年开工建设，预计 2018 年建成通车；临沧临翔区至清水河段 220km，目前为二级公路；按高速公路标准进行改造，里程长 160km，2016 年已开工建设。境外：缅甸境内段里程长 975km，其中清水河—登尼段 98km 已建成二级公路；登尼—腊戍 51km、腊戍—曼德勒 252km，曼德勒—马圭 354km，沥青路面，基本可达国内二级标准；沥青路面，可达国内二、三级标准；马圭—皎漂 220km，为国内三、四级标准，晴通雨阻。期待缅甸境内段尽快提升改造。

（三）运输政策沟通

在加快云南与周边国家间陆路交通基础设施硬件建设的同时，还要进一步推动中国与老挝、越南、缅甸、泰国、柬埔寨、印度等国家之间双边和多边运输协定的签署。又要加快通关便利化工作的推进。

四、措施建议

（一）国家层面高位推动

境外互联互通建设意义重大，对经济社会发展影响深远。但涉及面广，协调层次高，资金投入巨大。建议在国家“一带一路”领导小组领导下，针对每个具体项目分别建立工作推进组。确定牵头部门、司局，落实工作班子，制定路线图、时间表。推进组建立与外方投资管理各相关机构建立沟通磋商机制，推动两国政府尽快签署陆路通道建设框架文件，以及促进项目建设方案等系列工作。

（二）采用“政府主导、企业投资、市场运作”的方式推动

从此前已经顺利实施的腾冲（猴桥）至缅甸（密支那）、临沧（清水河）至缅甸（登尼）两条二级公路的情况看。境外项目，东南亚国家普遍选择BOT模式，他们没有钱投资，但又有迫切的修路意愿。且在项目前期和实施过程中，都要充分尊重沿线区域各族群众的意见，尽可能减少环境影响。在项目审批各环节，要依靠当地政府，运用当地通行的市场手段，推进效果会更加明显。云南面向南亚东南亚陆路通道连接了30亿人口的巨大市场，从长远看有较多的运量需求作为支撑，长期看也可能有一定的预期投资回报。但境外投资风险仍然比较大，短时间内投资效益差也是肯定的。因此，建议政府主导并扶持，调动各方企业积极参与，在特许经营期内负责项目的建设、经营和管理。并通过政府资本金补助，世界银行、亚洲开发银行、亚投行、国家开发银行、国家进出口银行等政策性银行提供优惠贷款等方式支持重点项目建设。

（三）加强对云南周边国家综合交通基础设施建设规划、建设和经营管理模式的研究

云南周边国家管理体制不同、政治和外交基础也不同。为加快境外项目的推进，有必要组织专门力量对周边国家互联互通项目建设意愿和规划构想，项目管理的法律法规，审批程序和流程，项目前期和建设实施过程中可能发生的问题，处置预案等深入调研，系统分析，针对各国提出具体的操作指南。

参考文献

[1] 和颖，张晓霞．云南融入“一带一路”建设研究[J]．学术探索，2016, 01: 16-21.

[2] 杨之辉，彭锡．“一带一路”开局，云南如何开启“滇峰时刻”[J]．创造，2015, 03: 28-29.

[3] 张永帅．“一带一路”与云南对外经济发展[J]．学术探索，2016(7): 12-18.

[4] 易水．云南主动融入“一带一路”规划[J]．创造，2014(3): 24-25.

[5] 汤正仁．借助“一带一路”打造西南地区对外开放新高地[J]．区域经济评论，2015, 3: 013.

[6] 陈时勇，于洪羽．云南、广西参与国际区域合作，实施“一带一路”战略的平台和机制比较研究——兼议滇桂合作[J]．东南亚纵横，2015, 07: 49-54.

[7] 胡静．西部地区如何深度融入“一带一路”战略[J]．中国西部，2016, 01: 12-15.

[8] 刘文帅，李亚中．云南省特色产业发展融于“一带一路”战略的新思路[J]．学理论，2016, 03: 111-112.

[9] 杨琦，郭新榜，郭树华．古西南丝绸之路对“一带一路”建设的借鉴与启示[J]．学术探索，2016, 04: 48-52.

[10] 孔艳春．“一带一路”背景下加强云南与东南亚互联互通建设——以中缅交通为例[J]．教育教学论坛，2016, 11: 77-78.

中国城市绿色出行体系建设的战略思考

李振宇　廖　凯　江玉林

（交通运输部科学研究院 北京 100029）

【摘　要】城市绿色出行体系的建设是城市交通可持续发展的核心，是提升城市宜居性的重要方面。目前，我国城市绿色出行体系建设尚处于初级阶段，加上城市交通问题本身的复杂性，城市绿色出行体系的建设目标尚不明确。本文首先给出了城市绿色出行体系的定义和特征，明确了我国城市的建设阶段，分析了存在的主要问题，最后提出了城市绿色出行体系建设的发展愿景、发展策略、分类指导和措施等，为城市交通管理决策提供技术支撑。

【关键词】城市交通　绿色出行　体系　策略

Strategic Thinking on Urban Green Travel System Construction in China

Li Zhenyu　Liao Kai　Jiang Yulin

（China Academy of Transportation Sciences, Beijing 100029）

Abstract: Urban green travel system construction is the core of the sustainable development of urban transport, which is one significant aspect of promoting the urban habitability. Now China is still in the primary stage of urban green travel system construction, and considering the complexity of urban transport, the targets of urban green travel system construction remain unclear. This paper firstly gives the definition and the characteristics of urban green travel system construction, then points out the development stage of it, analyzes the major problems and finally puts forward the development vision, strategy, the classified guidance as well as measures, which can provide technical support to the management decision of urban transport.

Keywords: Urban transport　Green travel　System　Strategy

城市交通是保障城市社会经济日常运转的重要方面。近年来，随着我国城镇化、机动化的快速发展，私人小汽车正在快速步入家庭，机动车保有量快速增长，交通拥堵、空气污染等“城市病”正在全面席卷我国大中小各类城市，已成为当前社会关注的重大热点问题。2012 年，党的十八大提出了“美丽中国”、“走新型城镇化道路”等一系列新思路和新要求，随后国家又提出了“创新、协调、绿色、开放、共享”五大发展理念。

交通运输部也提出了建设绿色交通运输体系发展目标，“绿色”将成为我国各个行业的发展主题。

但是，我国城市仍处于建设绿色出行体系初级阶段，绿色出行比例正逐年下降。当前是城市交通发展的关键时期，转变发展方式，已时不我待。因此，加强从规划、管理、法律法规、经济等方面研究，加快城市绿色出行体系建设，缩短过渡阶段的时间，可有效促进实现行业的绿色低碳发展。

一、城市绿色出行体系的定义及特征

关于城市绿色出行体系，目前尚未找到学术界公认的标准定义。本文给出绿色出行体系的定义为：一项由政府主导、相关主体参与、出行者自主决策的、社会化的城市绿色交通系统建设与绿色出行行为引导工程。其根本目的是通过建设现代化的城市绿色出行系统，让不同的出行者自觉、自愿地选择“公共交通 + 自行车 + 步行”的绿色出行方式，并能实现对小汽车的合理使用和节能驾驶等。绿色出行体系涉及众多的主体，包括政府、公交企业、各类参与者等。因此，城市绿色出行体系的代表性指标是“城市绿色出行比例”，即城市公共交通、自行车和步行占全方式的出行比例之和。

中国城市绿色出行体系具有四大特征：对于低收入群体是可获得的、可承受的；不同收入阶层人员的体验都是安全、可靠、便捷的；对于城市环境影响是各种出行方式中最小的；对于城市社会经济活力的影响是积极向上的。

二、城市绿色出行体系的发展阶段及现状

（一）发展阶段划分

通过对世界各国城市居民交通出行方式变化过程分析，可以把城市绿色出行体系的建设历程大致划分为五个阶段，如图 1 所示。

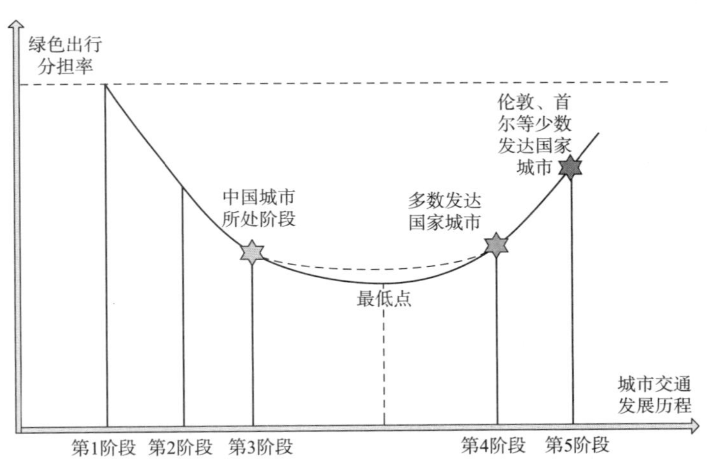

图 1　中国和发达国家城市各自所处的建设阶段

一是非机动化主导阶段。被动选择步行与自行车等绿色出行方式。这个阶段处于小汽车出现之前与小汽车出现初期，居民主要依靠非机动化的方式出行；如 1985 年中国人均 GDP 为 294 美元时，每千人仅拥有 3 辆机动车。此时，北京市非机动化出行分担率为 69%。公交分担率约占 26%，小汽车分担率仅占 5%。由此可见，选择非机动化出行是机动化供给不足的客观条件所决定的。

二是“公共交通 + 非机动化出行”主导阶段。公共交通在城市特别是特大和大型城市逐步普及，公交与非机动化相结合的出行方式成为了居民出行的主导方式。如 2005 年中国人均 GDP 约 1700 美元时，每千人拥有机动车数量增为 22 辆。此时，北京市非机动化出行分担率达 70% 以上。其中，自行车分担率占各种交通方式分担率的 30.3%，公交分担率占 29.8%。

三是公共交通与私人小汽车出行持续增长、非机动化出行快速下降阶段。在经济快速增长阶段，交通工具也随之快速机动化；如从 2006 年到 2010 年，中国人均 GDP 由 2054 美元增长到 4421 美元，4 年间人均 GDP 涨了一倍多，每千人拥有机动车数量也翻倍增长，由 23 辆增长到 59 辆；北京公交出行分担率为 38.7%，比 2005 年增加 8.9%，小汽车分担率为 34.2%，比 2005 年增长 4.4%。自行车分担率为 16.4%，比 2005 年下降 14%，城市出现交通拥堵并日趋严重。

四是公共交通与私人小汽车增长趋于平稳，交通拥堵成为城市新常态阶段。当经济水平较高水平时，机动化增长速度趋于平稳。例如，法国 2006 年千人小汽车拥有量为 595 辆，2010 年千人小汽车拥有量为 599 辆，变化很小。这期间，发达国家城市的公交与机动化分担率双双增长变缓，公共交通系统相对成熟，城市交通拥堵趋于常态化、空气质量持续恶化。

五是“公共交通 + 自行车 + 步行”主导的现代化绿色交通系统成熟阶段。受交通拥堵等因素影响，人们开始主动选择绿色出行，公交与非机动化组合的绿色出行方式更加明显。典型案例是伦敦。近十年来，大伦敦区致力于建设“公共交通 + 自行车 + 步行”为主导的绿色交通系统，采取了建设宜居城市、重新分配街道资源等一系列优先发展绿色交通的举措，使绿色出行方式出行显著提升：有 5% 的伦敦市民从使用小汽车转变为乘坐公共交通；自行车使用者增加 90%。

（二）发展现状

从北京、合肥等典型城市居民出行结构可以看出，城市交通结构有以下特征：所有城市的绿色出行方式呈总体快速下降趋势。随着对城市公交的重视，公交出行比例逐步上升，但自行车等出行方式比例仍下降较快。2000~2013 年，北京市绿色出行比例从 65.0% 下降到 58.1%，上海五年间下降了 4.5%，如图 2 所示。2000~2013 年，北京市小汽车的出行比例从 23.2% 上升到 32.7%；2002~2011 年间，合肥的小汽车出行比例从 5.25% 上升到 7.75%。尽管上海从 1994 年起就开始实施小汽车配额拍卖政策，小汽车的出行比例也从 2007 年的 17.9% 上升到 2011 年的 22.3%。如此的发展趋势，势必对我国城市交通的可持续发展产生重大影响，出行难等问题愈发突出，给城市及交通的发展带来巨大压力。

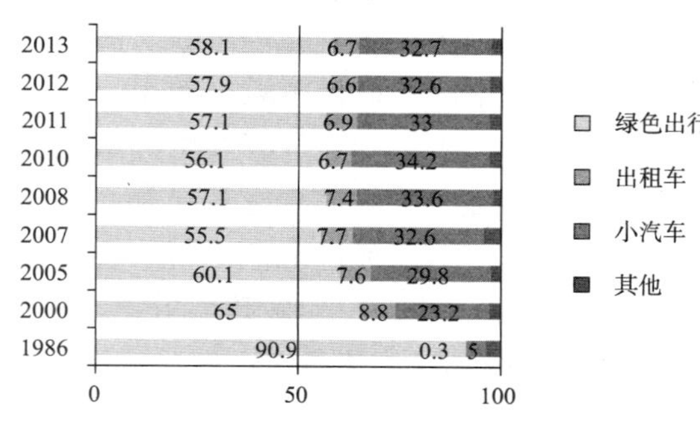

图 2　北京市居民出行结构变化

（三）发展阶段确定

随着城市交通的发展，城市绿色出行比例先是逐渐下降，然后在机动车保有量达到峰值、公交服务不足、拥堵十分严重时降到最低，然后绿色出行比例又开始回归，在公交达到较高水平、小汽车出行更理性，且绿色出行盛行时，城市交通发展达到稳定阶段。因此，根据城市绿色出行体系建设的阶段划分理论，结合国内外城市机动化程度与城市公交发展水平等关键因素，可以判断：总体来说，我国城市在建设城市绿色出行体系方面处于第三阶段；多数发达国家城市处于第四阶段；伦敦、首尔等少数发达城市则已进入第五阶段（图 1）。

三、问题分析

（一）城市交通发展的国家法律法规及战略规划等顶层设计缺失

目前，尽管中国城市普遍具有很高的绿色出行比例，但并未系统构建现代化的城市绿色出行体系的发展愿景。城市交通发展缺乏国家法律法规、战略规划层面的顶层设计，城市交通在城市发展中的功能定位不明确，城市交通发展目标与环境保护、土地高效利用脱节，使得城市交通被动适应城市发展的需要，城市道路资源优先分配权明显向机动车倾斜，慢行交通道路资源遭到侵蚀严重。中小城市盲目向大城市学习经验，难免重蹈覆辙。

（二）各级政府财税政策支持力度不够

一是与促进绿色出行的国家职能要求相比，国家对绿色出行财税政策支持力度相对较弱，中央公共交通财政投入总量不足。二是交通财政投入结构不合理。相对公路基础设施建设，城市公共交通投入不足。而现有中央财政对于城市公交的燃油补贴的数百亿元，没有很好地体现中央资金的导向性作用；三是城市公共交通财政性投入缺乏稳定的增长机制。主要是由于各级财政受财政预算的约束很大、来源单一，不能满足城市公交快速发展的需要。四是缺乏规范的城市公交票价定价及补贴机制。部分城市没有建立科学的成本－票价－补贴－服务质量－运营效率联动机制，过度追求低票价，难以保障提供公交优质服务。

（三）城市政府对交通需求管理重视不够

中国机动化增长的速度世界空前，近 5 年增长速度超过 20%。受到机动车快速增长的巨大压力，中国北上广深等一线城市普遍实施了差别化停车收费、机动车摇号、车牌额度拍卖、机动车尾号限行等交通需求管理措施，取得了较好效果。但是，许多二线城市政府对交通需求管理的重要性还认识不够，认为城市没有发生拥堵就不需要实施交通需求管理，一些城市则迫于社会压力不敢实施必要的需求管理措施。除此之外，国家层面交通需求管理相关法律法规缺失，中央政府对以促进绿色出行、合理控制小汽车使用为目的的交通收费标准及征收费用的使用、监管也缺少明确政策指导。

（四）地方政府行政能力不足、绩效考核制度不完善

城市政府决策管理水平不高、跨部门协调机制不健全、政策执行缺乏严格的绩效考核与公众参与等，导致许多城市交通发展出现方向性的错误。具体体现在：以公共交通为导向的城市发展和土地配置模式在绝大多数城市仍停留在概念和口号阶段；交通运输规划仍停留在“以供给为导向”的层面，未与环境保护、土地利用相协调；公共交通优先发展的财政支持、道路优先、用地优先等政策在大多数二线城市未得到落实；交通运输部门的管理职能单一，跨部门协调的机制与动力不足，公交绩效考核制度落实存在困难。

四、战略思路与战略愿景

实现全面建成小康社会的目标，要求交通发展的成果惠及全体市民。加强和改善公共服务，首先要体现社会公平，保障所有群体的出行基本需求，并能兼顾部分个性化的更高层次的出行需求。

（一）发展愿景

中国政府明确提出未来要“走集约、智能、绿色、低碳的新型城镇化道路”，就必须加快城市绿色出行体系建设。城市绿色出行体系具有如下四大主要特征：低排放的、有吸引力的、高运营效率的公共交通系统；适宜步行和自行车出行的良好条件及与公共交通系统的良好衔接；精心设计的在一定时间和地点对小汽车使用的管理措施；紧凑型/高密度，生态，宜居，和谐的城市发展格局。这一体系具有这样的特征：绿色出行高吸引力和出行者的高参与度。

（二）发展策略

建设城市绿色出行体系，需结合城市规模与城市交通发展阶段特点，实施“避免、转移、改善、提高”的策略，并按四类城市实施分类指导。

“避免”：通过实施或调整规划等，对出行的基本需求实行有效调节，消除或减少非必要的出行需求，减少刚性出行量。

“转移”：形成覆盖更广泛、衔接更顺畅、安全更可靠、服务更优质的城市公共交通系统，满足民众多样化的出行需求，促使民众在出行方式选择阶段，转移到优先选择公交、自行车/步行等绿色的出行方式上来；使用行政、技术手段，影响交通参与者对交通方式、时间、地点、路线的选择，最大限度削减高峰流量，实现出行需求时间、空间的转移，促使供需平衡。

“改善”：一是改善公共交通服务能力、装备水平、智能化管理水平和服务质量，使居民愿意乘公交、更多乘公交；二是改善自行车/步行等慢行交通的出行环境，加快发

展慢行出行系统；三是改善出租汽车信息化水平和运营模式，提高出租车里程利用率。

“提高”：一是提高全社会公众对绿色出行的认识，加强促进绿色出行的社会公众参与力度，营造绿色出行的文化氛围；二是提高交通行业从业人员业务能力、责任心和文明建设水平，为绿色出行提供强有力的保障；三是提升车辆燃油技术，提升燃油效率、采用清洁能源车辆，实现源头控制。

（三）实施分类指导

1. 1000 万以上人口规模城市的策略

控制小汽车的总量及使用强度，促进市民出行从选择小汽车出行向选择绿色出行方式转变。措施：大力推进公交引导城市发展，建设公交都市；大力发展大容量公交；创新商务公交等个性化公交服务增加对小汽车出行者的吸引力；改善步行、自行车出行环境，实现与公共交通的良好衔接；实施最严格的小汽车使用管理政策，建立交通拥堵与空气质量控制区，提高小汽车使用者的成本。

2. 300 万 ~1000 万人口规模城市的策略

缓解小汽车购买与使用的增长速度，保持绿色方式出行比例。措施：坚持推进公交引导城市发展，建设公交都市；发展与城市相适应的大容量交通；加大常规公交的供给；改善步行、自行车出行环境，实现与公共交通的良好衔接；实施严格的小汽车使用管理政策，加大小汽车消费成本增加的心理预期。

3. 100 万 ~300 万人口规模城市的策略

增强公共交通与非机动化出行的吸引力，减缓小汽车购买与使用的增长速度。措施：坚持公交引导城市发展，建设公交都市；推荐 BRT，更多开设公交专用道，加大公共交通服务供给；改善和提升步行、自行车出行环境，鼓励 5km 内选择非机动化方式通勤；实施必要的小汽车使用管理政策。

4. 100 万以下人口规模城市的策略

有效控制非机动化出行比例下降趋势，减缓小汽车购买与使用的增长速度。措施：重点发展慢行交通，改善和提高步行、自行车出行环境；重点发展校车服务；保障公共交通基本服务供给；考虑在中心城区设置无车区域；利用差异化停车政策适度控制小汽车使用或只在城区外围设置停车场。

（四）政策措施

围绕交通规划、法律法规、管理等方面，提出了完善绿色顶层设计、切实落实公交优先、加强交通需求管理、加快发展慢行交通等六项政策措施。

一是完善绿色顶层设计。在建设生态文明与走新型城镇化道路的国家战略框架下，建议出台《中国城市绿色出行实施纲要》，指导地方政府加强城市规划与交通、环境、土地利用规划的协调，加快建立现代城市绿色交通系统。

二是切实落实公交优先。建议加快出台《城市公共交通条例》，在条例中强化城市总体规划、控制性详细规划与城市公共交通规划的衔接，强制要求开展交通影响评价，对中国不同类型城市的公共交通成本核算与票制票价形成机制的分类指导。增加地方公共交通发展资金来源，并将其作为一种常态化的财政保障工具、中央政府明确对地方政府财政支持的引导性资金来源。重视将公共交通设施建设与沿线土地综合开发结合起来，拓展投资资金来源渠道。

三是加强交通需求管理。建议国务院制定“关于小汽车合理使用的指导意见”，指导不同类型城市综合运用各种政策工具，正确引导和调控小汽车的公平拥有与使用。核心内容包括：保证道路资源的公平分配和使用；采取差别化停车收费，对政府机关，企事业单位等，取消内部的免费停车位，并按社会化停车收费标准进行收费；在大城市积极推进拥堵区域、拥堵时段的小汽车使用收费，并根据城市需要实施合理的限购限行措施；做好小汽车与大容量公交系统的“P+R”换乘衔接，满足公共交通尚未延伸到的郊区居民交通出行。

四是加快发展慢行交通。建立慢行交通基础设施网络。将慢行交通的发展作为城市综合交通发展战略的重要组成部分。在城市综合交通规划编制过程中要强化慢行交通的地位，城市交通发展理念要从“重车轻人”向“以人为本”转变。在路权保障方面，针对不同城市发展特征，应合理设置慢行步道和自行车专用道，保障慢行交通的优先性，体现慢行交通的舒适性、灵活性和安全性。

五是推进城市示范试点。中央组织实施《城市促进绿色出行示范工程》，选择不同类型城市开展实践活动，总结经验，指导城市建立现代绿色交通系统。建议设立“拥堵污染控制区”。在北京、上海等特大城市试点设立“拥堵污染控制区”，探索“拥堵污染控制区”的设立范围、收费标准等，并试点建立城市“交通污染监测与发布机制”。

六是强化体制机制保障。设立国家层面促进城市绿色出行协调机制。负责全国区域或城市绿色出行的战略、规划和制度的顶层设计以及缓解交通拥堵、改善空气质量等重大实践活动的组织协调，确保城市交通发展与土地利用、环境保护目标的一致性；交通运输部组建城市客运管理局，作为国家促进城市绿色出行协调的管理机构。地方相应成立区域或城市促进绿色出行协调机制。

参考文献

[1] 周伟，Mark major. 促进绿色出行[J]. 中国环境出版社，2016(6).

[2] 朱敏清. 私人小汽车的发展对城市交通的影响与对策[J]. 公路运输，2004(5): 26-28.

[3] 陈小鸿. 小汽车拥有与使用管理的政策与效果[J]. 中国城市交通发展论坛，2015(9).

[4] 段里仁，毛力增. 总量削减：处理城市与交通关系的重要理念[J]. 综合运输，2012(6): 76-80.

[5] 吴洪洋，杜光远. 城市慢行交通系统[M]. 北京：人民交通出版社，2016.

欧洲国家绿色交通运输体系建设的先进经验及对我国的启示

李　娜

（中国铁道科学研究院科学技术信息研究所　北京　100081）

【摘　要】本文以欧洲国家为例，总结了欧洲国家绿色交通运输体系的建设情况，从政策和技术两个层面分析了欧洲国家在建设绿色交通运输体系中的先进经验，指出制定科学合理的绿色交通运输发展战略和相关配套政策，支持科技创新，促进运量向环境友好型运输方式转移是欧洲国家建设绿色交通体系的重要措施。在此基础上，本文对我国建立绿色交通运输体系提出了相关的政策和建议。

【关键词】绿色　低碳　节能　交通运输

The Advanced Experiences of Building Green Transport System in European Countries and Enlightenment to China

Li Na

(China Academy of Railway Sciences, Beijing 100088)

Abstract: This paper summed up the construction of green transport system in European countries, analysis of the advanced experience of European countries in the construction of green transport system, proposed scientific and rational development strategy of green transport, related policies, encourage scientific and technological innovation, to build environmentally friendly transport mode is the important measure to build green transport system in European countries. On this basis, this paper puts forward some relative policies and suggestions for the establishment of green transportation system in China.

Keywords: Green　Low carbon　Energy saving　Transportation

在全球气候变暖形势日益严峻的背景下，“绿色发展”的理念逐渐为世界各国广泛认同，作为经济社会发展的重要组成部分，交通运输业的“绿色发展”也开始受到人们越来越多的关注。

我国交通运输业自改革开放以来，在基础设施建设和运输能力方面均取得了长足的发展，但同时也给能源环境带来了很大压力，能源消耗、污染物排放快速增长，交通拥堵现象日益加剧。近年来，中国也逐步加大了对“绿色交通”的研究力度，希望通过绿色交通运输体系的建立有效降低交通运输污染物的排放，减少拥堵和能源消耗，促进交通运输与资源、环境、经济、社会的协调发展。

一、欧洲国家绿色交通运输体系建设效果评估

欧洲国家一直走在节能环保行动的前列，积极出台相应政策，发展低碳经济，带动全球气候合作，在节能环保领域取得了显著效果。

（一）欧盟

自 1991 年发布第一个控制 CO_2 排放和提高能源效率的战略后，欧盟不断出台与控制气候变化相关的各种政策，明确提出包括交通运输业在内的各行业节能环保的具体目标。欧洲环境署 2016 年发布的统计数据表明，2014 年欧盟 28 国的温室气体排放量为 4290 Mt CO_{2e}，与 1990 年相比下降了 24.4%，比 2013 年下降 4.1%，如图 1 所示。就交通运输领域来说，根据欧盟制定的目标，至 2030 年，交通运输温室气体排放量要比 2008 年下降 20%，至 2050 年比 1990 年下降 60%，如图 2 所示，各类交通方式分别承担的旅客运输量及货物运输量如图 3、图 4 所示。

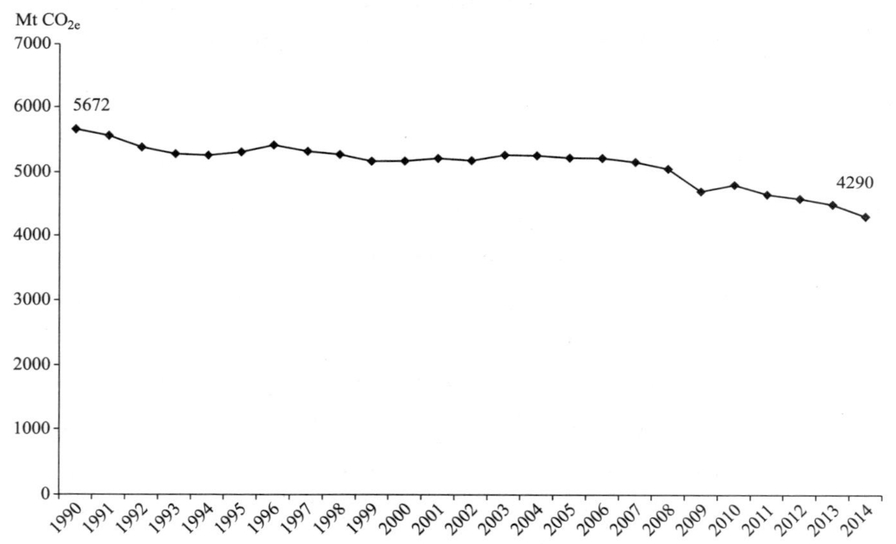

图 1　1990~2014 年欧盟 28 国温室气体排放量（不包括土地利用、变更和森林）

此外，欧盟严格控制新汽车的 CO_2 排放量。2013 年 4 月，欧洲议会通过一项法律草案，要求到 2020 年在欧盟出售的新汽车平均每公里 CO_2 排放量由目前的 130g/km 减少到 95g/km，2025 年以后，在欧盟出售的新汽车每公里 CO_2 排放量需降低到 68g/km 至 78g/km。草案提出，对于计划生产 CO_2 排放量超标车的欧盟厂商，采取“超级积分”补偿措施，即“超标车”与“清洁车”（排放量 50g/km 以下）的搭配生产，规定 2013~2015 年每生产 1 辆“清洁车”，最多可生产 3.5 辆“超标车”，之后配比逐渐下降，2016~2023 年可生产 1.5 辆“超

标车”，2024年以后则仅可生产1辆超标车，不过每家车企只能获得2万辆“超级积分”汽车配额，如果按照这样的配比形式生产汽车，预计到2050年，欧盟道路运输的CO_2排放量将减少50%。图5为2000~2014年欧洲汽车CO_2排放量。

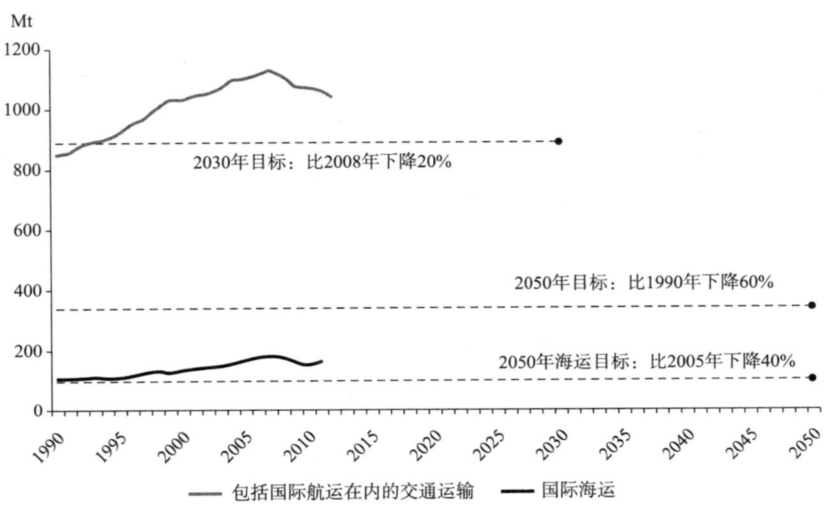

图2 欧盟28国交通运输温室气体排放量

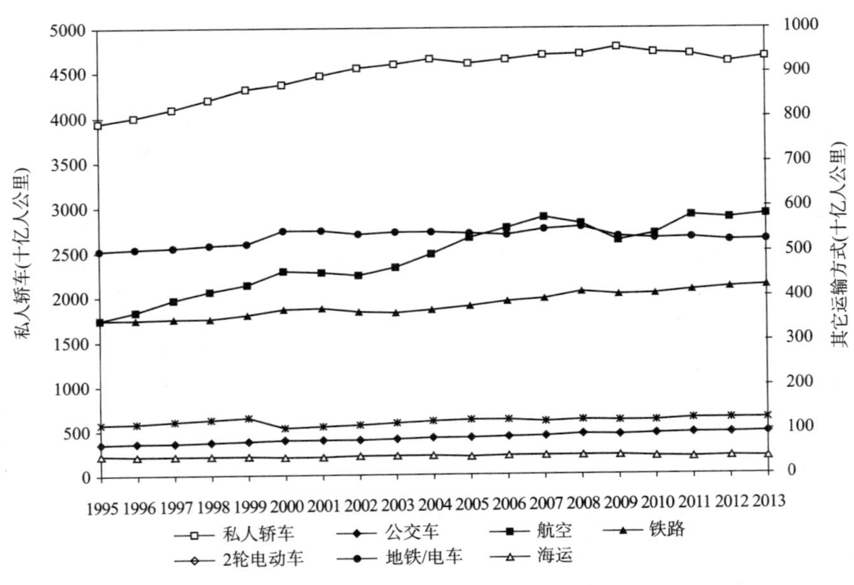

图3 欧盟28国各旅客运输各运输方式分担结构

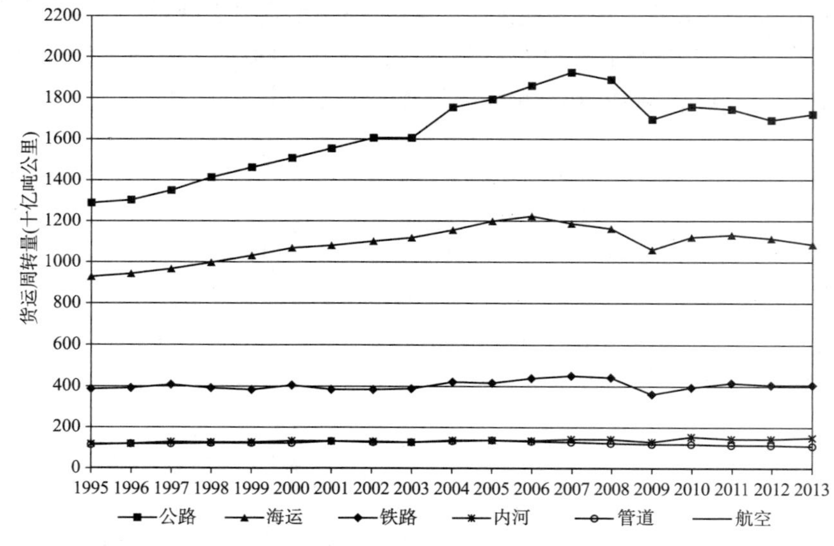

图 4 欧盟 28 国各货物运输各运输方式分担结构

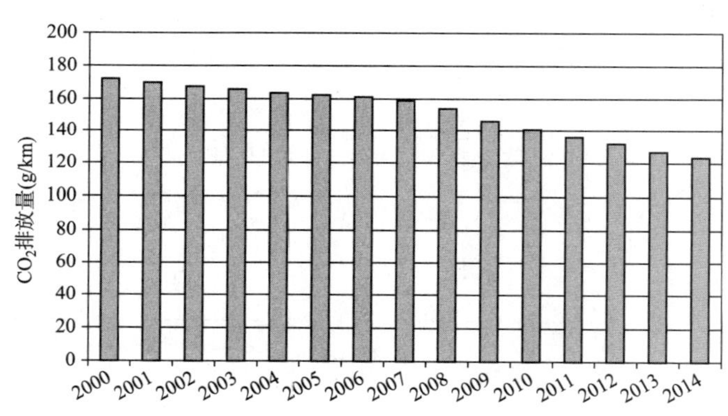

图 5 2000~2014 年欧盟出售的新汽车的 CO_2 排放量

（二）英国

英国是最早提出低碳经济的国家，早在 1998 年英国就发布了《交通运输新政策纲领》，强调构建一体化、可持续的交通运输体系。根据英国气候变化委员会的数据，2009 年英国温室气体排放总量比 1990 年下降 8.6%。2013 年 7 月 3 日，英国能源与气候变化部（DECC）发布《温室气体清单概览》（Overview: GHG Inventory Summary Factsheet），文件指出 2011 年英国温室气体排放总量为 553 Mt CO_{2e}（不包括欧盟碳排放交易计划下限额交易的影响），与 1990 年相比减少了 29%，其中 CO_2 排放量占温室气体排放总量的 83%。但交通运输领域的温室气体排放量与 1990 年相比仅下降了 2%，交通运输领域中，公路运输的温室气体排放量所占比重为 92%，公路运输的温室气体排放量与 1990 年相比仅下降 1%。根据对温室气体排放历史数据的分析，预计至 2030 年，英国温室气体的总排放量与 2010 年相比下降 29%，交通运输领域的温室气体排放量比 2010 年下降 14%，如图 6 和图 7 所示。

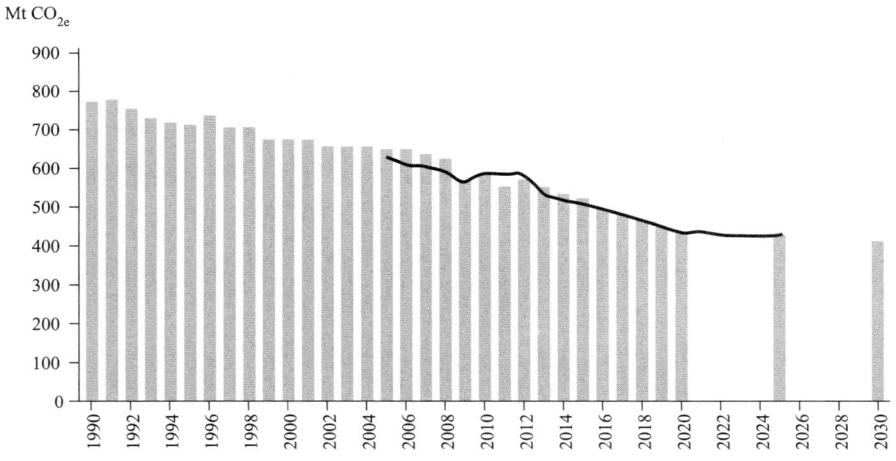

图 6　1990~2030 年英国温室气体排放总量（预测）

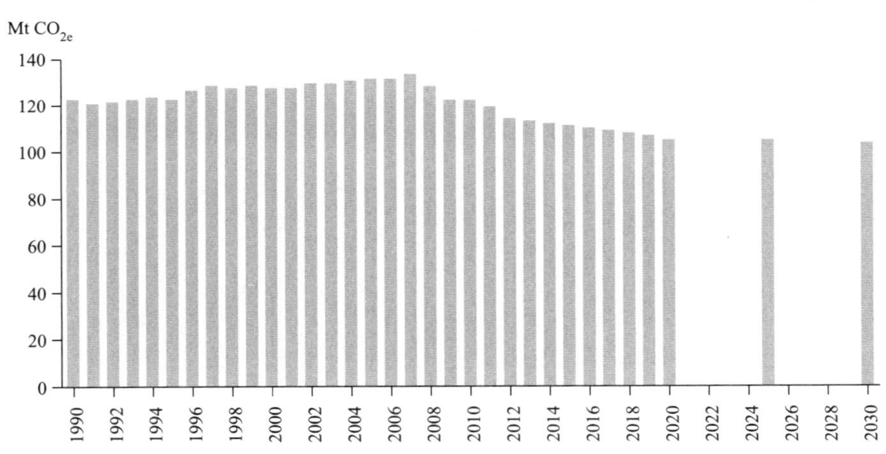

图 7　1990~2030 年英国交通运输领域温室气体排放量（预测）

就各运输方式承担的客货运量来看，公路运输仍是主要的运输方式，各运输方式分别承担的客货运量如图 8、图 9 所示。

英国非常重视环保型汽车的研发，不断加大对汽车节能减排技术项目的支持力度。由于车辆技术的不断提高，英国的单车燃油消耗量逐年降低，1997~2011 年，英国汽油汽车每 100km 的汽油消耗量从 8.3L 下降至 6.1L；柴油汽车每 100km 的柴油消耗量从 7.0L 下降至 5.2L，如图 10 所示。

另外，根据英国统计数据表明，2000~2012 年，英国新生产汽车的 CO_2 排放量从 181g/km 下降至 133.1g/km，减少了 26.5%，如图 11 所示。

研究表明，英国新出售汽车 CO_2 排放量的下降有很大程度是因为英国境内柴油汽车的市场占有率大幅提高，从 2000 年的 14% 上升至 2010 年的 46%。

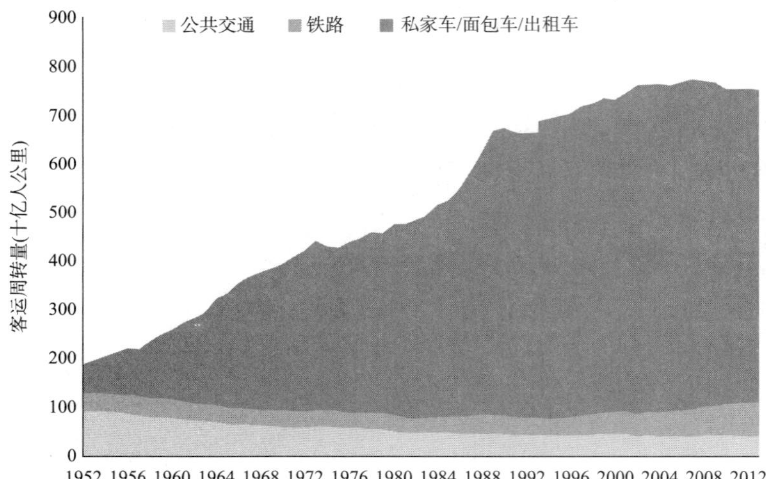

图 8　英国旅客运输各交通运输方式分担结构

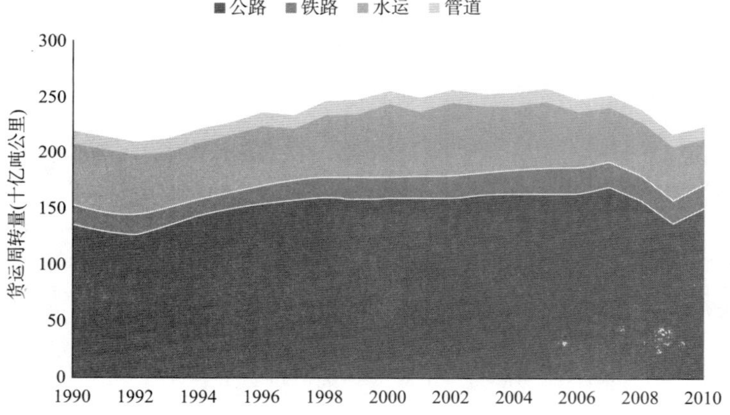

图 9　英国货物运输各交通运输方式分担结构

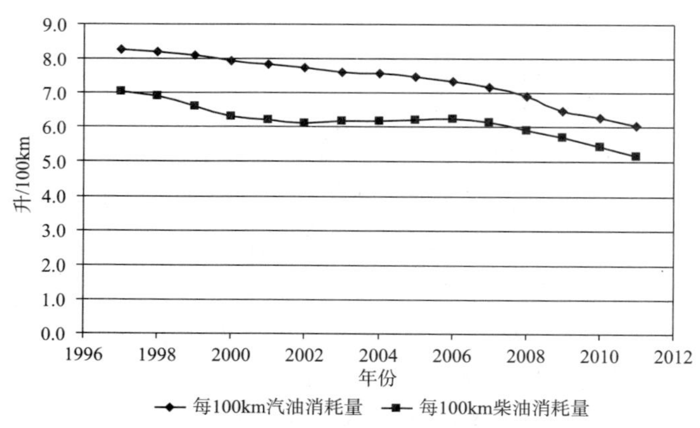

图 10　1997~2011 年英国汽油汽车及柴油汽车的燃油消耗量

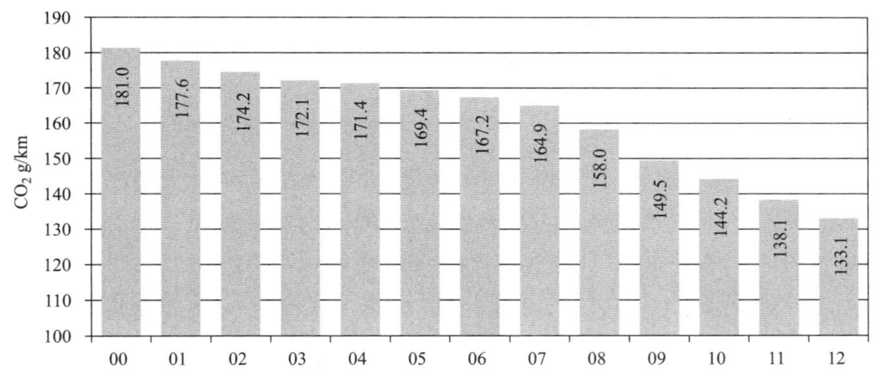

图 11　2000~2012 年英国出售的新汽车的 CO_2 排放量

此外，英国境内注册的新增低排放车辆数目显著增加。根据英国运输部对 2001~2012 年新注册车辆的统计数据可以看出，2001~2012 年，英国境内的新增车辆从 258.6 万辆下降至 201 万辆，而 CO_2 排放量在 120g/km 以下的车辆则从 14249 辆增加至 74.39 万辆，占新增车辆的比率从 0.5% 增长至 37%；而 CO_2 排放量高于 225g/km 以上的车辆从 2001 年的 9.89 万辆减少至 2012 年的 9500 辆，如图 12 所示。

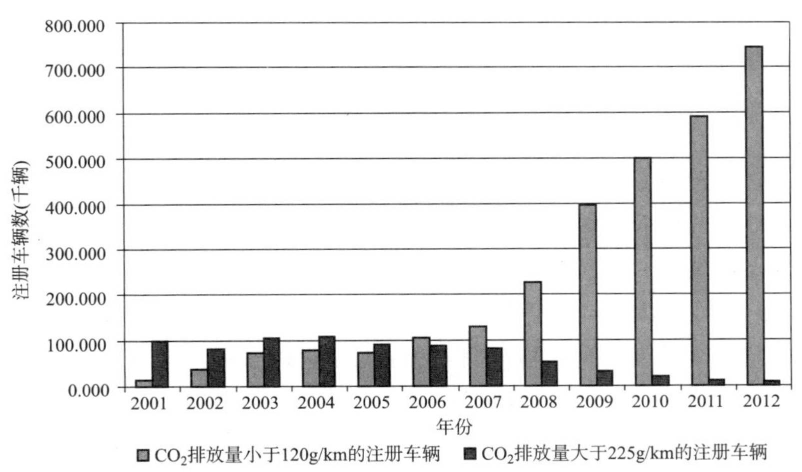

图 12　2001~2012 年英国新车注册情况

二、欧洲国家绿色交通运输体系建设的先进经验

（一）制定科学合理的绿色交通运输发展战略是建立绿色交通运输体系的关键因素

欧洲国家在发展绿色交通运输体系时，格外重视战略规划的制定，设立中长期交通运输减排目标，充分发挥战略规划的先导作用，为交通运输的可持续发展指明方向。

英国非常重视法律、法规及发展战略的制定，希望以此引导英国各经济领域低碳发展。1998 年发布的《交通运输新政策纲领》提出采用减少交通车辆尾气排放、限制小汽车过度使用、发展公共交通、复兴铁路等手段解决交通拥堵和环境问题。2008 年，英国颁布实施《气候变化法案》，该法案的出台标志着英国成为世界第一个为温室气体减排目标立法的国家，法案要求2050年英国碳排放量与1990年相比下降60%。2009年，运输部发布了《低碳运输：更加环保的未来》。报告指明交通运输领域在英国承担的减排额度仅次于电力部门，占减排总量的21%。

欧盟也积极通过制定相关政策和发展战略等引导交通运输业的绿色发展。1996年，欧盟理事会批准了《关于客车的CO_2减排以及促进燃料节约的共同体战略》，提出CO_2减排十五年行动计划。2001年9月，发布了面向21世纪的《2010年欧洲运输政策白皮书》，将可持续交通作为欧洲交通各运输发展的共同政策，鼓励使用对环境影响较小的交通方式。2006年10月，欧盟发布《能源效率行动计划》，指明到2020年交通运输的能量消耗目标为降低26%。

（二）大力支持科技创新是建设绿色交通运输体系的重要支撑

欧洲特别重视科技创新在绿色交通运输体系建设中的作用，从政策、资金到组织实施等方面，都给与了极大的支持。

2007年5月，英国运输部发布《低碳运输创新战略》（LCTIS），制定了一系列鼓励低碳运输技术创新和发展的行动计划。英国运输部还对一些环保新技术进行资金支持，如超低排放车辆的设计和研究、UKH2移动项目等。UKH2项目将汽车、能源、基础设施、零售业等行业与政府结合起来，研究英国境内引进低排放交通工具和基础设施氢燃料补给的“线路图”。此外，英国运输部、技术战略委员会、以及工程与物理科学研究理事会共同出资成立“创新平台”，从2008/9年度开始提供3000万英镑的支持资金，研究未来低碳车辆技术。2011年，英国运输部宣布，英政府计划投资2400万英镑，支持有助于推动英国低碳汽车发展的六项技术创新项目，分别是：混合集成城市商用汽车项目、汽车动力总成能量回收项目、增程式电动汽车技术发展项目、轻型电动货车项目、排气后处理系统项目和铝基复合材料研发项目。

欧盟为了具体推进低碳技术的创新与产业化，2008年启动了6个行动计划，并设立“欧洲能源研究联盟”，在进行低碳创新的同时促进这些技术成果的应用，把欧盟带入低碳经济社会的前沿。为激励企业在低碳技术创新中发挥主体作用，欧盟委员会在2009~2013年通过公私合作方式投资32亿欧元，用于创新型制造技术、新型低能耗建筑与建筑材料、环保汽车及智能化交通系统等三个领域的科技研发。全部投资的一半来自欧盟预算，另一半来自相关私营企业。

（三）制定相应的配套政策是建设交通运输体系的主要手段

政策引导是欧洲国家在建立绿色交通运输体系中普遍采用的宏观调控方式，通过合理制定的补贴、税收政策或激励机制，引导交通运输向低碳、绿色方向发展。

1. 税收政策

在公路运输方面，英国通过征收道路燃油税的方式提高汽油柴油成本，通过提供公司汽车优惠税和根据CO_2排放量减免车辆消费税（VED）的方式激励车辆使用更加清洁的能源，通过生物燃料优惠税待遇推广包括乙醇、生物柴油在内的生物燃料。2006年，英国开始实行VED累进税制，税率取决于车辆排放的CO_2量，进一步促进人们购买节能型汽车。欧盟从立法角度严格规定了汽车尾气排放标准。1992 年“欧 1”标准开始推行，之后逐步加大限制 CO_2 的气体排放量力度，推出欧 2、欧 3 一直到欧 6 等一系列排放标准，督促各成员国对销售的汽车进行节能、减排改装，并修改有关立法，以税收政策惩罚尾气超标的汽车。2008 年起，法国针对汽车排放量实施奖惩制度，对每公里 CO_2 排放量不足 100g 的汽车给予 5000 欧元的奖金，对排放量超过 160g 的汽车征收最高 2600 欧元的尾气排放超标税。此外，2010 年起法国政府开始根据里程向重型卡车征收环保税。

在航空运输方面，英国在航空部门引入碳定价，征收航空旅客税（APD），以税收为手段提高航空价格，抑制旅客的航空需求，促进 CO_2 减排的税制激励方式。欧盟采取需求抑制的手段，致力于将航空业纳入欧盟排放交易体系。欧盟出台欧洲能源产品税收指令，改变了以往欧盟国家对国内航班燃油免税的做法，根据相互协定对成员国之间航班上使用的燃油进行征税，并从原则上禁止建设新机场。

2. 补贴政策

英国为加速新能源、低能耗车辆的市场渗透，降低低碳技术公司在商业化时面对的障碍，规定凡是购买达到安全指标和低排放标准的电动车、插电式混合动力车或氢燃料电池车的车主均可获得车价 25% 的优惠，最高优惠额达 5000 英镑。法国政府对新能源、低能耗汽车的开发制造商提供相应补贴。

3. 其他政策

为减轻交通拥堵，改善公共服务，2003 年，伦敦开始实行交通拥堵收费政策，规定周一至周五每天从 7:00 至 18:00，如果是非免除限制的车辆（免除限制的车辆包括伤残驾驶者驾驶的车辆、生活在限制区域的居民驾驶车辆、替代燃料车辆等）进入限制区域，其注册人就必须支付 10 英镑的费用。证据表明，有关免除限制车辆的规定提高了混合动力汽车的销售量，也使得在限制区域内 CO_2 的排放量降低了约 16.4%。据评估，2008 年，该政策已使交通拥挤状况比 2002 年减轻了 26%，同时提高了城市公交的利用率和效力。

另外，英国及欧盟都将低碳车辆或低能耗车辆列入了公共采购标准中，英国政府建立了低碳车辆的公共采购目标，由政府以身作则减少交通业 CO_2 排放量；欧盟在《促进清洁和高效道路交通工具指令》中规定相关公共部门、公营企业等在采购车辆时需考虑车辆寿命阶段的能耗、CO_2 及某些污染物排放的清洁指标等，以此推动和激励清洁高效交通工具市场的发展。

（四）促进运量向环境友好型运输方式转移是绿色交通运输体系发展的重要方向

交通运输结构能够对其碳排放情况产生显著影响已经得到了多位研究者的公认。意大利专家针对交通运输结构进行了研究，认为交通运输结构优化能够有效促进碳减排，并得出结论 1980~1995 年间，通过运输结构优化促进意大利交通运输碳减排 25%。因此，为了减少交通运输的 CO_2 排放量，欧洲国家采取各种手段加大了对环境友好型运输方式的支持力度，鼓励客运及货运向铁路及水运方向转移。

英国早在 20 世纪 80 年代就设立了货运设施补助基金（Freight Facilities Grants, FFG），鼓励货运从公路向铁路或水运转移；2007 年，制定了铁路环境效益支持计划（Rail Environment Benefit Procurement Scheme, REPS）鼓励企业采用铁路进行货物运输；2011 年

1月，英国运输部决定用运输方式转移收益资金（Mode Shift Revenue Support, MSRS）和货物水运补助资金计划（Waterborne Freight Grant schemes, WFG）继续支持企业利用铁路和水运从事货物运输。1990~2013年，英国公路的客运市场份额从93%下降至90%，铁路客运市场份额从6%上升至9%，铁路货运市场份额也从1990年的7%上升至2010年的9%。交通运输领域的温室气体排放量与1990年相比下降了2%。

三、欧洲国家绿色交通运输体系建设对我国的启示

（一）制定科学合理的绿色交通运输发展规划

以建设绿色交通运输体系为目标，将交通运输发展规划同城市规划、工业战略布局、土地利用模式、生态环境保护等统筹规划，建立与资源环境承载能力相适应的交通运输发展战略，尽可能减少重复、迂回等运输，降低运输强度，减少对运输资源的过分占用，减少运输对社会外部环境的损害，指导交通运输业科学、有序发展。

（二）加强交通运输组织管理

完善多部门协同推进机制，强化综合协调，加强与发展改革、国土资源、财政、税收、科技、环保、工信、统计等相关部门之间的信息共享与协同合作。充分发挥各种交通方式集中管理的优势，深化"大部制"改革成果，加强组织引导，加强各种交通方式的有机衔接，提高交通运输系统的利用效率，减少重复建设和投资浪费。不断完善交通运输绿色发展管理体制，明确各级交通运输环境保护机构设置和工作职责，建立健全管理工作机制，完善管理手段，创新管理方法，满足交通运输行业环境保护管理工作的要求。

（三）加大科技创新的支持力度

加大与绿色交通运输体系建设相关的技术资金投入，引导和鼓励企业和科研单位加大节能投入；完善交通科技创新体系，充分发挥交通企业在技术创新中的主体作用，鼓励企业开展技术创新，促进产学研相结合，整合交通科技资源，提高科技创新能力，加速绿色交通技术的开发与应用；建立有利于绿色交通发展的科技创新评价、考核及激励机制，采取政策引导、投资支持等手段，鼓励新技术、新材料、新能源、新工艺在绿色交通建设、运营、管理、服务中的应用；切实加强交通行业技术创新与科技成果的应用推广，发挥科技的支撑和引领作用，提升资源节约、环境保护的能力，注重政策、法规、体制、机制等软环境建设，为推进科技创新提供动力。

（四）完善相关法律法规及技术标准

加强交通运输绿色发展的立法工作，尽快制定与交通运输绿色发展有关的法律、法规，研究制定《交通运输节约能源条例》，不断完善法律法规体系，使交通行业的资源节约和环境保护制度化、规范化、法制化；建立健全资源节约、环境友好的交通运输政策体系，建立分层次、分类别的交通运输节能减排规划，结合当前温室气体减排、氮氧化物总量控制、PM2.5治理等工作部署，进一步完善低碳交通监测、统计考核等方面的规章、制度，实行严格的资源消耗和污染排放控制，强化交通节约资源、环境保护工作的强制约束力；进一步完善节能减排、环境保护等技术标准体系，促进行业节能减排、环境保护工作的规范化。

（五）制定合理的税收、补贴政策

深入研究分析资源税、环境税、消费税、进出口税等税制改革对交通节能的影响，并制定应对措施；积极探索利用税费手段提高环境污染成本，降低污染排放，调整税目、税率，建立完善的交通运输环境资源税收体系；加强交通运输主管部门与各级人民政府节能减排、环境保护主管部门、财税部门等沟通与协调，积极争取中央财政和省级地方财政给予交通运输领域相关的税收优惠政策；积极推动碳税、燃油消费税等绿色财税制度改革，实施差异化的车船使用税、通行费等政策，探索拥挤收费等经济政策；积极研究交通运输生态补偿的范围和标准，加快建立交通运输生态补偿机制。

（六）持续优化运输结构

持续调整交通运输基础投资结构，逐步向运能大、能耗低和污染小的铁路、水运和管道等节能型运输方式倾斜，促进环境友好型交通运输方式的持续发展。增加铁路和内河航道投资，强化铁路、水运通道和管道骨干网络建设，优化运输产品，促进公路目前承担的不合理运量向铁路、水运转移。加强不同运输方式之间的协调与配合，形成各种运输方式紧密衔接、按照比较优势分工协作的高效交通运输体系。加快推动公路、铁路绿化建设步伐，建成绿色交通走廊。

参考文献

[1] Zhi-huan Fu, Qing-zhong Luo, Guang-zhi Jia. The Construction of a Green Transportation System of China [J]. Frontiers of Engineering Management, 2014, 1.

[2] 李忠奎，李娜，郭杰，毕清华，等（2014）. 绿色交通运输体系建设 [R]. 中国工程院研究报告，北京：中国工程院.

[3] 吕江.《低碳转型计划》与英国能源战略的转向 [J]. 中国矿业大学学报（社会科学版），2010, 3.

[4] 杨雪英. 更加绿色的未来——英国低碳交通发展思路 [J]. 交通建设与管理，2010, 11.

[5] 任力，华李成. 英国的“低碳转型计划”及其政策启示 [J]. 城市观察，2010, 3.

[6] 侯瑞. 欧盟能源发展战略分析及对中国的启示 [D]. 东北财经大学，2011.

政府部门促进城市共同配送发展政策研究

耿　蕤　陈志宇

（交通运输部公路科学研究院　北京　100088）

【摘　要】根据城市共同配送模式发展的需求特点，结合我国现行物流管理体制和发展环境，研究提出政府在促进城市共同配送快速发展的方向、目标、政策工具选择及政策建议。

【关键词】运输工程 共同配送 公共政策

Research for government to promote the development of urban common distribution policy

Geng Rui　Chen Zhiyu

(Reseach Institute of Highway Ministry of Transport, Beijing 100088)

Abstract: According to the demand characteristics of urban joint distribution, combined with China's current logistics management system and the development environment, this paper puts forward the direction, the objective, the selection of the policy tools and the policy recommendations for government in promote the rapid development of urban joint distribution.

Keywords: Transportation engineering　Joint distribution　Public policy

一、引言

近年来，随着我国城市产业布局的不断调整、居民消费方式的不断升级、现代电子商务与信息网络技术的广泛应用，以及城市工商业发展模式的日趋多元，使得小批量、多频次、时效性强的城市配送需求增长迅速。共同配送是企业之间为了实现资源共享，在互信互利的合作基础上，对不同商品进行优化组合后进行配送，以此来提高物流服务水平，降低配送成本，快速反馈信息，促进整个社会商品高效流通。尽管城市共同配送对于提高车辆运输效率、降低企业经营成本等作用十分显著，并且对减少能源消耗、污染物排放及缓解交通拥堵具有积极的社会效益，但由于现实中存在的种种原因，使得单纯依靠市场行为很难促进共同配送快速发展。因此，虽然“共同配送”本质上是一种企业市场行为，但结合我国当前发展实际，同样需要政府采取综合措施加以有效引导，加快形成以共同配送为主体、自主配送为补充的城市配送格局，加快形成具有我国特色的城市共同配送模式。

二、政府推进城市共同配送发展的方向与目标

（一）方向

政府对城市共同配送的行业治理应着重处理好城市共同配送与以下方面的关系。

1. 与城市经济发展的关系

保障城市共同配送系统的供给能力与城市经济发展对城市物流的需求相平衡。

2. 与资源高效利用的关系

提高城市物流系统的能源效率和资源利用价值的最大化，重视物流系统设施利用效率的提高，优化不可再生的时空资源利用，降低资源消耗。

3. 与保护生态环境的关系

促进城市物流系统发展要以自然环境和生态平衡保护为基础，在满足当代需求的同时要满足环境与生态复合系统的承载力。

4. 与社会服务均等化的关系

保障城市物流系统改善和发展的成果和利益，惠及到全社会成员，更加关注城市共同配送薄弱地区、薄弱领域的发展水平。

（二）目标

政府对城市共同配送的行业治理目标可以概括为“两高两低”，即服务水平高、物流效率高、经济成本低、社会与环境成本低。

1. 服务水平高

高质量完成城市共同配送各环节的工作任务，即在预订的时间内把货物完整无损地送到客户指定地点，按约定高质量完成各种物流服务，如：及时送达、信息支持、业务咨询、技术保障和售后服务等。

2. 配送效率高

在满足一定物流服务水平的基础上，实现物流成本最低，或以一定的配送成本达到最优的物流服务水平。

3. 社会与环境成本低

城市物流系统作业运行过程中，会对城市居民产生干扰，如噪声、交通干扰、尾气排放。社会成本低是指在一定服务质量和经济成本的前提下，尽可能降低城市物流对城市社会环境的影响。

4. 经济成本低

城市共同配送的各个环节都会发生物流费用，如配送运输、装卸、流通加工等环节所发生的费用，其总和即为这个配送系统的总费用。经济成本最低是配送企业追求的重要目标之一。行业治理应为这种追求提供政策支撑，并充分利用这种企业追求引导城市共同配送向上述“两高两低”方向发展。

三、政府推进城市共同配送发展的政策工具选择

（一）政府推进各共同配送模式的介入度分析

综合政府可选择的政策工具的类型和特点，以及各种共同配送模式的运作特点和适用条件，尤其是各模式发展的核心动力，重点分析研究政府对推进不同共同配送模式介入度的强弱程度。

各共同配送模式政府介入度分析 表1

序号	企业	配送模式	核心动力	主导方	政府介入度
1	生产商贸企业自营配送	单一生产企业	促进企业产品销售	生产企业	弱
2		单一商贸企业	保障内部门店的供货需要	商贸企业	弱
3		多个生产或商贸企业联合	互利互惠，降本提效	生产（商贸）企业	弱
4		电商（并入商贸企业）	保障平台货物售后服务，增强影响力	电商平台企业	弱
5	物流企业专业配送	单一物流企业	提升专业物流企业效益	专业物流企业	弱
6		多个物流企业联合	整合资源，降低成本	联盟企业	较弱
7	物流站场统一配送	大型配送中心	提升站场的营运效益	站场经营者	较强
8		末端配送站点	整合需求，提高效率	物流企业（末端站专营企业）	较弱
9	信息技术企业拼车配送	信息技术企业	扩大信息平台使用率	信息技术企业	弱
10	特定资源集中配送	货源地（起点）集中	缓解拥堵、改善空气质量	物流企业	较强
11		目的地（终点）集中	缓解拥堵、改善空气质量	物流企业	较强
12		特定通道资源	缓解拥堵、改善空气质量/提升可靠性	通道经营企业	强
13		特许通行证	缓解拥堵	持证企业	强

（二）共同配送模式要素分析

按照提供城市共同配送所需的必备条件，要素可分为基础设施、运力装备、配送主体、配送组织、信息科技等5个方面。

1. 基础设施

包括通道与节点。通道以城市道路为主要载体，包括主干道、次干道、支路等，一些城市还积极尝试开发水路、轨道以及管道等。节点包括与对外交通衔接的物流园区、物流中心、配送中心、配送站、末端收货点等。

2. 运力装备

城市共同配送的主要运力是城市道路上行驶的机动车和非机动车，机动车包括厢式货车、封闭货车，以及专业特种车；非机动车主要是邮政快递使用的电动三轮车等，其

他补充运力包括货船、轨道车辆等。装备包括：仓储设备、装卸搬运设备、分拣设备、流通加工、包装设备等。

3. 配送主体

指组织实施城市共同配送业务的企业，包括生产企业、商贸企业、第三方物流企业、物流站场运营企业、配送企业联盟等形式。

4. 配送组织

配送组织分自营配送和社会化配送两大类，自营配送根据主体不同可分为生产企业自营和商贸企业自营。社会化配送可分为外包配送和共同配送等形式。

5. 新技术应用

新技术包括条码技术、RFID 技术、电子数据交换技术、GIS、GPS/ 可视化技术等。

信息系统指通过信息的采集、传输、储存、处理、输出等组织协调整个配送系统的工作，支持系统中的各个要素之间的信息交互，存储客户需求、车辆路线安排等历史数据，同时还提供科学的系统优化。在订单客户分散、订单金额量小、商品数量繁多、城市交通拥挤、存储空间狭小、运货时间紧等种种随机散乱无序的状态下，实时动态生成一个使供应商、配送企业与客户的信息、城市交通的信息、行业信息等全面融合的优化方案成为可能。

（三）政府对共同配送各要素的政策工具选择

城市共同配送不是一个独立的产业，是以部门分割、条块分割为特征的分散型产业群。城市共同配送涉及的政府部门众多，包括发改、交通运输、商务、公安交管、规划、国土、工商管理、财政、税务和邮政等各个部门，行业治理指各相关政府部门对城市共同配送的管理政策和治理手段。

根据政府对推进城市共同配送发展的方向和目标分析以及可选的政策工具，研究分析政府对城市共同配送各要素的政策工具如表 2 所示。

政府对城市共同配送的政策工具 表 2

治理对象	治理方式	治理目的（调整的关系）				治理目标				主要实施部门
		与经济	与资源	与生态	与社会	高服务	高效率	社会环境成本低	经济成本低	
基础设施	规划投资建设	√	√		√		√			发改、规划、土地、交通等
运力装备	推进装备标准化通行管理		√	√		√		√		交通、公安等
配送主体	市场监管	√			√	√	√			交通、商贸、工商等
配送组织	鼓励发展资金补助	√	√	√		√	√	√	√	交通、商贸等
新技术	搭建信息平台鼓励新技术应用		√		√	√	√		√	交通、商贸工信、科技等

（四）政府对不同共同配送模式各要素的政策介入度分析

综合政府推进各共同配送模式的介入度分析，以及政府对共同配送各要素的政策工具选择，分析政府对不同共同配送模式各要素的政策介入程度，如表3所示，“—”表示介入度弱，“√”表示介入度较强，“√√”表示介入度强。

政府对不同共同配送模式各要素的政策介入度分析　　表3

序号	企业	配送模式	基础设施	运力装备	配送主体	配送组织	新技术应用	政府介入度
1	生产商贸企业自营配送	单一生产企业		√			√	—
2		单一商贸企业		√			√	—
3		多个生产或商贸企业联合		√			√	—
4		电商（并入商贸企业）		√			√	—
5	物流企业专业配送	单一物流企业	√	√	√	√	√	—
6		多个物流企业联合	√	√	√√	√	√	—
7	物流站场统一配送	大型配送中心	√√	√	√	√√	√	√
8		末端配送站点	√	√	√	√	√	—
9	信息技术企业拼车配送	信息技术企业			√		√	—
10	特定资源集中配送	货源地（起点）集中	√√	√	√√	√	√	√
11		目的地（终点）集中	√√	√	√√	√	√	√
12		特定通道资源	√√	√√	√√	√√	√	√√
13		特许通行证	√	√√	√√	√√	√	√√

四、政府推进城市共同配送发展政策建议

共同配送是一项复杂的系统工程，其健康、快速发展，不仅依赖各参与企业主体的共同推进，也需要政府及相关行业组织给予一定的引导和支持。根据目前我国现有各相关政府和行业协会的职责划分、行业影响力以及城市共同配送发展的需求，研究提出政府及行业协会在促进城市共同配送发展工作的政策建议。

（一）充分发挥行业协会作用，加大共同配送的宣传

（1）行业协会应该充分发挥组织、自律、服务、监管等职能，加强观念宣传及技术辅导，采用座谈、培训等方式，介绍国内外共同配送的先进做法和成功经验，深化各行业对共同配送的认识。

（2）在共同配送运行期间，行业协会要发挥协调作用，为公共配送平台提供相应技术支持和行业指导，协调多方利益冲突。

（3）电器、食品、化妆品等专业协会要加强与行业内企业的沟通和配合，了解行业内共同配送的需求，积极探讨建设符合本行业特点的共同配送体系。

（二）加强市场管理，营造良好的市场环境

（1）加快《道路运输条例》及其配套规章的制修订工作，将城市共同配送经营纳入《道路运输条例》管理范畴；建立健全共同配送市场准入、行业监管等机制，明确服务质量标准等相关要求，发挥政府在城市共同配送市场体系建设中的引导职能和市场监管职能，规范和引导城市共同配送的有序发展。

（2）明确城市共同配送货物运输管理的内容、规则与标准，确定城市共同配送的经营行为规范和法律责任，对于泄露商业机密、不正当竞争竞争等扰乱市场行为进行压力打击，引导城市共同配送企业规范化发展。

（3）加强对共同配送车辆的监管，制定符合共同配送作业要求的车型标准及主要技术参数，积极引导和促进企业使用符合标准的配送车型，加快推进城市共同配送车型标准化、厢式化、标识化管理。

（4）推进道路货运市场诚信体系建设，健全诚信体系，建立“诚信”信息库，加强相关部门“诚信”信息对接，支持城市共同配送企业参加诚信守法等级评估，促进行业规范自律。

（三）制定配套的中心城区货运通行政策

（1）在交通拥堵严重的地区，采用合理的手段加强商业聚集区域的通行限制，提高进入商业聚集区的配送成本，有效促进共同配送的实施；同时，在分析配送需求总量、结构、空间分布等基础上，合理确定限制通行区域的具体范围和限制通行时间，避免“一刀切”等现象的出现。

（2）加强通行管制区域配送设施的规划和建设，合理布局货运车辆装卸、停车等设施，不断提升商业聚集区域配送服务水平。

（3）完善配送车辆通行许可发放制度，优化城市共同配送车辆通行管控措施，建立合理的城市共同配送运力投放与交通管控之间的协调机制。

（四）规划合理的城市共同配送节点网络

（1）推进城市加快形成“物流园区－配送中心－城市末端配送节点”三级城市共同配送节点框架体系，加强对配送中心的调整和整合，不断强化配送中心的公共功能。

（2）对城市共同配送需求的总量、结构、流向进行研究，明确城市共同配送的需求总量、货类结构、空间分布、时间分布等情况，确定城市共同配送中心的规模和选址。

（3）加大对城市末端配送节点的建设，依托校园、社区，通过搭建共同配送网点和信息平台，整合末端配送资源，改善“最后一百米”的配送效率。

（五）出台促进共同配送发展的优惠措施

（1）加大对共同配送中心建设的扶持力度，加快推进建设快速消费品、水果蔬菜等不同类别的专业性城市共同配送中心，引导商贸流通企业和连锁超市利用第三方物流配送中心、分拨中心等公共基础设施，集中利用第三方城市共同配送专业运力资源，加大对开展共同配送企业的政策支持力度。

（2）鼓励有条件的城市或企业探索夜间共同配送模式，对实施“夜间配送”的城市共同配送企业和商贸企业，在妥善解决扰民问题前提下，给予适当的经济补偿。

（3）完善“营改增”相关政策，落实对从事共同配送的第三方物流企业的税收优惠政策；降低连锁企业组建共同配送组织方面的税负，消除连锁企业从事共同配送方面的制度障碍。

（六）加快培育第三方共同配送企业

（1）充分利用中心城区的物流资源和货运车辆入城证等调控手段，以共同配送为切入点，重点培育几家品牌知名度高、市场份额较大、配送网络健全的大型专业的现代物流配送企业。

（2）鼓励物流配送企业延伸服务领域，支持第三方物流企业与医药、冷鲜产品、危险品等企业进行资源整合，促进专业化共同配送主体和市场的形成。

（3）适时开展城市共同配送龙头企业示范工程，引导和鼓励配送主体向运营集约化、规模化、专业化方向发展。

（七）推进城市共同配送物流信息化、标准化建设

（1）建设城市共同配送物流公共信息平台，加强供应链上下游的信息对接，保障信息流的畅通，对城市共同配送基础信息数据进行采集和发布，整合社会资源，鼓励企业引进和自主创新使用先进的科学技术，为共同配送的实施创造条件。

（2）加强配送物流标准化建设，建立一个统一、科学、规范的标准体系。通过制定物流配送系统内部设施、机械装备、专用工具等的技术标准， 包装、仓储、装卸、运输等各类作业标准，以及作为现代物流特征的物流信息标准，在各参与主体之间建立起相互对话、相互协作的平台与纽带，从而减少冲突、提高效率。

参考文献

［1］邓爱民，王少梅，郑宏宇．城市配送形成机理分析［J］．武汉理工大学学报（社会科学版），2005, 12.

［2］罗剑锋．共同配送模式分析及实施研究［J］．供应链，2007, 9.

［3］韩丽娟．城市物流共同配送模式研究［D］．武汉理工大学，2013.

［4］唐小淳，吴印龙，赵亮．全球共同配送的发展与中国发展展望［J］．公路交通科技，2013, 7: 259.

珠海市中心城区绿色交通规划回顾与展望

吴家友

（珠海规划设计研究院交通分院　珠海　519000）

【摘　要】珠海市一直都以宜居、浪漫闻名，城市发展的目标是建设生态安全和谐、功能与国际接轨、空间集约高效、设施绿色低碳、生活和谐宜人、管理高效便捷的典范宜居城市。近年，随着小汽车的快速增长，城市道路交通资源供需矛盾日渐显现，交通拥堵成了宜居城市的短板。港珠澳大桥通车在即，珠海希望能率先走出一条适合我国城市的绿色交通发展之路。

【关键词】珠海 绿色 交通 展望

The Review and Outlook of the Green Transportation Regulation for the Central Districts of Zhuhai

Wu Jiayou

(Transport Branch of the Zhuhai institute of urban planning & design, Zhuhai 519000)

Abstract: Zhuhai is well-known as an inhabitable and romantic city, and the developing goal of the city is to build a typical livable city with a balanced ecology, good connection with the international standards, intensive and efficient space planning, green and low-carbon facilities, harmonic and pleasant life, efficient and convenient management. In recent years, as the rapid increase in the amount of cars, there has been obvious contradiction in the demand and supply of urban road transportation resources, and the traffic jams have been the great restriction for being a livable city. As the Hong Kong Zhuhai Macau Bridge is going to open to traffic soon, Zhuhai is aiming to find a suitable way for the development of the green transportation in China.

Keywords: Zhuhai Green Transportation Outlook

一、引言

城市交通拥堵、水资源短缺和环境污染问题已经成为困扰我国城市发展的三大问题。随着城市化的加速发展、小汽车迅猛增长，城市交通问题也越来越突出，大都市堵、大城市堵、小城市也堵，甚至乡镇都堵车，严重的道路交通拥堵导致了严重的尾气污染、噪声污染，引发了一系列社会问题。

1998 年，珠海获得联合国人居中心颁发的“国际改善居住环境最佳行动奖”（亦称“改善人居环境范例奖”）。宜居在珠海，城市目标在珠海深入人心，但近年随着小汽车快速增长，珠海部分路段已开始出现道路拥挤，甚至出现片区拥堵现象；中心城区停车混乱、人车争路、公交服务水平偏低等问题逐渐显现。

2012 年，珠海提出“推进环境宜居，建设美丽珠海”的城市发展目标；宜居城市的交通首先应该是不堵的交通，即相对高效、顺畅的交通，宜居交通也应该是安全的、友好的交通，究其本质就是路畅、车顺、人车和谐共处的可持续的、绿色交通系统。

二、珠海城市交通发展背景

城市交通主要由小汽车交通、公共交通和慢行交通三部分构成，交通规划的关键是平衡小汽车与公共交通的发展，同时，做营造友好慢行交通环境，力争实现交通方式结构平衡、和谐、有序、可持续发展。

（一）小汽车增长迅速，户均小汽车拥有率接近 1 部

2015 年底，珠海市主城区 105km^2，拥有常住人口 64 万，注册机动车 27 万，注册小客车 24 万，千人小客车拥有高达 350 辆 / 千人。和诸多先富起来的城市一样，在不受限制的情况下，珠海小汽车持续保持以 15% 的速度增长，按此速度，至 2019 年珠海主城区小汽车拥有率就可达到或超越许多发达国家（英国 360 辆 / 千人，法国 430 辆 / 千人、加拿大 440 辆 / 千人、德国 500 辆 / 千人、意大利 560 辆 / 千人）水平，如图 1 所示。小汽车的高拥有率和高使用率带来了诸多问题。

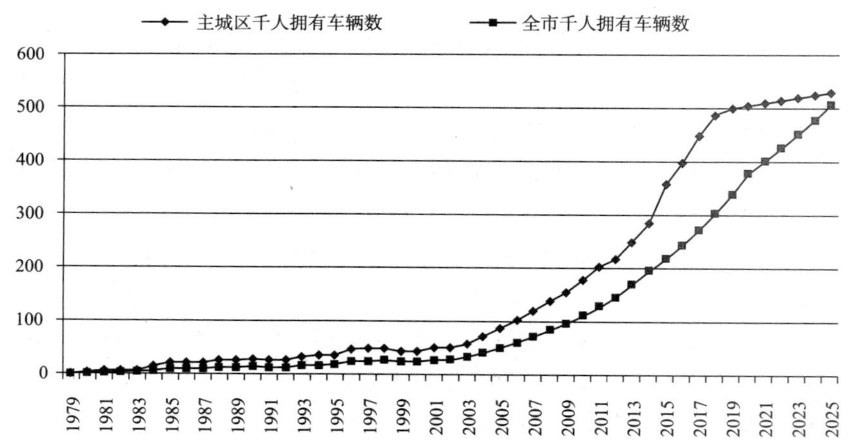

图 1　珠海市小汽车整体发展趋势分析

1. 道路拥堵范围的扩大和拥堵程度的加剧

珠海市主城区共有道路 198km，其中主干道 130.3km，次干道 38.0km，支路 129.6km，路网密度 4.69km/km^2，低于国家规范（5.3~7km/km^2）要求；加之主城区东有大海、西有前山河、北有凤凰山脉、南邻澳门、中央有板障山，路网分布十分不均衡，道路交通拥堵范围和程度连续加剧。近 5 年，拥堵片区从 22% 扩大至 51%，拥堵时间由 20min

增加至60min，如图2和图3所示。

图2　珠海中心城区2011年拥堵范围示意图

图3　珠海中心城区2015年拥堵范围示意图

2. 日间、夜间停车供需矛盾的凸显和困扰

中心城区小汽车停车泊位需求约28.8万，合法停车泊位总量17.85万个，其中配建停车泊位15.5万个、路外公共停车场泊位0.63万个、路内停车泊位0.28万个、道路退缩内泊位1.44万个，日间停车缺口约4.4万，缺口比例为15%（图4）。相对应，夜间停车需求16.7万，住宅配建解决了9.3万，7.4万部车停靠在小区附近支路、次干道内，夜间停车泊位缺口比例高达44%（图5）。日间办公区、商业区大量违规占用次干道、支路违章停车，夜间住宅小区附近道路车满为患，部分市民担忧，早上办公室附近找不到车位，晚上家附近找不到车位，350辆/千人的小汽车拥有率已开始让珠海停车越来越难。

图4　日间停车缺口分布示意图

图5　夜间停车缺口分布示意图

（二）公交交通服务水平不够，路权急需加强

珠海市主城区公交日均客流量约为74万，公交出行占全方式的25%，晚高峰公交平均车速仅17.8km/h，比主城区小汽车晚高峰车速（21.8km/h）低18.3%，如图6所示。现有主要的公交廊道为迎宾大道、九州大道、人民路、明珠路、海滨北路等。主城区公交

的主要问题表现在，公交干线不快、公交支线不密，其本质在于公交路权保障不足，导致公交运效率和服务水平降低。

图 6　主城区主要公交廊道及上下客情况分布示意图

（三）慢行交通环境品质高，通勤回归难

1. 步行交通环境好，步行出行比例较高

珠海市人行道铺装整体水准较高，近年建设 211km 绿道，其中中心城区 48.5km，大大提升了步行出行的舒适度，广东省 1 号绿道情侣路受广大市民欢迎，已成为珠海市的名片。

2. 非机动车出行环境好，非动车发展较好

珠海市非机动车道基本都有独立路权，非机动车道基本上连续成体系，骑行环境较好，中心城区约有 12% 出行选择非机动车出行；非机动车道平均宽度 3.3m，占道路红线宽度比例 15%，仅在兰埔路、吉柠路、水湾路、粤华路等个别路段存在机非混行现象。

3. 公共自行车推广较好，示范作用明显

2012 年推广的珠海市公共自行车租赁系统（一期）工程，共建设 195 个点，投入 4740 辆公共自行车，目前，办卡人数超过 5 万，租用率达 2 万人次 / 天，公共自行车较好地带动了非机动车出行。

（四）私人交通与公共交通博弈加剧，交通方式结构优化难度大

当前，珠海市主城区已进入私人机动车高拥有率、高使用率的双高时代，小汽车被过度使用了，或者说滥用了，部分市民早上开车去卖菜，中午开车回家午休，甚至开车到 800m 以外的社区公园锻炼身体。正如许多中国其他城市一样，珠海给予小汽车太多便

利，市民给予小汽车太多依赖，我们尚未完全富裕，但“小汽车病”却已经深入骨髓。2014 年，小汽车出行量首次超越公共交通出行量（表 1），珠海交通该何去何从？

珠海市主城区 2011 年与 2015 年交通方式对比一览表　　表 1

年份	类　别	常规公交	小汽车	出租车	慢行	合计
2011	出行次数（万人次）	48	34	6	72	161
	交通方式（%）	30	21	4	45	100
2015	出行次数（万人次）	52	64	10	81	208
	交通方式（%）	25	31	5	39	100

三、城市绿色交通体系的出发点与落脚点

小汽车无疑是个伟大的发明，它创造了无数的辉煌和奇迹，开启基于小汽车的自由的、高效的生活与生产模式，开创了小汽车时代。然而随着机动车的快速增长，“小汽车病”随之而来，汽车依赖、标签消费和过度使用更带来了交通拥堵、交通事故、汽车尾气、交通噪声、能源紧张等问题已成为严重的社会问题。

（一）正视小汽车发展现实，认清交通结构差距

根据住房城乡建设部、国家发展改革委、财政部下发的“关于加强城市步行和自行车交通系统建设的指导意见”（建城［2012］133 号文）中提出，市区人口大于 100 万的城市，步行和自行车出行分担率达到 65% 以上（图 7）。纵观世界各国，市民富起来以后，优先选择更方便、更高端、更舒适的出行方式。珠海没能改变城市交通全面小汽车化的趋势，慢行交通（自行车 + 步行）出行比例已从 5 年前的 45% 下降至 39%，公交出行也从 5 年前的 30% 下降至 25%（图 8），现状交通结构与国家号召目标差距明显。

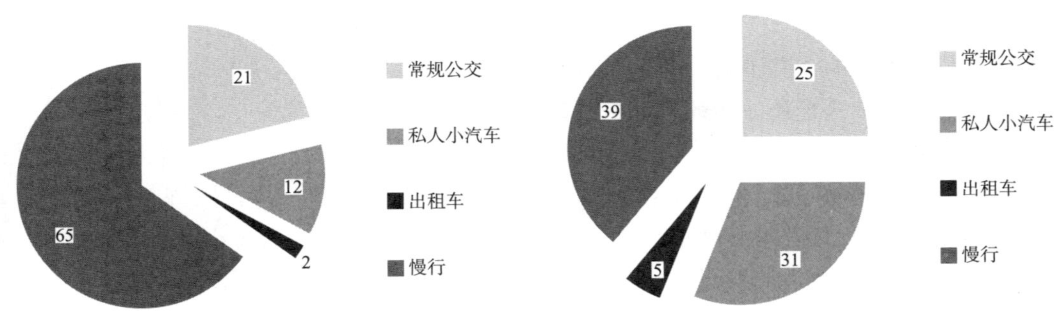

图 7 国家绿色城市交通方式结构示意图　　图 8 珠海现状交通方式结构示意图

（二）积极引导交通方式转变，打造可持续交通系统

城市交通结构的博弈本质是慢行交通、公共交通与小汽车交通三者在资源上的合理分配，即倡导公交出行，构造高效的、舒适的、安全的、多层次公共交通服务，让公交出行更有尊严、更有价值、更舒服、更方便、更省钱；倡导慢行交通，营造安全的、优

美的、宜人的交通环境；引导小汽车出行，让小汽车从通勤工具转变为休闲工具。

根据珠海市现状交通方式结构，珠海市未来城市空间与交通发展的需要，2020 年珠海市交通发展目标是：运行效率、环境友好、资源节约、社会和谐，如表 2 所示。

（1）倡导公共交通发展，推广以现代有轨电车为主体的干线公交，提升公交服务水平，公交平均运行速度不低于 18km/h，实现公共交通出行比例由 2013 年的 25% 提升至 30%，超过小汽车出行比例，主导机动化出行模式。

（2）倡导慢行交通，尤其是自行车出行，继续推进公共自行车租赁工程，完善非机动车出行环境，择机推进自行车快速路，遏制慢行出行比例迅速下滑的局面，慢行出行比例控制在 35% 以上。

（3）引导小汽车出行，基本遏制小汽车无序增长，基本实现“以车为本”向以人为本的规划与建设思路转变，适度控制小汽车拥有，小汽车上牌增长控制在 8% 以内，至 2020 年主城区小汽车总量在 35 万以内，严控并积极引导小汽车使用，力争小汽车出行量增长控制在 10% 以内，小汽车出行比例控制在 30% 以内。

珠海市主城区 2020 年交通出行主要指标表 表 2

类　别	常规公交	小汽车	出租车	慢行	合计
出行数量（万人次）	74	70	12	89	245
与 2015 年比（万人次）	+18	+6	+2	+8	37
交通方式（%）	30	29	5	36	100
与 2015 年对比	+5%	–2%	—	–2%	

四、珠海市主城区多层次绿色交通体系规划

一直以来珠海城市面貌和交通品质在珠三角独树一帜，近年来随着小汽车的迅猛增长，交通拥堵问题有扩大和严重的趋势，港珠澳大桥开通在即，珠海或许能够率先走出一条适合我国国情的、和谐的、可持续的绿色交通发展之路。

（一）转变交通发展方向的根本在于道路资源重新分配

道路是各种交通方式的载体，道路资源－路权划分对于交通方式的调节具有重要意义，因此，做好路权分配是优化城市交通结构的核心内容之一。我国许多城市道路人行空间与车行空间比例大致为 1:2（图 9），反观国外宜居城市人车空间比约为 1:1（图 10），甚至 2:1，差距十分明显。绿色交通发展的目标是：将道路资源向轨道、公交、慢行交通转移。

（二）狠抓道路资源分配，打造多层次绿色交通体系

根据珠海实际情况，结合人性化街道设计理念，在珠海打造四层绿色交通廊道体系、完善多方式绿色交通接驳系统，推动城市向绿色交通模式转变，达到现代绿色交通示范城市基本要求，承接港珠澳大桥，对接国际标准，打造国际一流城市绿色交通系统（表 3、图 11）。

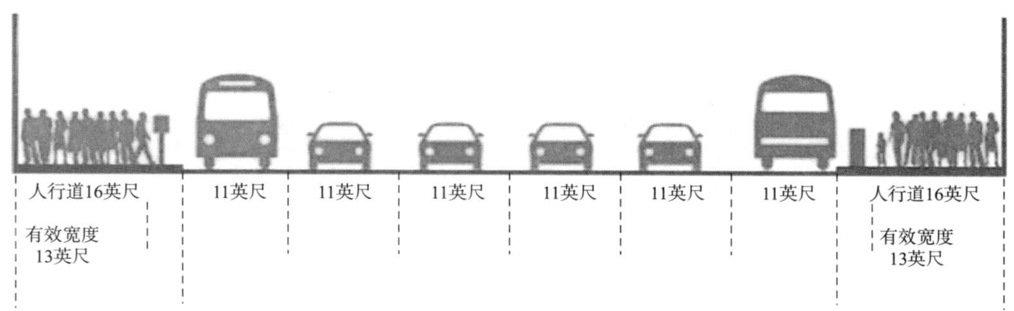

46,140
行人/上午8时至下午8时
有效宽度13英尺

56,000
驾驶人和公交乘客一天中利用道路
有效宽度65英尺

51,150
行人/上午8时至下午8时
有效宽度13英尺

图 9　传统的人车比为 1:2 的道路空间分布示意图

图 10　新型的人车比为 1:1 的街道设计方案

绿色交通廊道分级表　　表 3

廊道分级	廊道定位	指标说明
一级	承担跨组团绿色交通出行需求，以中运量公共交通专用道为核心，形成极强交通功能的绿色交通走廊	绿色交通道路资源分配比重 >40%，断面形式包含有轨电车专用道 +（公交专用道）+ 自行车专用道 + 步行道
二级	承担跨组团绿色交通出行需求，以公交专用道为核心，形成较强交通功能的绿色交通走廊	绿色交通道路资源分配比重 >40%，断面形式包含公交专用道 + 自行车专用道 + 步行道
三级	承担组团内部绿色交通出行需求，衔接上层级绿色交通走廊，形成自行车 + 步行绿色交通走廊	绿色交通道路资源分配比重 >50%，断面形式包含自行车专用道 + 步行道
四级	承担片区内部绿色交通出行需求，衔接上层级绿色交通走廊，形成具有独立慢行空间的绿色交通走廊	绿色交通道路资源分配比重 >50%，设置路侧自行车道及人行道

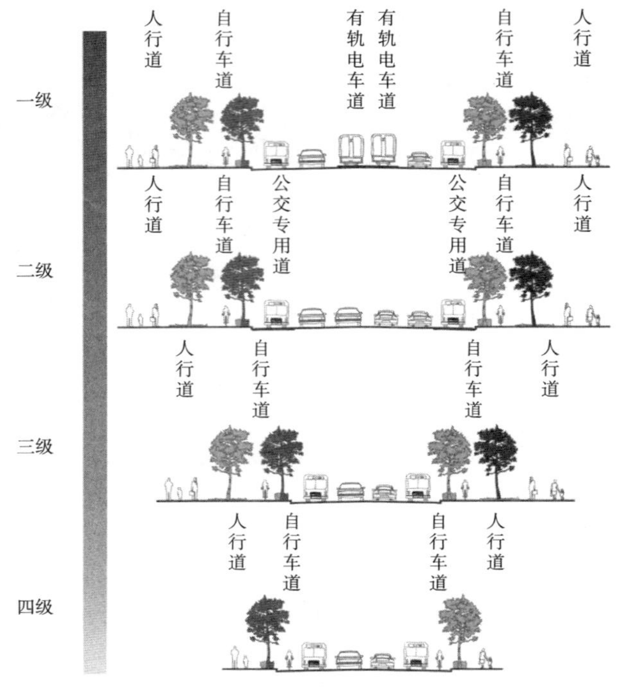

图 11　绿色廊道建议断面示意图

（三）看齐国际一流水平，勾勒 200km 绿色交通网络

规划形成绿色交通廊道总规模 202.6km，其中各层级绿色交通廊道分别为 39km、31.2km、96km 和 36.4km，在规划廊道中实现：强化道路资源分配：绿色交通占据主导地位，道路资源分配中，绿色交通与小汽车比重 >1:1；绿色交通复合型廊道：包含有轨电车专用道、公交专用道、自行车道、人行道等多种形式；各方式无缝衔接：以廊道为承载，完善绿色交通设施规划，且各方式之间无缝衔接（图 12）。

图 12　绿色廊道规划示意图

（四）立足当下，做好绿色交通廊道建设计划

在结合近期道路改造计划以及可实施性情况下，考虑实际需求制定绿色交通廊道近期建设计划：

打造 39km 一级绿色廊道，带动公交升级（图 13）。

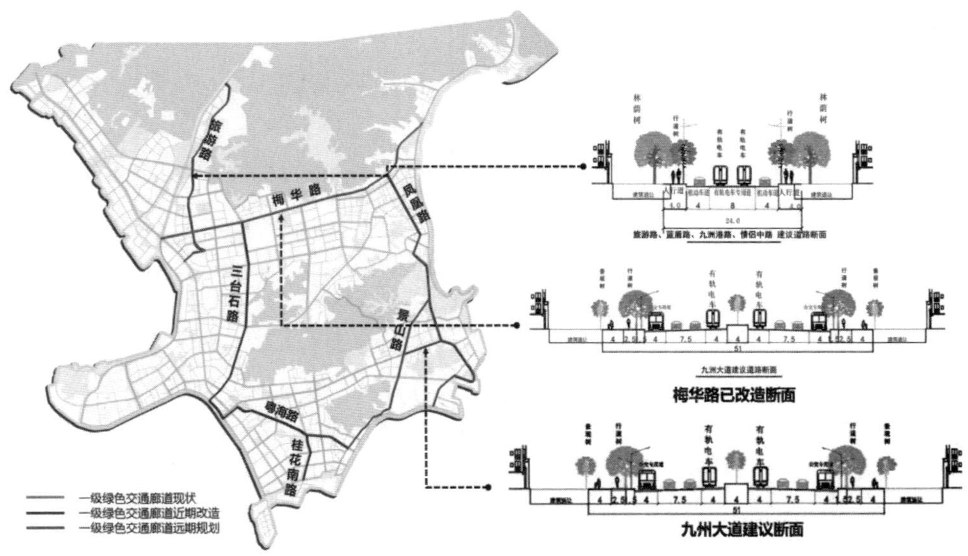

图 13　一级绿色廊道近期建设示意图

打造 31km 二级廊道，巩固常规公交服务（图 14）。

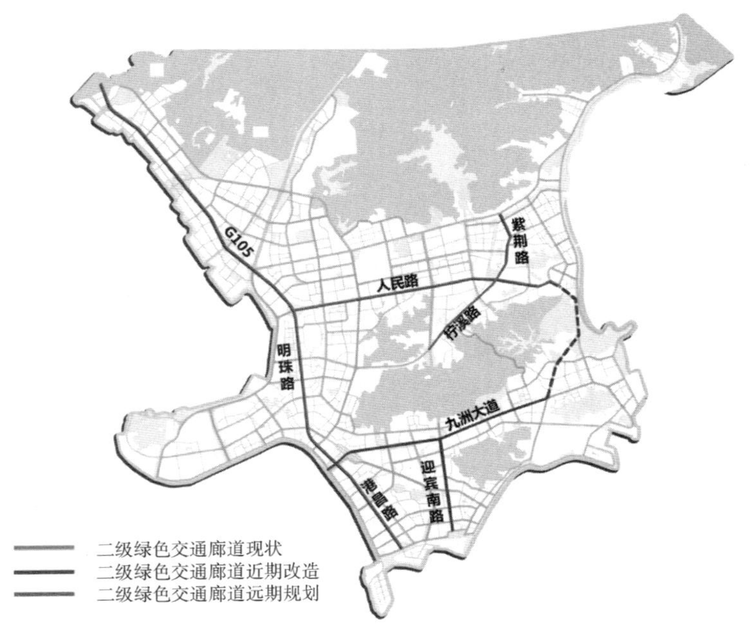

图 14　二级绿色廊道近期建设示意图

完善 96km 三级绿色廊道，完善最后 1km 绿色出行（图 15）。

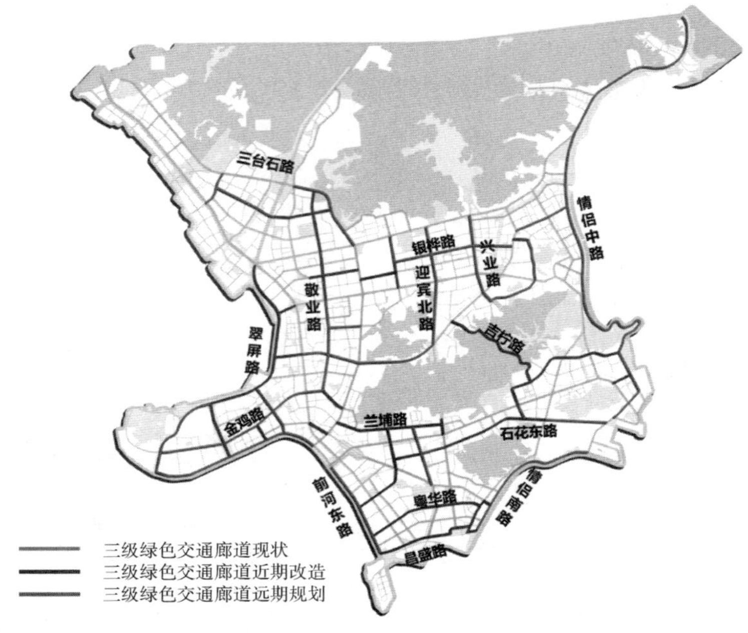

图 15　三级绿色廊道近期建设示意图

扩展 36km 四级绿色廊道，改善市民出行环境（图 16）。

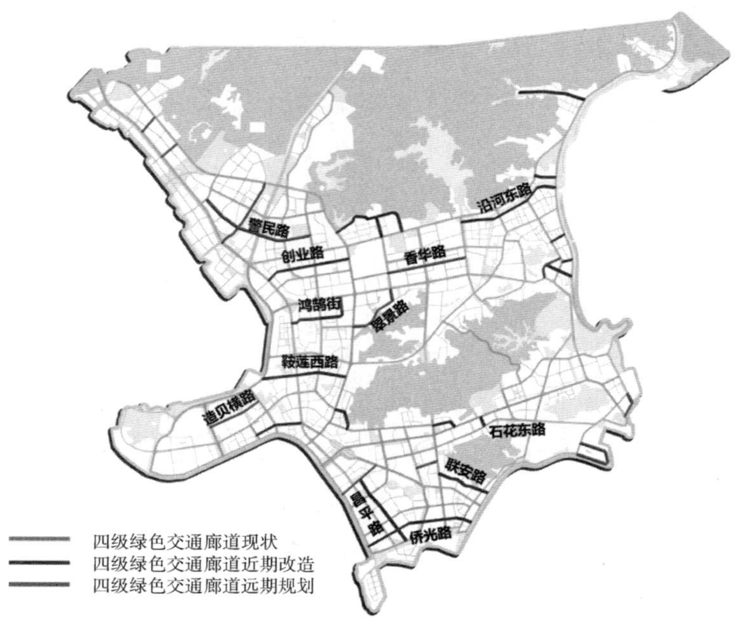

图 16　四级绿色廊道近期建设示意图

规划 82km 公园绿色联络道，丰富市民活动空间（图 17）。

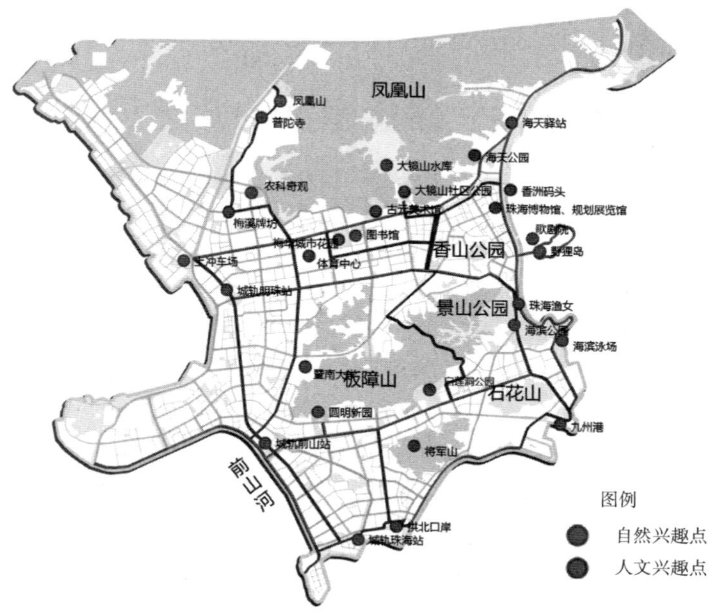

图 17　公园衔接道近期建设示意图

五、结语

绿色交通是城市交通发展的目标，是个循序递进的过程，是不断努力的事业，是各方协作的结果。本文从交通拥堵入手，仅以道路资源划分为抓手，提出了四层绿色交通系统和近期实施方案，这是绿色交通发展过程中最为基础的一部分内容，也是在实践中最难执行的一部分内容。希望能通过本文让大家重视路权划分，引导路权划分，从根本上树立绿色出行的理念、建立绿色出行结构。

参考文献

[1] 郭彩香，邓卫．“以人为本”城市交通规划策略的探讨［J］.道路交通与安全，2006,9: 1-5.
[2] 王建清．以人为本，建设城市绿色交通体系［J］．中国建筑学报，2004, 1.
[3] 珠海市规划设计研究院．绿色中心城区绿色交通接驳规划［R］．珠海：2015, 12.

推进我国多式联运发展的几点思考

魏永存　谭小平　杜江涛

（交通运输部规划研究院　北京　100028）

【摘　要】多式联运既是一种集约高效的运输组织形态，更是一个整合利用各种运输方式资源的管理、技术和组织系统。发展多式联运对深化综合交通运输体系建设、促进现代物流发展、推动实体经济降本增效、提升国民经济竞争力等具有重大现实意义。本文首先分析界定了多式联运的概念、内涵及特征，结合对全国各地的调研情况，系统梳理了我国多式联运发展现状、存在问题，剖析了未来面临的形势，提出了相应的对策建议。

【关键词】多式联运　发展形势　对策建议

Several thoughts of promoting the development of Intermodal transport in China

Wei Yongcun　Tan Xiaoping　Du Jiangtao

(Transport Planning and Research Institute, Ministry of Transport, Beijing 100028)

Abstract: Intermodal transport is not only a kind of intensive and efficient transport organization, but also an integrated management, technology and organization system for the integration of various modes of transportation resources. The development of Intermodal transport is of great practical significance to deepen the construction of integrated transport system, promote the development of modern logistics, promote the economic efficiency of the real economy, and enhance the competitiveness of the national economy. This paper firstly defines the concept, connotation and characteristics of Intermodal transport, combined with the survey of all parts of the country, the system has combed our Intermodal transport development status, existing problems, analyzes the situation faced in the future, and puts forward the corresponding countermeasures and suggestions

Keywords: Intermodal transport　Development situation　Countermeasures and suggestions

一、对多式联运的理论认知

（一）多式联运的概念内涵

多式联运的概念。参照国际惯例尤其是欧盟标准术语，多式联运（Intermodal Transport）是指依托两种及以上不同运输方式，通过使用标准化运载单元或者货运车辆，且在运输方式转换过程中不发生对货物本身的操作，由多式联运经营人全程组织将货物从接收地运送至目的地并交付收货人的运输服务。在欧美国家，多式联运通常被视为一个整合各种运输资源、实现“门到门”一体化服务的管理、技术和组织系统。

多式联运的内涵主要包括：①货物经由两种或者两种以上的运输方式运输；②全程使用同一种标准化运载工具（集装箱、半挂车、可拆卸箱体（swap-body）或货车整车），在运输方式转换过程中仅对此运载工具进行换装转运，但不对货物本身进行集拼或倒载；③由一个多式联运经营人一票到底、全程负责。只有同时满足上述三个条件，方为严格意义上的多式联运。由于我国现阶段尚难以实现“一票到底”，因此现有国内多式联运业态大多为广义上的协作式多式联运或者联合运输（Multimodal Transport）。需要注意的是，煤炭、矿石等大宗散货的联合运输，在国际语境中并不属于多式联运范畴。

（二）多式联运的主要特征

多式联运的本质是跨运输方式无缝衔接、便捷换装、快速转运，提供全程“门到门”经济高效的货物运输服务。多式联运的基本特征可概括为4个“跨”和6个“一”，即：跨方式（涉及两种及以上运输方式）、跨部门（涉及交通运输、发展改革、工业和信息化、商务、海关、检验检疫、口岸等行业部门）、跨区域（涉及跨区域长途货运）、跨边境（涉及国际多式联运）；一次托运（一个多式联运经营人）、一单到底（一份多式联运单证）、一个费率、一次保险、一个标准化运载工具、一体化全程运输组织。

多式联运具有重构产业链的功能特点。一方面，多式联运具有接通产业链的基本功能，即将传统分方式、分环节的运输过程有机串接起来，无缝化畅通运输组织链条；另一方面，多式联运又具有延伸产业链的强大功能，引领带动综合交通运输、物流、商贸流通、装备制造、信息技术、金融保险、现代服务业等上下游、前后向关联产业发展，促进价值链创新、供应链优化和产业链重构。多式联运是综合交通运输体系建设的重要抓手和突破口，是现代物流高效运作的基础条件，是商贸流通业健康发展的依托载体，是装备制造业、金融保险业创新发展的新引擎，是移动互联网、物联网等新一代信息技术广泛应用的重点领域之一，具有产业链条长、开放共享程度高、资源整合能力强、降本增效作用大、绿色发展效应好等特点。

二、我国多式联运发展现状

（一）多式联运运量迅速增长

随着“三大战略”的深入实施和物流大通道的不断完善，近年沿海和内陆地区通过积极发展国际国内多式联运，有力促进了产业和区域的联动发展，支撑了新的经济增长极。

其中，最具代表性的是集装箱铁水联运和中欧（亚）国际班列的快速发展。到2016年5月，各地中欧班列累计开行已超1600列，运行线路达39条，国内开行城市达到16个，国外到达8个国家12个城市。2014年实现回程班列零突破，2015年回程班列265列，达到去程的48%。

（二）各种联运形式竞相发展

一是公铁联运快速发展。随着铁路货运改革加快推进，“铁老大”放下身段积极拓展接取送达门到门服务，公铁联运呈现出历史上少有的快速发展态势。二是铁水（海铁）联运加快拓展。我国港口集装箱吞吐量多年来持续高居全球之首，目前，以沿海港口为枢纽的集装箱铁水联运班列覆盖范围逐步扩大、运行稳定性不断增强，“五定”班列数量大幅增加。三是空陆联运加快发展。随着空港经济、快递物流及跨境电商迅猛发展，空陆接驳联运开始起步并加快发展。

（三）多式联运市场主体加快成长

一是从事全程运输服务的多式联运经营人开始涌现。为优化全程物流服务链条，提高市场竞争力，不同运输方式的企业以资本为纽带成立实体经营主体，打造利益共同体。二是跨运输方式协同协作日益广泛。不同运输方式经营企业围绕开发多式联运服务品牌，组建各种形式的合作联盟。三是大型货运（物流）企业加快向多式联运经营人转型。如中国远洋海运集团加强与上海、沈阳、南昌、成都等铁路局以及国外铁路运营商等合作，从国际、国内各区域层次，打造通道化、枢纽化物流网络，拓展多式联运与配套物流服务。

（四）信息资源互联共享有所突破，先进技术加快应用

一是以联运服务为主的物流信息平台（系统）逐步增多。各地有关部门、各市场主体积极探索完善多式联运运营组织信息交互共享新模式，推动具有多式联运功能的信息平台建设。二是海关、商检、铁路等部门信息对外开放程度不断提高。随着国家“三互、三个一”工程、“大通关”战略实施以及铁路市场化进程不断加快，跨部门的信息共享互通取得明显进展。三是第三方信息服务商整合信息资源模式初见成效。目前，国家交通运输物流公共信息平台正在积极开展多式联运信息整合和服务工作，逐步探索以第三方信息服务商为各参与主体提供信息“交换枢纽”服务、实现企业间信息资源互联互通的模式，为未来多式联运信息服务商的合作机制和运营模式做了有益探索。

三、我国多式联运发展存在的主要问题

当前，我国多式联运发展还处于初级阶段，面临着一些突出问题，集中体现在以下六个方面：一是市场竞争秩序不适应。各种运输方式长期独立、分散发展，统一开放、公平竞争的运输市场格局尚未形成，特别是公路领域长期存在超载超限、车辆非法改装等现象，客观上制约了各种运输方式比较优势的发挥。二是铁路运营管理不适应。铁路货运市场化改革虽已迈出重要步伐，但总体仍存在现代企业治理结构不健全、定价机制不灵活、跨路局协调不顺畅等问题，铁路在多式联运中的骨干作用未能充分发挥。三是运行服务规则不适应。不同运输方式在票证单据、货类品名、危险品划分、包装与装载要求、安全管理、保险理赔、责任识别等方面不协调不统一，造成了运输过程中货物多

次换装倒载，增加了中间环节成本。四是信息共享能力不适应。多式联运涉及的部门间、企业间、区域间“信息孤岛”现象严重。五是装备发展水平不适应。多式联运专用装备的技术研发和推广应用滞后，内陆集装箱体系缺失，运载单元、吊装设备、托盘等相关标准匹配较差，集装化、厢式化水平低，冷链、商品车、危险品等专业化设备发展不足。六是设施衔接水平不适应。不同运输方式枢纽站场统筹布局和一体化建设不足，枢纽间“连而不畅”、“邻而不接”现象严重，影响了“最后一公里”集疏运效率。

四、我国多式联运发展面临的形势

未来一段时期，我国多式联运发展潜力巨大，处于大有可为的重要机遇期：从外部环境来看：一是国家层面开始高度关注多式联运发展问题，《中共中央关于全面深化改革若干重大问题的决定》以及《国民经济和社会发展第十三个五年规划纲要》、《物流业发展中长期规划（2014~2020年）》、“一带一路”和长江经济带建设相关规划等，均对发展多式联运提出明确要求。二是我国作为全球第二大经济体和第一大货物贸易国，加快融入全球价值链和供应链创新，为发展高效多式联运赋予了新的使命。三是“一带一路”等国家重大战略深入实施，对打造综合立体交通走廊、大力发展多式联运提出了新的要求。四是经济结构、消费结构加快调整，推动高品质、高时效运输服务需求快速增长，为多式联运创新发展提供了新的空间。五是中国制造、“互联网+”等行动计划加快推进，为多式联运与关联产业融合发展注入新的动力。

从内部条件来看：一是基础设施网络日益完善。高速公路、高速铁路和万吨级以上港口规模等均居世界首位，为多式联运发展提供了良好的基础平台。二是管理体制机制逐步理顺。交通运输大部门管理体制框架基本形成，铁路市场化改革稳步推进，铁路货运能力加速释放，多式联运发展环境逐步改善。三是市场需求空间广阔。2015年全社会物流总额219.2万亿元，成为全球第一大物流市场，为多式联运发展提供了广阔的市场空间。四是企业转型步伐加速。市场需求与消费结构深入调整，对市场主体形成倒逼机制，企业依托多式联运发展全程物流、一体化运输的内生动力与日俱增。

五、有关建议

（一）建立国家多式联运系统

从欧美发展历程看，在各种运输方式基础设施和运输服务体系基本建成后，均把发展多式联运作为交通运输资源整合优化、集约利用的核心产业政策和破解资源环境约束的重要举措，并通过立法将多式联运上升为国家战略。1991年，美国发布了《多式联运地面运输效率法案》（ISTEA，俗称“冰茶法案”），提出“建设经济、高效、环保的国家多式联运系统是美国的国家政策，旨在为美国提升全球经济竞争力奠定基础”。学习借鉴欧美国家经验，建立国家多式联运系统的总体目标，将多式联运发展作为国家层面的战略行动。国家多式联运系统是一个整合优化并高效利用各种运输方式资源的管理、技术与组织系统，核心是解决不同运输方式间一体化运输组织问题，内涵包括统一协调的政府组织管理、公平公正的市场运行规则、经营规范的联运市场主体、开放互联的信息共享机制、标准通用的运输装备技术、衔接顺畅的基础设施网络、支撑有力的产业发展政策等方面。

（二）深化体制机制改革

继续深化大交通管理体制改革，建立健全部门间、行业间、区域间合力联动的发展协调机制。进一步健全综合交通运输规划编制协调机制，强化交通运输与国土、住建、工信、海关等部门之间多规衔接，努力实现不同运输方式规划同图、实施同步，一张蓝图干到底。鼓励和支持各地加大综合交通运输改革探索，形成一批可复制、可推广的综合管理改革经验。鼓励沿海沿边、长江经济带、丝绸之路经济带等经济走廊沿线各省市加强协调联动，推进在多式联运重大基础设施建设、服务规则制定、技术标准统一、信息互联共享和产业政策配套等方面的务实合作。

（三）营造良好市场环境

优化多式联运监管方式，对多式联运经营人不设立新的行政许可；依法加强货运车辆超限超载治理，强化货物装载源头和路面执法监督，严格实施《汽车、挂车及汽车列车外廓尺寸、轴荷及重量限值》等技术标准，引导不合规车辆逐步退出市场；统筹各种运输方式、各利益关联方在市场组织、业务管理、安全管控、运费结算、保险理赔等方面的管理规定，研究制订多式联运服务规范，强化转运交接无缝衔接，促进全程运输组织与业务操作流程优化；加快推进《综合交通运输促进法》、《多式联运法》立法进程，强化单一运输方式间法规制度的相互衔接与协调，明确多式联运经营各参与方的法律关系和法律责任。

（四）建立内陆集装箱发展体系

从欧美发达国家经验看，客观上形成了主要服务于外贸运输的国际多式联运和主要服务于内贸运输的内陆多式联运两大体系。内陆多式联运以公铁联运为主体，运载单元在不同国家和地区有不同的技术标准，但均朝着大尺寸、大容量方向发展，并与铁路和公路载运设备、装卸设备等标准衔接匹配，形成了较为完整的内陆多式联运标准体系。如欧盟在欧洲大陆主要推行45ft内陆集装箱（比45ft海运集装箱更轻、载货量更多），美国等北美国家主要推行53ft内陆集装箱（容积是40ft海运箱的1.6倍），并相应建立起半挂车等相关技术标准。目前，53ft集装箱已成为美国国内公铁联运的主要箱型，与40ft集装箱相比，可降低24%的运输成本。我国内陆集装箱公铁联运过去主要使用ISO国际标准箱。近年来，铁路部门开始参照欧洲标准使用45ft内陆集装箱，且新修订的GB1589《汽车、挂车及汽车列车外廓尺寸、轴荷及质量限值》亦借鉴欧洲标准、按45ft统一了半挂车的外廓尺寸，表明我国已经具备了发展45ft内陆集装箱的技术条件。考虑到我国国土面积大、长途货运需求旺盛，从长远来看，借鉴美国经验发展效率更高、能效更好的53ft大尺寸内陆集装箱亦有其经济上的必要性，但由于涉及一系列法规标准的制修订以及设施装备的技术改造，需要在试点基础上探索推进。

（五）培育多式联运经营主体

加快培育有能力提供跨运输方式服务并承担全程货物运输责任的多式联运经营人。鼓励有实力的铁路、公路、水路、航空货运企业以及邮政快递、无车承运人、无船承运人、货运代理等物流企业拓展多式联运业务，向多式联运经营人转变。鼓励传统货运企业跨方式协同协作，以资本融合、产品开发、资源共享、网络共建等为纽带，组建各种形式的多式联运经营主体。推动组建跨区域、跨方式、跨行业的企业集群式联盟，搭建多式联运经营主体发展壮大的孵化平台。

（六）建立推进多式联运发展的资金支持政策

加大国家财政对多式联运发展的支持，是欧美等发达国家的普遍做法。例如，美国“冰茶法案”将交通发展资金由过去仅限于公路项目拓展到多式联运发展领域，联邦政府在1992~1997财政年度提供1550亿美元资金，用于发展和改善多式联运系统。欧盟也建立了支持多式联运发展的专项资金，用于支持多式联运枢纽站场建设（财政补贴最高可达85%），并为促进公路长途货运向铁路和水运转移提供补贴，典型如马可波罗计划。借鉴欧美发展经验，考虑到我国处于多式联运发展初期，必要的财政支持具有重要的引导和带动作用，建议研究制定支持多式联运发展的资金政策。资金来源可考虑中央预算内资金、中央节能减排专项资金、车辆购置税、燃油税、铁路发展基金等渠道。支持方向主要包括具有公共服务属性的多式联运站场和集疏运网络建设、标准化和专业化运输装备推广应用、互联共享的公共信息服务系统改造升级等。

（七）进一步深化铁路市场化改革

从发达国家实践来看，铁路在多式联运中发挥着骨干作用。未来一段时期，我国多式联运发展的重点领域集中在公铁联运、铁水联运等方面。铁路货运的市场化改革将直接影响和决定我国多式联运的发展进程。目前，我国铁路已初步实现政企分开，市场化改革取得阶段性进展，但从调研情况看，铁路货运市场化程度不高仍然是突出瓶颈，主要表现在运作体系相对封闭、市场反应不够灵敏、价格机制不灵活、基层经营自主权和活力不足。进一步深化铁路市场化改革，有序开放铁路货运市场，亟需加快推进。

参考文献

[1] 欧盟委员会. 欧洲面向2010年的运输政策：抉择的时候[Z], 2001.

[2] 欧盟委员会. 欧洲运输区域一体化的路线图——建设一个有竞争力的与资源效率高的运输系统[Z], 2011.

[3] 美国交通部. 2000~2005年美国交通战略计划[Z], 2000.

[4] 美国交通部. 2006~2011年美国交通战略计划[Z], 2006.

[5] 美国交通部. 2012~2016年美国交通战略计划[Z], 2012.

[6] 盛光祖. 以创新发展为主线 主动适应新常态 努力开创铁路改革发展新局面——在中国铁路总公司工作会议上的报告[R], 2015, 1.

[7] 范振宇, 杜江涛, 林坦. 加快发展多式联运：美国的经验启示[J]. 综合运输, 2015, 4.

[8] 交通运输部规划研究院等. 多式联运发展全产业链调研报告[R]. 北京：交通运输部规划研究院等, 2016.

我国多式联运枢纽发展趋势及对策建议

王 娟 杨 勇 安 然

（交通运输部科学研究院 北京 100013）

【摘 要】本文首先从认识层面提出了多式联运枢纽的内涵，界定了枢纽范围，明确了枢纽主要特征，清晰了对多式联运枢纽的认识。紧接着从区域、经济、产业、综合交通运输以及物流业发展等方面阐述了多式联运枢纽建设面临的主要形势，分析了对于多式联运枢纽建设提出的要求。在此基础上，阐释分析了今后一段时间多式联运枢纽的发展趋势，即“五个注重”。最后，文章从统筹规划、加强集疏运体系建设、加快推进信息化及标准化发展等个方面提出促进多式联运枢纽建设的对策建议。

【关键词】多式联运枢纽 趋势 对策

Research on the trends and development countermeasures of multimodal transport hub in China

Wang Juan Yang Yong An Ran

(China Academy of Transportation Sciences, Beijing 100013)

Abstracts: This article firstly analyzes the external environment of multimodal transport hub in china from different aspects, like economic development, industrial upgrading, comprehensive transportation and development of logistics. It also makes clear the requirements of them. On this basis, it summarizes the trends of multimodal transport hub, which are putting more attention on function, efficiency, service, etc. Finally, it puts forward development countermeasures of multimodal transport hub from three aspects.

Keywords: Multimodal transport hub Trends Development countermeasures

当前，国内外发展环境错综复杂，世界经济在深度调整中曲折复苏、增长乏力，国内经济又面临提质增效、转型升级的紧迫要求。对于交通运输行业来说，则处于重要的战略机遇期、转型升级期和发展变革期，新形势下，着力推进多式联运枢纽建设，加快发展多式联运具有重要的现实意义。

一、多式联运枢纽内涵

多式联运枢纽是综合运输网络上的重要节点，在此指多种运输方式集中布局的区域，通常以项目包或者项目集合的形式出现，可以是一个或多个经营主体，能够通过设施衔接、业务协同、信息共享等实现货物在不同运输方式间的便捷转换和高效组织。

多式联运枢纽的主要特征如下：

（1）网络性。多式联运枢纽一定处在一定范围的综合运输网络上，是网络上的重要节点，通过网络衔接，实现由“点”到“线”到“面”的作用发挥，离开运输网络便不能称其为枢纽。

（2）综合性。多式联运枢纽一定处在多种运输方式集中布局的区域，由各类场站设施、集疏运通道、信息技术及装备、市场主体以及口岸等配套设施、相关产业等共同构成的一个特定的“生态圈”，各类要素在其中相互影响、相互作用，形成内部循环。

（3）功能性。基于网络性和综合性，多式联运枢纽对货物高效组织、快速集散的作用才得以发挥，从而进一步实现在“点”上优化区域布局，在“线”上承载物流通道功能和要求，在“面”上强力辐射周边区域，有力支撑国家区域发展战略的实施，推动区域经济发展。

二、多式联运枢纽发展面临形势及要求

（一）适应经济新常态下运输需求分化的根本要求

运输需求是经济发展的派生性需求，与经济发展特征密切相关。新常态下，我国经济发展速度、发展方式和发展动力将会呈现新的特征，运输需求也呈现出新变化、新特点。一方面，结构性问题是当前我国经济发展中最为突出的问题，矛盾的主要方面在供给侧，为此中央提出“三去一降一补”五大重大任务，去产能、去库存步伐加快推进，落后过剩产能加速淘汰，对煤炭等能源消费需求产生很大影响。据统计，2000~2010 年我国铁路货物周转量持续平稳增长，而自 2011 年以来货物周转量呈下降趋势，2000~2014 年年均增长率为 5.1%，远低于公路同期 17.8% 的增速，如图 1 所示。2014 年铁路货物周转量占货物周转总量的比例比 2000 年下滑 16.3%，货运量占比下降 4.4%，如图 2 所示，其中占铁路运量 60% 的煤炭和 20% 的金属矿石运输量下降是主要因素，散货、零担、集装箱、行包等其他货物占比不到 10%，而其中铁路集装箱发送量不到 5%。另一方面随着产业结构转型升级，产业布局优化调整，生产要素快速流动，消费结构加速升级，对货物运输的服务方式、服务效率、服务品质都提出了新的更高要求。小批量、多批次、个性化的运输需求不断增大；以快递为例，2015 年我国快递量同比增长 48%。这就要求创新服务供给模式，提升服务质量和水平，构建多层次多样化的运输服务系统，适应运输需求新变化。

（二）支撑跨区域合作和产业转移的客观要求

改革开放以来，我国相继实施了东部沿海开放、西部大开发、振兴东北和中部崛起等“四大板块”区域发展战略，近年来，中央又提出“一带一路”发展、京津冀协同发展和长江经济带发展三大战略，均把推动区域协调发展作为主要任务。目前，我国东部沿海地区土地、能源、劳动力等要素成本不断提高，转型升级发展要求日益迫切，向生产成本较低的中西部地区梯度转移明显，中西部地区经济增长迅速。2015 年重庆、贵州

等西部省份和安徽、湖北、江西等中部省份GDP增速均位于全国前列。区域协同发展和产业梯度转移，将逐步改变我国运输需求格局和空间分布。截止2014年我国货物运输平均运距达到423km，是“六五”初期的2倍，其中，公路货物运输平均运距已经从1979年的24km延长到2014年的180km左右，增长了6.5倍左右；铁路平均运距从1979年的500km，延长到2014年的800km左右；水路货物运输平均运距从1978年的974km延长到2014年的1500km左右，并将呈逐步扩大态势。这就要求加强多式联运枢纽建设，加快形成层次清晰、功能完善、布局合理、规模科学的综合交通网络布局，充分发挥各种运输方式的比较优势和组合效率，优化运输组织模式，支撑资源要素在广大空间和范围内经济、高效、有序流动。

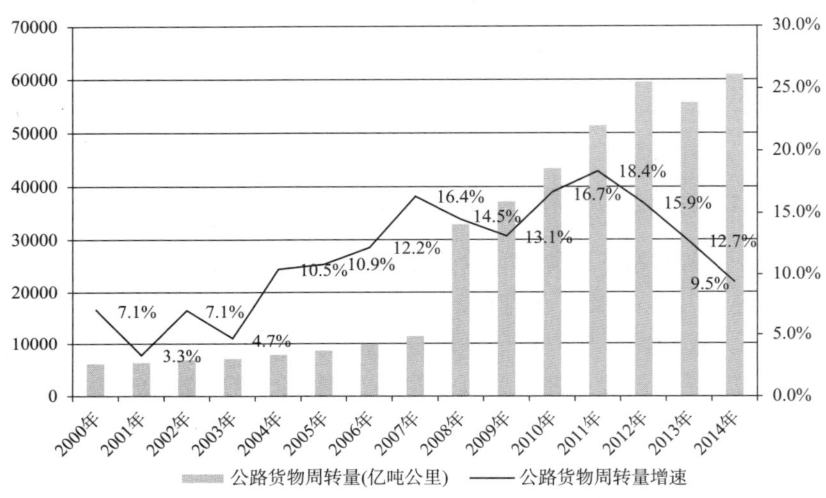

图1　2000~2014年公路货物周转量及增速图

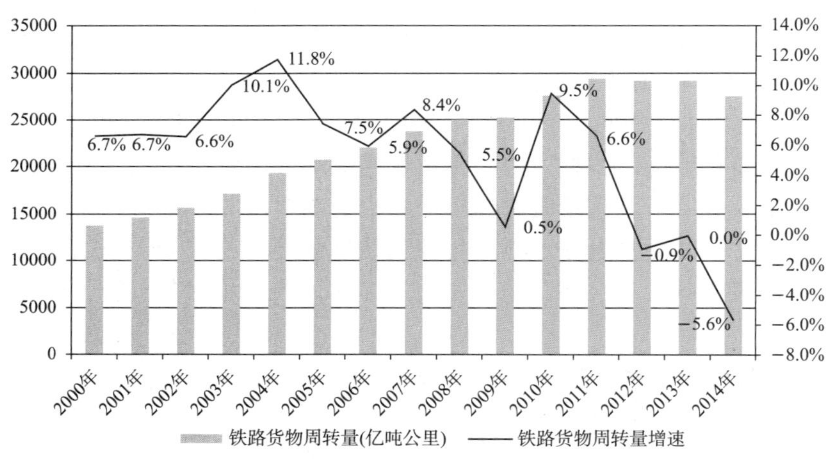

图2　2000~2014年铁路货物周转量及增速图

（三）实施“走出去”融入全球贸易的现实要求

十八届三中全会提出，“适应经济全球化新形势，必须推动对内对外开放相互促进、引进来和走出去更好结合，促进国际国内要素有序自由流动、资源高效配置、市场深度融合”。构建开放型经济新体制，进一步推动中国深度融入世界经济，形成全方位开放新格局是新时期我国对内对外开放的重大战略。当前国际国内形势复杂严峻，既需要扩大开放引进先进要素，提升产业核心竞争力，支撑经济发展转型；又需要“走出去”，加强国际产能合作，全方位参与全球价值链，提高我国产业在全球价值链中的地位。经济全球化需要标准化的运输工具、国际化的运输规则、一体化的运输市场作支撑，标准化是欧美主要发达国家货物运输主要特征，这就需要大力发展集装箱多式联运，积极融入国际供应链，对于加快形成统一开放的市场体系，进一步提高我国对外开放水平，推动中国企业“走出去”，提高我国的国际竞争力等具有重要意义。

（四）转变综合交通运输发展方式的必然要求

由单一运输方式独立发展向综合运输发展是现代交通运输发展的普遍规律。综合运输的核心是发挥各种运输方式的比较优势和组合效率，随着交通运输发展阶段不断升级，多式联运作为综合运输一种重要表现形式，逐步成为发展重点。改革开放以来，我国各种运输方式基础设施建设取得了巨大成就，截止 2015 年底，我国高速公路里程和高速铁路营业里程位居世界第一，内河等级航道通航里程、港口码头吞吐能力位列世界首位，民用航空机场 210 个，基本适应经济社会发展。当前我国交通运输已步入转型升级、提质增效的发展阶段，迫切需要统筹通道与枢纽、建设与服务、行业与综合之间的关系，建设符合多式联运运行要求的综合货运枢纽，并以枢纽为重要抓手，推进各种运输方式相互融合和有效衔接，全面提升交通运输发展质量和水平。

（五）推动物流业转型发展的迫切要求

物流业是现代服务业的重要组成部分，是支撑国民经济发展的基础性、战略性产业。近年来，国务院、相关部委先后出台了一系列促进物流业发展的政策措施，如《物流业发展中长期规划》等，有力推动了物流业的发展。但总体而言，我国物流业整体发展水平偏低，运行效率有待提高，以枢纽为重点的换装效率和“最后一公里”运输的制约瓶颈仍十分普遍；物流成本仍然偏高，虽然 2015 年全社会物流总费用与 GDP 比率已下降到 16.0%，但与发达国家相比，仍处于高位，下降空间较大。以降本增效为重点，加快现代物流的发展，全面提升物流业发展水平，已成为物流业面对新形势的迫切需要，也是物流业发展阶段的内在要求。

三、多式联运枢纽发展趋势

多式联运枢纽是综合交通运输体系的重要组成部分，是综合交通网高效运转的关键环节，现阶段已经不限于基础的换装功能，而是网络设施与一体服务有机衔接的纽带、资源要素高效流转的载体、交通运输与产业融合发展的平台，大型化、综合化、网络化、智能化成为发展重要方向。

（一）注重功能完善

长期以来，我国货运枢纽规划、建设分散在各个行业部门，港口、机场、铁路货站和公路场站分散布局、独立运营，在当期历史条件下，对保障物资流通发挥着重要作用。

但随着我国经济社会发展，对货运枢纽的高效性、可控性、低成本要求日益突出，传统运输中转型的枢纽难以适应发展需求。一方面，结合综合交通网优化完善，以整合资源、提升效率为重点，以主要港口、铁路枢纽和重点机场为重点，将加快推进具有多式联运功能的综合货运枢纽建设。另一方面，充分发挥枢纽集聚优势，在优化中转换装核心业务的同时，不断拓展仓储、运输、服务、贸易、金融等多元功能，提升枢纽对产业链条的组织能力。

（二）注重效率提升

提升效率是建设综合交通运输体系的重要目标之一，近年来，随着综合运输网络不断完善，干线运输能力得到极大提高，枢纽的瓶颈制约影响日益凸显。虽然我国在海铁联运、甩挂运输等联运组织方式开展了试点示范，也取得了一定成绩，但多次倒装、换装不便、换装效率低下等问题仍比较普遍，甚至会造成运输结构失衡等深层次问题；比如在一些中长距离运输上，考虑“门到门”全运输链条，公路比铁路运输更具有优势，主要制约在铁路枢纽换装环节。因此，提升效率仍是未来枢纽发展的重点任务，坚持突出重点、补足短板，针对场站衔接不畅、标准不匹配、信息不互通、体制机制不顺畅等问题，着力推进设施无缝化、设备标准化、服务一体化、管理智能化，以枢纽为抓手，带动综合交通运输体系的整体效率提升。

（三）注重平台打造

适应多样化、专业化运输需求和快速转运发展要求，打造集约化、网络化的货运枢纽平台成为发展重要趋势之一。一方面是“横向联合”，更加注重在区域或城市范围内，不同运输方式为主的货运枢纽场站之间整合、联动发展，更好发挥不同运输方式的比较优势和组合效率；另一方面是“纵向拓展”，在全国或更大范围内布局货运枢纽网点，比如大型公路物流园区、铁路集装箱中心站、以港口为中心内陆港等建设步伐加快，显现网络规模效应。

同时，借助“互联网 +”等手段，以线下货运平台为基础，打造线上信息平台，推进线上线下协同发展，不仅为解决供需双方信息不匹配、提高在货运市场上的竞争力提供有效途径，更重要是通过信息化手段提升货运枢纽的服务水平和整体竞争力。

（四）注重服务创新

随着现代物流不断发展，物流服务需求不断细化、分化，根据不同物流需求特点，货运枢纽、物流园区加强了对物流、信息流、资金流、商流的全面整合，不断创新商业模式和服务流程，在完善仓储、运输、配送等传统业务功能的同时，加大流通加工、金融物流、商务等服务创新，根据《第四次全国物流园区（基地）调查报告》（2015 年）统计，能够提供金融物流服务功能的物流园区占比已从 2012 年的 16% 上升到 2015 年的 36%。专业化服务能力、标准化服务能力、信息化服务能力、多元化服务能力将成为未来发展的重点。

（五）注重产业集聚

从枢纽与产业发展相互关系来看，我国货运枢纽发展阶段可以分为独立发展、相互促进和融合发展等三个阶段。以往经验表明，依托枢纽资源集聚、交通区位等优势，推进枢纽与产业融合发展，是促进区域发展、产业发展的重要途径，比如航空城、港口城市等发展形态。以往，我国枢纽规划布局与区域、产业缺乏有机衔接，枢纽与产业联动发展能力不足。近年来，枢纽与区域、产业融合发展理念不断受到重视，依托交通枢纽布局的产业园区、物流园区不断涌现，如上海自贸区、成都国际陆港等，发展潜力巨大。依托枢纽平台，打造产业集聚区、带动形成区域发展增长极（点）是未来发展的必然趋势。

四、多式联运枢纽发展对策建议

（一）统筹多式联运枢纽规划建设

在综合考虑物流大通道上节点城市的交通区位条件、经济发展水平、人口规模、特定货类分布以及国家重大发展战略和规划等因素的基础上，进行多式联运枢纽节点的全国性布局，明确骨干的多式联运枢纽节点城市，引导资源的集聚集约和优化配置，加速国家多式联运骨干网络形成。充分发挥中央政府跨区域、跨方式的协调作用及中央财政资金的引导作用，充分调动地方政府在区域物流发展中的指导和监督作用，强化多式联运枢纽内不同运输方式的设施衔接和作业协同，重点解决枢纽用地等问题。重点建设全国性布局、具备多式联运功能的货运枢纽（物流园区）项目，规范多式联运枢纽站场功能设置、建设要求和运营服务；支持地方政府和铁路部门围绕重要铁路货运枢纽，统筹规划具有多式联运功能的综合交通枢纽和物流集聚区；引导铁路港前站与港口货运枢纽设施的统筹布局和一体化建设，鼓励“前港后园”式物流园区发展；鼓励围绕航空产业区、电商产业园规划建设陆空转运设施，加强与机场核心区专用通道建设；推动邮政快递分拨中心与铁路、公路、航空货运枢纽站场同步建设，推进各类物流基地的邮政快递功能区建设；鼓励沿海港口和沿边口岸积极发展内陆无水港，建立沿海沿边与内陆地区的协同联动。

（二）加快补齐多式联运设施短板

着力破解多式联运枢纽站场“最先和最后一公里”瓶颈制约，完善集疏运体系，促进各种运输方式之间、干支之间的高效转换，提高枢纽节点的连通效率和衔接水平。着力加强主要港口（包括内陆港）疏港铁路、疏港公路、铁路枢纽站场外联高等级公路、综合物流园区铁路专用线等重点项目建设，重点解决沿海和内河主要港口疏港铁路建设滞后等突出问题，强化环渤海、山东沿海、宁波以及华南、北部湾港口群等铁路进港“最后一公里”建设。加快推进高等级公路与港口、机场、大型物流园区的衔接，加强铁路、航空货运枢纽的公路集运和分拨站点配套建设，优化最先和最后一公里配送网络。推进完善与长江、珠江等水运大通道有机衔接的支线航运网络，畅通水水中转通道。

（三）推进信息交互共享及枢纽标准制修订

加快建立部门间、政企间、企业间各层级的多式联运信息资源互联共享推进机制。鼓励龙头骨干企业和多式联运各参与方，协同完善多式联运信息交换标准，建立信息共享交换通道。鼓励企业推广应用多式联运信息交换标准，促进各参与方信息共享、流程优化和业务协同。引导海港、空港、船公司、航空公司等企业，加快完善相关业务管理信息系统，依照多式联运信息交换标准规范提供对外信息服务接口，有序开放货物进港离港、进出场站状态和航班计划等服务信息，推动铁路开放货运班列计划和实际发站到站等信息。鼓励多式联运经营人加强信息资源整合开发，为生产制造、商贸流通企业，以及相关承运人提供“一站式”信息查询、交换和数据转换服务。加快推进多式联运枢纽站场建设、运营、服务规范等相关标准的制修订，不断提升多式联运枢纽建设服务水平。

参考文献

[1] 中国物流与采购联合会.第四次全国物流园区(基地)调查报告[R].中国物流学会，2015, 7.

[2] 国家发展改革委，全国物流园区发展规划(2013~2020年).2013, 9.

[3] 刘昭然.欧盟多式联运政策对我国发展铁水联运的启示[J].铁道运输与经济，2013, 5.

我国沿海港口铁路集疏运规划研究

唐永政

（铁道第三勘察设计院集团有限公司　天津　300251）

【摘　要】铁路是我国沿海港口集疏运的主要运输方式之一，完善的港口集疏港铁路配套，对于促进“一带一路”建设，构建集约高效的物流服务体系具有重要的支撑作用。本文分析了我国沿海港口铁路集疏运现状、港区铁路配套和港口后方铁路通道存在的问题，预测了沿海港口发展趋势及对铁路集疏运的需求，提出了“十三五”及今后一段时期港区铁路配套、港口后方铁路通道建设的主要内容及规模，为沿海港口铁路集疏运配套建设提供了基础和依据。

【关键词】疏港铁路　集疏运输　铁路配套　规划研究

Research about the planning of the railway connecting to seaports for collection and dispatching transportation

Tang Yongzheng

(The Third Railway Survey and Design Insuitute Group Corporation, Tianjin 300251)

Abstract: As is known to all, railway is one of the most important logistics components in the seaport collection and dispatching transportation in China. And a complete set of railway supporting facilities in the seaport, which focused on the collection and dispatching transportation, is important to not only the realization of “The Belt and Road Initiatives” policy, but also to the construction of a highly efficient system of logistics service. This study provides a detailed analysis of the status of the seaport collection and dispatching transportation in China, and the problems of the supporting facilities and the passageway of the railway connecting to the seaport. Then based on such analysis, It is also predicted, in this article, how the seaport would develop and how much more demand would there be of the seaport collection and dispatching transportation, in future. Finally, with such prediction, some suggestions are provided about how the railway supporting facilities should be developed during and after “The 13th Five-year Plan” and how and on what level of scale should the railway, which connect the seaport, be constructed. It is believed such analysis, prediction and suggestions provide a foundation about the construction and the development of the railway supporting facility in the seaport collection and dispatching transportation.

Keywords: Seaport railway　Collection and dispatching transportation　Railway supporting facilities　Planning and research

一、我国沿海港口铁路集疏运现状及问题

（一）沿海港口铁路集疏运现状

我国是典型的大陆型国家，国土面积辽阔，东西跨度5200km，南北5500km。改革开放以来，随着沿海地区大力发展外向型经济，外贸运输和内贸沿海运输需求激增。沿海港口在国家现代化进程中发挥的作用越来越大，港口规模、功能、地位不断提升，形成了环渤海、长三角、东南沿海、珠三角、西南沿海五大港口群，成为带动区域经济社会发展的引擎。据统计，我国沿海港口货物吞吐量“十一五”期间年均增长13.38%，“十二五”年均增长7.63%。2015年沿海港口货物吞吐量81.47亿吨，港口货物吞吐量和集装箱吞吐量连续多年保持世界第一。2015年全球十大港口中国就占居了七个，宁波－舟山港、上海港分别居第一、第二位。

在货物品种上，沿海港口货物吞吐量分为干散货、件杂货、液体散货、集装箱货以及滚装汽车货。其中干散货约占一半，集装箱货约占四分之一，液体散货占10%多。沿海集装箱吞吐量“十一五”期间年均增长13.4%，“十二五”年均增长7.57%，2015年集装箱吞吐量1.89亿TEU。全球十大集装箱港口中国占6个，上海港继续保持世界第一集装箱港口地位。

铁路是我国沿海港口集疏运的主要运输方式之一，历史较高年份2013年铁路集疏运量占沿海港口货物吞吐量的比例达15.3%。2015年，沿海港口铁路集疏量11.57亿吨，铁路集疏运量比例为14.2%。沿海港口铁路集疏运特别是煤炭等大宗散货的铁路集疏运取得了较大的成就，北方煤炭下水港每年有6亿吨的煤炭通过铁路集疏运，保障了“西煤东送”、“北煤南运”的畅通；在进口铁矿石、粮食等其他货物运输中，铁路集疏运也发挥了重要作用。集装箱铁路集疏运稳步增长，形成了沿海港口到内陆纵深腹地以及通过亚欧大陆桥至俄罗斯、蒙古、中亚、欧洲等国的集装箱铁路集疏运网络。

从总体上看，沿海港口的大量货物主要是通过公路集疏运，公路集疏运比例偏高。北方煤炭下水港也仍然有较大的数量通过公路集运，铁路集疏运在煤炭、金属矿石等大宗散货方面仍有较大的提升空间。在港口集装箱集疏运方面，即使按照广义的集装箱铁路集疏运量计算，港口集装箱铁路集疏运量占港口集装箱吞吐量的比重也仅1.1%，实现铁水联运的则只有0.6%，大量的集装箱通过公路集疏运，与发达国家港口铁路集疏运10%~20%的发展水平相比仍有比较大的差距。

在港口铁路集疏运货物流向上，铁路承担的集运量要明显大于疏运量，铁路集运量是铁路疏运量的2倍，铁路集运占出港货物吞吐量的比例也明显要高于铁路疏运占进港货物吞吐量的比例。按来自港口的统计，我国铁路完成的铁路集疏运货种主要有煤炭、金属矿石、钢铁、非金属、化肥农药、粮食等。煤炭的集运量占铁路总集运量的85%左右，金属矿石的疏运量占铁路总疏运量的65%左右。其他比较大的货种有钢铁、非金属矿石、化肥、粮食、石油、矿建材料等。

在港口分布方面，铁路集疏运的主要港口有大连港、营口港、秦皇岛港、唐山港、天津港、青岛港、日照港、连云港港、上海港、宁波－舟山港、厦门港、深圳港、广州

港共13个，这些港口的铁路集疏运量占沿海港口铁路集疏运总量的70%，其余分布在其他各港口。

（二）大力发展港口铁路集疏运的重要意义

随着“一带一路”、京津冀协同发展和长江经济带三大战略的推进，中西部及沿江、沿带经济的发展将促进沿海港口铁路集疏运快速增长。

加快发展港口铁路集疏运输，一方面有利于转变交通运输发展方式，优化运输通道布局和运输结构，完善综合运输体系，加强水陆口岸功能衔接、实现货物运输无缝衔接，更好地发挥铁路、水路运输对国民经济和对外贸易的支撑保障作用。另一方面有利于降低能源、资源消耗，减少污染物排放，符合建设资源节约型、环境友好型社会的总体要求，对于加快转变运输发展方式具有重要意义。更重要的意义在于，加快铁水联运发展有利于促进区域经济协调发展。

因此，完善的港口集疏港铁路运输配套，对于加强“一带一路”建设，构建集约高效的货运物流服务体系、提升综合运输通道服务效能将起到重要的支撑作用，对于完善我国对外开放区域布局、加快对外贸易优化升级、提升利用外资和对外投资水平具有重要保障作用。

（三）我国沿海港口铁路集疏运存在的问题

1. 铁路通道运能紧张

目前，铁路集疏运主要货种是煤炭、金属矿石、化肥农药、粮食。煤炭的铁路集疏运是我国煤炭“北煤南运、西煤东运”的主要方式之一，得到国家的大力支持及推进。化肥农药、粮食作为支农物资，铁路集疏运得到国家的优先保障性支持。而其他货种主要依靠市场自由选择其他集疏运方式；由于铁路普遍运输能力紧张，往往无暇顾及其他货种的铁水集疏运输，导致其他货种纷纷利用公路等其他运输方式。

2. 铁路与港口的衔接不畅

由于铁路与港口的衔接不畅，虽然铁路设施已经直通港区，但铁路的运输业务不能直达港区，往往需要在铁路场站与港口港区之间进行公路短途运输，影响铁路集疏运。在集装箱的铁路集疏运中尤其明显，上海港、青岛港集装箱中心站建成后长期限制，造成了投资的浪费。

另外，也存在铁路与水运运输方式间的协调性问题，包括管理制度、程序、标准、信息化共享等问题。

3. 铁路运输组织效率不高

由于铁路运输能力受限，任务繁重，铁路部门对其他货物的运输积极性不高。如在青岛等港口外贸铁矿石进口的疏运中，大量的铁矿石通过公路疏运至钢铁企业，可以实现煤炭与进口铁矿石的钟摆式运输也没有有效的开展。

4. 铁路配套基础设施不全

一些港口受地理环境和建设条件的限制，港口及港口后方空间有限，铁路与港口之间的配套基础设施不全，港区铁路能力不足，形成了铁路集疏港运输的阻碍。

5. 进入市场的灵活性不够

铁路为大一统的运输组织模式，近年来虽然试行了运价的浮动机制，但在瞬息变化的市场面前，常常处于被动状态。如近年油价下跌，公路运输成本下降，铁路部门缺乏应对，一部分原由铁路承担的港口运量转移到了公路运输，导致铁路运量2014年和2015年连续两年下降。

二、我国沿海港口铁路集疏运量预测

（一）沿海港口吞吐总量预测

未来随着我国经济结构性调整的加快以及沿海地区煤炭消费受环保控制的影响，钢铁产业结构的调整以及产能的限制，煤炭、铁矿石的港口货物吞吐量的增长速度会明显下降。集装箱等货物将会继续增长，粮食、机械设备等产品以及石油、天然气等也会有一定的增长，油气由管道运输部分替代，但水运仍然将发挥主要作用。总体上看，“十三五”及未来更长一段时期，我国港口货物吞吐量仍将稳定增长，但增长速度将明显减缓，趋向平稳发展阶段。

综上所述，预测2020年全国沿海港口货物吞吐量达到101.5亿吨，“十三五”期间年均增长4.5%；2030年沿海港口货物吞吐量达到135亿吨，年均增长2.9%。

（二）沿海港口铁路集疏运量预测

随着我国铁路建设的发展，港区铁路的配套将进一步完善，中长期路规划的“八横八纵”高速规划实施后，沿海港口衔接的集疏港铁路干线将实现客、货分线运输，从而大大释放疏港铁路的能力。预测沿海港口铁路集疏运量将持续增长，铁路运输服务水平不断提高，预测年度港口铁路集疏运比例将有所提高。

在运输品种上，沿海煤炭消费需求将低速增长，未来北方港口煤炭下水量的增长有限。未来铁水联运煤炭的增长将主要取代目前仍然利用公路集运的煤炭。另外，在进口煤炭方面，尤其是华东、华南、西南沿海的煤炭进港疏运方面，铁路的疏运量也将会有所增长。

目前铁矿石存在大量的公路疏运，明显存在不合理运输，并且对环保、交通拥堵等均造成很大影响。未来沿海港口金属矿石的铁水联运应该有比较大的发展潜力，通过建立高效的铁矿石铁水联运系统，降低成本，提高效率，铁矿石铁水联运量将有一定的增长。

通过近年铁路部门港口集装箱中心站的建设，将改变主要利用公路大规模集疏运港口集装箱的落后状况，缓解港口及城市交通的通行压力。因此，未来集装箱铁水联运量将会有较快的增长。

除石油、天然气及制品未来可更多地采用管道运输方式集疏运外，其他货物的铁水联运量都将会有不同程度的增长，尤其是随着绿色、环保交通的要求，预计港口公路集疏运的很大部分中长途运量将逐渐转移到铁路集疏运。

综合上述分析，预测到2020年，我国港口铁水联运量将达到16.2亿吨，“十三五”期间年均增长7.26%。2030年22.9亿吨，年均3.4%。2020年铁路集疏运占沿海港口货物吞吐量的比例提高到16.0%，2030年提高到17.0%，如表1所示。

沿海港口铁路集疏运量预测表（单位：亿吨）　　表 1

年度	沿海港口吞吐量	铁路集疏运量	铁路集疏运比例（%）
2013	75.6	11.6	15.3
2015	81.47	11.57	14.2
2020	101.5	16.2	16.0
2030	135	22.9	17.0

三、我国沿海港口铁路集疏运规划研究

沿海港口铁路集疏港规划包括各港口港区铁路配套规划和港口后方铁路通道的规划两部分组成。港口港区铁路包括港区车场至衔接铁路干线（或枢纽）车站的铁路支线以及港区车场至各港区的铁路专用线。根据港区的分布情况，一般较大的港口往往有多条铁路专用线引至各港区。港口后方铁路通道是指自港口铁路接轨站至相邻路网铁路编组站的范围，如青岛港后方铁路通道为胶济铁路青岛至济南、连云港为陇海铁路连云港至徐州等，港口后方铁路通道的畅通与否直接影响着港口铁路集疏运的效果。

（一）沿海港口港区铁路的配套规划

据统计，至 2015 年，我国已经拥有港区铁路的沿海港口 27 个，分布在北起丹东港，南至防城港，覆盖环渤海、长三角、东南沿海、珠三角、西南沿海五大港口群，合计集疏港铁路规模达到 2171km。

总体上，沿海港口集疏港铁路已经形成规模。规划年度随着港口的发展以及一批新港区的建设，集疏港铁路需要进一步完善，重点解决新建港区集疏港铁路的配套，提高铁路运输组织效率。

根据各港口发展规划及运输需求，规划年度拥有集疏港铁路的港口将增加到 31 个。经研究，“十三五”需要配套的沿海港区铁路配套建设规模为 881km，远期为 1376km，如表 2 所示。

沿海港口港区铁路配套建设规模表（单位：km）　　表 2

项　目	既 有 线	规划年度	
		2020 年	2030 年
沿海合计	2171	881	1376
环渤海港口群	1073	187	350
长三角港口群	498	294	449
东南沿海港口群	219	157	240
珠三角港口群	279	203	309
西南沿海港口群	103	41	29

规划近期主要项目有大连太平湾港区疏港铁路（28km）、青岛董家口港区（12.6km）、

烟台西港区疏港铁路配套（13.8km）、连云港徐圩港区铁路专用线（31.4km）、上海洋山港铁路支线（49.3km）、宁波－舟山港澥浦铁路支线（39.3km）、台州港头门铁路支线（60.2km）、宁德港溪南铁路支线（32.9km）、广州南沙港区铁路（87km）、茂名博贺港支线（58.3km）、北海铁山港支线（18.7km）等。

“十三五”期间，规划沿海港口港区铁路线路、场站配套建设投资约 740 亿元。

（二）沿海港口后方铁路通道的规划

根据铁路后方通路货流密度及旅客列车对数预测及能力分析，规划年度，在 2016 年 7 月颁布的中长期铁路网规划的基础上，在相关规划路网实施情况下，主要港口的后方通道能力基本能满足运输需求，尤其是满足了大宗货物运输的需求。据此，结合沿海港口的发展，沿海港口后方铁路通道新建、扩建铁路的方案如下：

1. 环渤海港口群

对唐山港后方通道唐遵线（68km）近期扩能改造。建设青连铁路，完善青岛董家口港区、日照港后方铁路通道。建设青岛董家口港区连接山西中南部铁路的新通路（80km）。

适应烟台港发展，远期德龙烟线（542km）实施复线建设。

2. 长三角港口群

建设连盐铁路（234km）、沪乍杭铁路（79km）、宁波－舟山港至金华的新建铁路（158km）等，完善连云港、上海、乍浦港后方铁路通道。

宁波港、台州港、温州港后方通道沿海通道既有双线远期能力不足，需适时修建沿海港口后方通道，加快形成客、货分线格局，以满足通道内客、货运量增长的需求。

3. 东南沿海港口群

建设衢宁铁路（366km），适应宁德港的开发建设。福州、宁德、莆田、泉州港后方通道沿海通道维持既有双线格局时，远期能力不足，建议修建沿海货运专线，采用客货分线解决通道能力不足问题。

衢宁铁路远期能力紧张，需要进一步的扩能改造。

4. 珠三角港口群

建设赣深客专（450km），实现京九通道客货分线，满足深圳、广州、珠海港后方通道运量的要求。

汕头港沿海铁路潮汕至深圳段远期能力不足，适时进行广梅汕扩能改造工程。

5. 西南沿海港口群

进行玉林－铁山线（98km）、沿海通道既有南防线（173km）增二线；新建金（城江）南（宁）线铁路（246km），适应西南沿海北海、钦州、防城港的发展需要。

四、结语

综上所述，铁路集疏港运输是适合我国国情、港口特点的运输方式。预测“十三五”及远期沿海港口货物吞吐量将稳步发展，铁路承担港口集疏港运输份额具有较大增长潜力。加强和完善沿海铁路集疏运系统建设是实现我国综合交通运输发展的重要课题之一。

“十三五”及远期，铁路和港口部门应不断加强港区铁路配套的建设，首先加强新建港区铁路的建设；其次进一步完善既有港口的铁路配套，使得沿海港口铁路集疏港运输设施更趋完善。

对于港口后方铁路通道的建设，一方面根据铁路中长期规划，结合客运专线的建设，对主要港口的后方通路实现客、货分线运输，提高铁路运输能力；另一方面，建设新港区的疏港铁路，以扩大港口的腹地范围、增加铁路运输的机动性。

在运营管理方面，要加强港口铁路集疏运服务进入市场的力度，完善服务机制，如适应市场需要增加港口快运、集装箱班列等，探索适应市场变化的铁路运价机制等，以增加港口铁路集疏运市场份额，实现港口与铁路良性互动、协调发展的目标。

参考文献

[1] 尹传忠，李秀泉．港口铁路集疏运系统规划研究[J]．中国铁路，2010(2): 67-69.

[2] 唐永政，王喆，解振全．沿海港口铁路集疏运系统布局及后方通道能力适应性研究报告[R]．天津：铁道第三勘察设计院集团有限公司，2014, 8.

[3] 刘铭．港口集疏运问题研究[J]．现代商贸工业，2010(13): 126-127.

[4] 任虹．关于我国沿海港口发展的新思考[J]．港口经济，2012(12): 9-10.

[5] 马保仁．港口铁路规划研究[J]．铁道工程学报，2006(7): 7-9.

[6] 张武中．唐山曹妃甸地区铁路运营与发展对策研究[J]．铁道运输与经济，2015(7): 26-30.

[7] 刘爽，许奇，冯佳，史芮嘉．铁路通道建设对港口后方集疏运格局的影响研究——以向莆铁路为例[J]．交通运输系统工程与信息，2014(4): 217-221.

[8] 杨卫红，张孟涛，刘特．青岛港（董家口港区）疏港铁路规划研究[J]．铁道工程学报，2010(8): 12-16.

[9] 韩建成．大连港铁一体化集疏运体系研究[J]．中国铁路，2006(5): 65-67.

关于多式联运促进港口发展的思考

沈瑞光

（辽宁省交通厅运输管理局　沈阳　110000）

【摘　要】20 世纪 60 年代以来，港口经济迅猛发展，从仅仅提供仓储和装卸功能的第一代港口发展到今天作为物流中心、金融中心的第四代港口。为了更好地促进港口发展，管理部门把注意力聚焦在港口规划、经营管理、产业经济等方面，试图避免港口之间的恶性竞争，体现差异化发展，以实现港口群的区域化发展。本文试图从运输的角度思考辽宁省港口未来的发展方向和措施，以促进辽宁港口群健康有序发展。

【关键词】多式联运 港口

Thinking about intermodal transportation promoting the development of port Shen ruiguang

Shen Ruiguang

(Transportation Management Bureau of Liaoning Provincial Transportation Department, Liaoning Province, Shenyang 110000)

Abstract: Since 1960s, the port economy has rapidly developed, from merely providing storage and handling capabilities of the first generation port to the fourth generation port as a logistics center and financial center nowadays. In order to better promote port development, administration sections have paid attention to port planning, operating management, industrial economy and so on, trying to avoid vicious competition between ports, reflecting the differentiation development, in order to achieve regional development of the port group. This paper attempts to continue to think about the future direction and measures of the port in Liaoning Province from the transport point of view, in order to promote healthy and orderly development of port group in Liaoning.

Keywords: Intermodal transportation　Port

一、运输业在港口转型升级中的引导和促进作用

从 20 世纪 60 年代起，仅仅能够提供货物仓储、装卸服务的第一代港口发展到今天区域化发展的第四代港口。在这个过程中，运输业的需求引导起到了很大的作用。水运行业基于经济航行的考虑，将船型设计得更为大型化和专业化，港口为了满足船舶停靠

和装卸的需求以及被海运运价吸引而来的产业发展的需求，逐步转型升级。

船舶专业化和大型化引导港口向以运输服务中心为特征的第二代港口转变；船运公司纵向一体化服务的不断加深推进了以贸易和物流中心为特征的第三代港口的形成；为了从规模经济和范围经济中获益，航运公司和港口通过兼并和收购的方式，产生了一些主导型的企业联盟，促进了以区域化发展为特征的第四代港口出现。

第四代港口的发展更为强调港口区域化的发展。这个概念描述了一个运输活动聚集，囊括了多样化的集成与合作策略。可以理解为港口的发展中心从地区层面转移到区域层面，其变化反应了一个寻求海运和内陆运输系统一体化的新途径。

其发展关键不是在港口地区延续旧的投资模式，而是更为强调港口之间以及腹地区域之间的合作。其最为关键的特征可以分为两点：一是港口网络的兴起；二是港口在内陆地区实现全程运输服务的能力。

二、从运输组织的角度看待促进辽宁省港口发展的制约因素

在辽宁省港口发展的过程中，船舶大型化和专业化降低了海运运费，引导产业和货物进行集聚，产生规模效益，但也产生了一些制约港口发展的因素：

一是为了能够从规模经济中获益，船舶设计得更为专业化和大型化，港口为了满足运输的需求，随之也加大基础投资，以获得更大的装卸效率，这间接导致了港口间同质化竞争的出现；同时更低的海运运价吸引了产业和货物在港口范围的集聚，也给港口集疏运、通关和装卸效率带来了巨大的压力，从而制约了港口的发展。

二是由于世界航运企业的联合与重组，对港口的发展产生了制约作用。随着航运联盟的不断重组，运力日益集中，航运联盟控制着远洋干线上的主要运力，形成垄断之势，纳入航运联盟的挂靠网络成为了港口发展的关键。全球目前约有600多个港口开展集装箱运输，其中有85个港口进入主干网络，数量较少，其比重仅为14.2%。这反映了港口挂靠的选择权力已从港口转移给航运企业， 港口发展的不确定性增强，对自身命运的控制能力不断减弱。

关于这两方面的制约因素，一方面我们可以通过整合港口资源，构建合理的喂给港口网络来进行解决；另一方面，我们也可以理解为港口在内陆的区域化延伸受到了制约，港口腹地资源没有能够实现纵深发展，无法为客户提供纵向一体化的全程服务，从而受制于上述两个影响因素。

三、对于促进辽宁省港口发展的思考和建议

（一）整合港口资源，构建结构合理的喂给港口网络

优化配置港口资源，避免重复建设和同质化竞争，开展分工合作，对包括自然资源、经营资源和行政资源中一类或几类资源进行整合，实现港口资源高效利用。建议在巩固大连、营口两港主导地位的同时，积极推进丹东港、锦州港、盘锦港和葫芦岛港的发展，加快形成分工明确、层次分明、科学合理的港口布局。同时，结合地区经济、后方交通和港口自身发展情况，提升盘锦港、葫芦岛港在全省布局中的地位。具体业务分工可做

如下考虑：

（1）集装箱。现有集装箱码头泊位能力与预测需求相比有一定的缺口，应继续推进集装箱码头的建设。沿海集装箱运输将继续内、外贸并重的发展格局。外贸集装箱运输，积极推进辽宁省大连港大窑湾港区超大型集装箱深水泊位建设，形成以大连港为干线港，营口港、丹东港和锦州港为支线港，盘锦港和葫芦岛港为喂给港的梯级集装箱港口布局体系；内贸集装箱运输，形成以就近直达运输为主，中小港口向营口港和大连港喂给的运输体系。

（2）煤炭。重点发展以锦州港为主，营口港、丹东港和葫芦岛港为辅的煤炭装船码头；煤炭接卸以电煤专用码头为主，工业用煤主要通过营口鲅鱼圈港区和丹东大东港区等公用码头接卸。

（3）原油。现有原油码头泊位能力基本满足全省外贸进口原油需求，今后建设原油码头泊位应主要为新建或扩建炼厂配套服务。外贸进口原油接卸以大连港和营口港为主，锦州港、盘锦港为辅。

（4）成品油及化工。全省现有成品油及化工码头泊位能力可以满足需求，今后应根据腹地石化产业和临港工业的发展需要适度建设码头泊位。成品油装船以大连港、营口港和锦州港为主，葫芦岛港和盘锦港为辅；成品油接卸以大连港为主，丹东港、营口港和盘锦港等为辅。

（5）外贸矿石。现有码头矿石码头泊位能力与需求相比，还有一定能力的缺口，还应继续推进大型矿石码头的建设。外贸进口矿石接卸以大连港、营口港和丹东港为主。

（6）粮食。沿海粮食运输系统的发展重点是完善现有港口布局，现有粮食码头泊位能力与预测需求相比还有缺口，新增的粮食吞吐量应以提高接卸能力为重点，继续推进粮食码头的建设。散粮装船以大连港为主，营口港、锦州港和丹东港为辅。

（7）滚装。商品汽车滚装运输以大连港为主，营口港、丹东港和盘锦港为辅；客货滚装运输以大连港为主，营口港和丹东港为辅；陆岛运输以大连港、葫芦岛港和丹东港为主。

（8）邮轮母港。目前国际邮轮在大连老港区挂靠仅是权宜之计，随着建设条件的逐渐成熟，需要考虑在大连湾建设邮轮母港和游艇基地。

（二）延伸港口服务，促进港口腹地向内陆地区纵深发展

由两种及其以上的交通工具相互衔接、转运而共同完成的运输过程，习惯上称之为多式联运。海商法中关于多式联运合同的规定中特别指出其中一种应是海运，可以看出港口航运和多式联运的密切关系。

多式联运经营人是构成多式联运最主要的因素。港口作为运输链条中最为重要的节点，依托其海运优势，可以成为最佳的多式联运经营人，将港到港的服务延伸为门到门的服务，实现港口功能在内陆的延伸。现提出以下三项措施：

（1）发挥辽宁省主要港口在航线密度、进口规模等方面的优势，加强陆海空三方在货物联运需求的信息共享，针对能源及医药等高附加值产品、轻工粮油及食品等时效性强的商品的内陆转运，积极寻求货物陆海空联运的契合点。依托内陆干港，提升港口与

内陆间的快速分拨配送能力。促进辽省港口企业成为能够为客户提供全程一体化服务的多式联运经营人

（2）促进港口作为多式联运经营人与大型航运企业、铁路局、物流服务商进行深度合作。通过签订合作协议，以保障运价和舱位，进而逐步实现运输场站和运输网络等核心资源的共享。

在这方面，营口港已经取得了很好的成绩。其与沈阳铁路局、哈尔滨铁路局及辽宁红运物流（集团）有限公司将港口装卸、铁路运输、铁路场站、内陆物流设施和公路集卡车运输资源整合，将多式联运链条的上下游通过合资公司的形式利益共同体，初步实现了各方资源共享。

（3）加强港口内陆干港布局，逐步完善口岸服务功能

引导和鼓励航运企业、物流企业、代理企业参与内陆港的建设和运营，加强完善辽宁省主要港口在辽宁区域、吉林区域、黑龙江区域、蒙东区域和新疆区域的内陆节点布局，深化多种运输组织协作，以整合和发展集卡运输及公铁联运为补充衔接，进一步完善港口多式联运综合运输服务体系。

在港口布局优化建设的基础上，建议逐步完善港口内陆干港国际货物报关、报验、订舱、中转、配送等服务功能，实现综合物流中心功能，与内陆地方政府共同研究出台支持内陆港产业聚集、功能拓展的扶持政策。

参考文献

［1］Jason Monios. Institutional challenges to Intermodal Transport and Logistics［M］. Ashgate Pub Co.,2014.

新型城镇化对交通发展影响及对策研究：以江西省为例

熊 琦 浦 亮 殷焕焕

（交通运输部公路科学研究院 北京 100088）

【摘 要】2014年3月，中共中央国务院颁布了"国家新型城镇化规划"。这里我国中央政府颁布的第一个关于城镇化的规划。本文结合对江西省新型城镇化的分析，研究了江西省新型城镇化发展趋势和对交通发展的要求，从城市群、城镇发展带、都市区和城镇组团等四个角度指出了江西省新型城镇化对交通发展的一些实际问题，据此提出了新型城镇化背景下江西省交通发展的思路和对策。

【关键词】新型城镇化 交通发展 城市群 城镇发展带 都市区 城镇组团

Impact of New Urbanization on Transportation Development and Policy Suggestions: taking Jiangxi Province as an example

Xiong Qi Pu Liang Yin Huanhuan

（Road & Transportation Development Research Center, Research Institute of Highway Ministry of Transport, Beijing 100088）

Abstract: In March 2014, "National Plan of New Urbanization" has been issued by the Central Committee of the Communist Party of China（CPC） and the State Council. It's China's first plan on urbanization enacted by the central authorities. Combining with the analysis of Jiangxi Province's New Urbanization Plan, The article studies the trend of new urbanizations and the main requirements of urbanization for the development of transportation, and points out several practical problems on highway transportation and urban transport in Jiangxi and provides the relevant policies and suggestions from four-fold perspectives such as metropolitan agglomerations, town development belts, metropolitan area and towns groups.

Keywords: Urban urbanization Highway transportation Urban transport Development requirements and suggestions

一、引言

党的十八大提出了在2020年全面建成小康社会的新目标新要求，并指出推进新型城镇化是实现这一目标的根本途径和主要载体。2014年3月，中共中央、国务院颁布了《国家新型城镇化规划（2014~2020年）》（简称《规划》，下同），明确了新型城镇化的作用，提出“城镇化是现代化的必由之路，是解决农业农村农民问题的重要途径，是推动区域协调发展的有力支撑，是扩大内需和促进产业升级的重要抓手。”

作为新型城镇化快速发展的省份，江西省具有一定的典型性。江西省地处我国中部，位于长江中游地区，是中部崛起战略区的重要省份，具有承东启西、贯通南北的极佳区位优势。江西省资源丰富，是我国东部产业转移的重要枢纽、重要的粮食主产省、原材料基地、制造业基地。全省总面积16.69万平方公里，下辖11个设区市，10县级市，70个县。2014年江西省城镇化率为50.22%，较全国平均水平54.77%低4.55个百分点，位居全国第19位。

从城镇化发展速度来看，江西城镇化水平增势迅猛，是中部地区人口城镇化发展速度最快的省份，见图1和表1。2001年至2014年，江西省城镇化率从27.69%上升到54.77%，年均提高1.63个百分点，与全国差距逐年缩小。从11个设区市的城镇化发展水平来看，地区间发展状况极不平衡，北部城镇化水平远高于南部，南北差异明显。赣南等原中央苏区仍是全国较大的集中连片特殊困难地区，包含国家级贫困县21个，占苏区县总数的40%，经济发展基础依旧十分薄弱，城镇化进程推进缓慢。总体上看，城镇化水平低于全国平均水平、人口城镇化速率低于土地城镇化速率、市民化进程低于人口转移速度的“三低”以及南北城镇化水平差距显著等现状，凸显了江西提升城镇化发展质量的紧迫性。

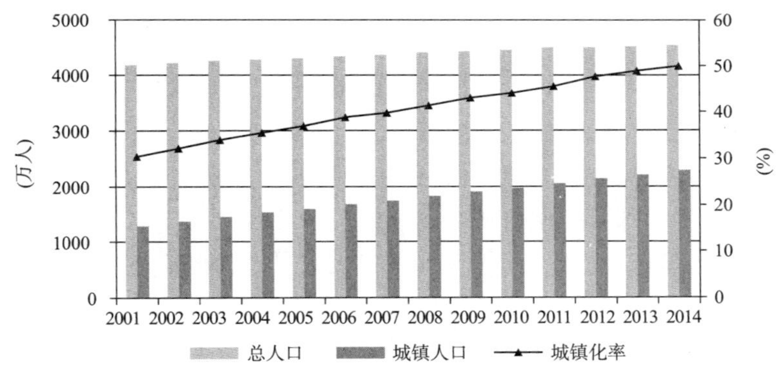

图1 江西省城镇人口及城镇化率发展情况

2000~2014年中部六省城镇化水平与增速比较（%） 表1

年份	全国	江西	安徽	湖北	湖南	河南	山西
2000年	36.22	27.67	27.81	40.22	29.75	23.2	34.91
2005年	42.99	37.0	35.5	43.2	37.0	30.65	42.11
2010年	49.95	44.06	43.01	49.7	43.3	38.5	43.01
2014年	54.77	50.22	49.15	55.67	49.28	45.2	53.78
年均提高（百分点）							
2000~2014年	1.33	1.61	1.52	1.10	1.40	1.57	1.35

作为经济欠发达省份，江西省推进新型城镇化进程中既面临着加快发展、改善民生的重要任务，又肩负着保护区域生态安全的重要使命，在发展中保护、在保护中发展的难题尤为突出。随着促进中部地区崛起、鄱阳湖生态经济区建设、赣南等原中央苏区振兴、罗霄山集中连片扶贫开发等国家发展战略在江西的推进，江西省不仅需要加快城镇化建设步伐，更重要的是立足江西实际，发挥比较优势，提升城镇化建设的质量。2014年7月，江西省发布的《江西省新型城镇化规划（2014~2020年）》提出，2020年江西常住人口城镇化率接近或达到60%；新型城镇化将以人的城镇化为核心，更加注重生态文明。在新的城镇化发展形势下，江西省迫切需要构建符合“十三五”期经济社会和城镇化发展实际和需要的综合交通运输体系，以支撑和引导城镇化及经济社会发展。

二、江西省城镇化与交通发展现状分析及评价

（一）江西省城镇化发展现状

2014年底，江西省共有11个设区市、11个县级市、70个县、19个市辖区、807个镇、594个乡。从总人口规模来看，目前江西省大城市数量少且占全省城镇数量的比重偏低。江西省11个设区市中总人口超过500万的有4个，分别为赣州市、上饶市、宜春市、南昌市；400万至500万人的有两个，分别为吉安市和九江市；300万至400万人的设区市为抚州市；200万至300万人的设区市仍然没有；萍乡市、景德镇市、新余市和鹰潭市仍在200万人以下。城镇化水平最低的是宜春市，2014年城镇化率仅为42%，与城镇化率最高的南昌市相比，两者城市化率相差28个百分点。

在数量结构上，由于江西省大、中城市数量较少，城市之间集聚能力、辐射能力的“梯度”效应无法显现，中心大城市与众多小城镇之间的“传导”作用力较弱。南昌市作为江西省的省会，经济实力不强、聚集和辐射能力较弱，2014年南昌市GDP在全国省会城市中排名第17位，在中部省会城市排名第5位，不及武汉的37%、长沙的47%，比合肥少1350亿，且差距仍呈扩大趋势。从中小城镇发展水平看，现有乡镇1819个，人口505万，其中人口不足万人的乡镇占了26%；建制镇725个，镇域平均人口1万余人。总体上看，江西省大中城市经济实力不强制约了其辐射和带动区域经济社会发展的能力，而小城镇存在规模小、人口少、经济实力弱等现状，难以适应经济发展的需要和城市化发展的进程。

在城镇体系方面，江西省新型城镇化逐步趋于合理，基本形成以浙赣线和京九线为发展轴带的城镇空间格局。江西省逐步形成了以南昌为中心，以浙赣线和京九线为发展轴带的“一心二带”大十字格局城镇空间体系。大十字架附近区域的城镇化水平和城镇密度较之其他区域要高，区域经济发展水平也相对要高，城镇空间布局呈现“南稀北密”的特点。

从城镇布局来看，江西城市主要沿交通干线分布。江西北部地区共有13个城市分布在铁路沿线，其中浙赣铁路沿线共有城市9个（上饶、贵溪、鹰潭、南昌、丰城、樟树、新余、宜春、萍乡），其他在铁路线上的城市还有九江、景德镇、瑞昌、乐平等4个城市。江西南部地区尽管城市数量少，但有6城市分布在铁路沿线，只是井冈山市、抚州市、瑞金市等尚不在国家铁路主干线上。此外，受地形、资源、环境、交通、开发历史和经济发展等因素的影响，省内经济水平和人口密度的向心分布十分明显，城镇发展和分布

也呈现有规律的向心分布，即从省境四周到南昌的城镇数量增多，规模增大。主要城镇也沿交通干线分布，呈轴向发展，基本形成以南昌为中心，以浙赣线和京九线为发展轴带的城镇发展格局。

2014 年，江西省委、省政府出台《江西省新型城镇化规划（2014~2020 年》提出：完善江西省域城镇体系，以鄱阳湖生态经济区为依托，以沿沪昆线和京九线为主轴，聚集优势产业，提高规模效应，着力培育和发展以南昌市为核心的南昌都市区，加快发展九江都市区、赣州都市区，构筑“一群两带三区四组团”为主骨架的省域城镇体系。其中，“一群”即鄱阳湖生态城市群；“两带”分别为沿沪昆线、京九线的两条城镇发展带；“三区”是在“一群两带”格局的基础上，培育发展南昌都市区、九江都市区、赣州都市区；“四组团”为即景德镇城镇组团、抚州城镇组团、瑞金城镇组团、三南城镇组团。如图 2 和图 3 所示。

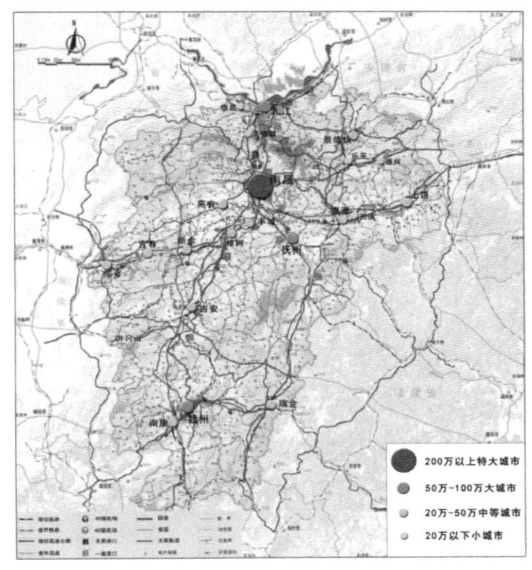

图 2　江西省城镇空间体系示意图
（22 个城市按市区人口分）

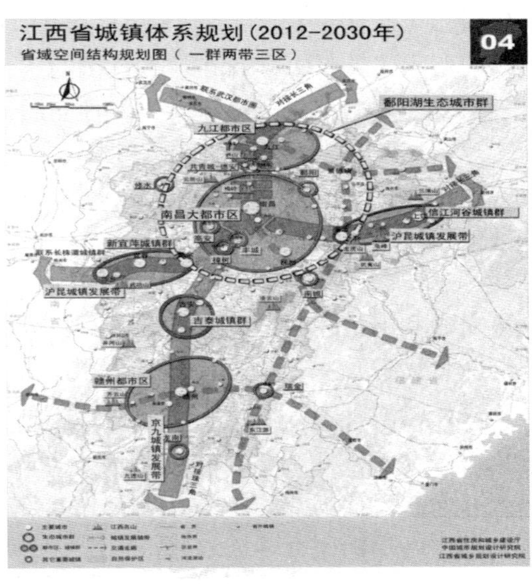

图 3　江西省省域空间结构规划图

（二）江西省交通促进城镇化发展存在的主要问题分析

从促进新型城镇化发展的要求来看，交通运输发展中还存在制约和阻碍城镇化发展的因素，主要包括：

1. 对外综合运输通道不畅，运输能力仍显不足

南北方向的南昌至赣州通道是是江西省最便捷的出海通道，铁路运输仅有京九铁路纵向通道，通道单一。京九铁路是国家煤炭运输通道中华东煤运通道两纵之一，同时还是江西省内一条重要客货运输通道，存在大运量、多层次的客货运需求。而目前京九铁路为 I 级国铁双线，供给有限，运能紧张。全省南北方向上缺少对接珠三角、长三角的快速客运专线和大运量的出海通道。

公路对外运输通道存在不通畅、交通事故频繁发生等问题。2014 年国道 G105 平均日

交通量达到 16295pcu，交通拥挤度达到 0.9。随着向莆铁路建成通车，江西与和东南沿海地区人员、物资、信息、资金交流逐渐增加，公路交通量也逐年增长，2014 年国道 G319 和 G320 交通拥挤度分别达到 0.63 和 0.74。

内河航道的发展严重滞后，港口集疏运体系不强，制约了水路交通高速大通道——长江黄金水道作用的发挥。目前全省航道里程 5716km（包括长江江西段 156km），其中Ⅱ级航道仅 175km，Ⅲ级航道仅 206km，Ⅲ级以上航道里程仅占全省内河通航里程的 9.39%。其余多为Ⅴ级及以下等级，与干线航道沟通性差。

2. 区域干线尚未形成便捷高效的运输网络，与新型城镇化发展要求不相适应

公路基础设施是新型城镇化的先导条件，干线公路网是承载地区之间交通运输的重要桥梁。从城镇化发展要求看，国省干线尚未形成便捷高效的运输网络。

从区域协调发展看，欠发达地区干线公路技术等级水平和路网密度总体偏低，苏区二级及以上等级公路平均每百平方公里面积内仅 7.33km（全省为 8.78km），此外，省道总体等级水平偏低，尚存在较大比例的三、四级及等外公路。

3. 综合交通枢纽建设滞后，各种交通运输方式衔接协调不足

尽管近年来江西省建设了一批现代化客货运枢纽，但各种运输及城市交通体系衔接水平总体不高，乘客换乘其他交通方式不够便利，公水联运、水铁联、江海联运的物流集散体系尚未形成。

4. 干线公路网规划建设与城市（镇）规划建设的有效衔接和协调不足，城市（镇）过境交通和街道化问题突出，运输发展水平亟待提升

新型城镇化是城市文明不断发展并向乡村渗透和传播的过程。随着城镇化进程的不断加快，城镇建成区不断外扩，使得原有过境国省道干线公路成为穿越镇区的城市道路，大量过境车辆穿越镇区通行；另一方面，欠发达地区运输服务和管理水平亟待提升。目前公共交通在小城镇中出行比例很低，发达地区的小城镇一般在 10% 左右，公交覆盖率较小，万人车辆拥有率远远达不到规范中的指标值。

5. 农村地区交通基础设施严重滞后，客运安全基础薄弱，城乡基本公共运输服务均等化尚未实现

由于长期延续的城乡分割体制的影响及农村小城镇的发展进程等各种客观和主观上的原因，全省城市与农村交通发展水平存在较大差异，城乡基本公共运输服务均等化尚未实现。主要表现在：交通基础设施建设滞后，农村公路等级低、通行和抗灾能力差，已经成为制约农村城镇化发展的瓶颈。目前全省 25 户以上人口自然村平均通畅率仅为 47.5%。

6. 公共交通在城市出行结构中的主体地位尚未完全确立，城市交通管理水平滞后，城市交通发展形势严峻

在省内城市中，南昌、九江、景德镇等城市公共交通起步较早，公交出行比例相对较高，大致在 17%~20% 之间，而省内其他中小城市的公交出行比例基本都在 10% 以下，公共交通在全省城市出行结构中的主体地位尚未完全确立，省内城市普遍存在公共交通覆盖水平和运力不足，公交站场站点建设滞后的问题。省内大城市已出现较为严重的城市交

通拥堵问题，不少中小城市的交通问题也已初显端倪。江西大部分城市都将在“十三五”时期面对私人机动化的快速膨胀阶段和城市规模拓展带来的出行方式转型，全省城市交通发展形势十分严峻。

三、新型城镇化背景下江西省交通发展总体思路

（一）优化城镇化布局，完善省域城镇体系，融入长江经济带和长江中游城市群，要求建立能够方便人员往来、优化产业布局、促进地区协调、融入区域发展的城际交通网络

未来全省新型城镇化进程对城际交通的需求体现在省际、省内两个层面。

在省际层面，江西与长三角、珠三角和海西经济区等沿海省份的运输距离大致在300~500km之间，运输成本相对较高，承接产业转移对交通的要求重在快捷，部分大运量、低附加值的大宗货物（如矿石）对运输成本敏感，宜采用铁路、水运等方式运输。应建立以铁路客运专线、普通铁路、高速公路为骨架，以航空、水运为重要支撑的省际交通网络。

在省内层面，关联产业区域运输距离大致在200km以内，促进省内产业集聚重在降低运输成本。鉴于省内各城市之间发展关联性不强和辐射能力弱的情况，城际交通网络的建设应适当超前，以培育需求，引导省内城市产业关联、集聚发展。省内区域发展不平衡，应有针对性地重点改善赣南等交通不便发展滞后地区的交通网络。满足上述需求应建立以城际铁路、普通铁路、高速公路为骨架，以高等级国省干线公路为重要支撑的省内城际交通网络，网络布局应兼顾省内区域协调发展的要求。

（二）提升城镇化发展水平和质量，缓解城市交通压力，要求建立以宜居便利为特征、能够引导城市出行结构转型优化、支撑产城融合发展的城市交通系统

随着城市空间的拓展，目前主要服务于6km以内中短距离出行的步行、自行车、电动摩托车等方式将不能适应居民出行距离日益增长的需要。如果江西省城市公共交通不能在机动化高峰来临之前完成在基础设施和综合服务水平方面的大幅度提升，将会造成全省城市出行结构整体向私人机动化方向转移。届时，面对私人小汽车等出行方式的竞争，公共交通的主导地位将更加难于确立，全省城市的交通压力也将进一步加剧。

“十三五”时期，江西省应着力于构建以宜居便利为特征、以公共交通为导向的城市交通系统。鉴于全省城市规模的差异，各层次城市构建完善交通系统的侧重点也应有所不同。南昌作为省会和特大城市，侧重点在通过进一步完善交通基础设施（特别是加密越江桥隧和建立高架快速路网络）和提高城市交通管理水平来缓解业已出现的交通拥堵。以省辖市为代表的大中城市，侧重点在建立以公共交通为主体，以便利安全的慢行交通体系为重要组成部分的城市交通系统。省内小城市和城镇，则应侧重建立以公共交通为导向，以公共交通和慢行交通为主体的城市交通系统。

（三）实现城乡统筹、城乡一体的新型城镇化，要求稳步推进全省城乡交通一体化、服务均等化进程

“十三五”时期全省城市城镇规模的拓展和空间布局的调整将带来城市中心区、郊区、市域乡镇之间出行格局的变化，从而对城乡之间的旅客运输提出了更高的要求。这

要求交通系统能够适应城郊、城乡之间多元、频密的出行需求，统筹城乡基础设施建设，加快基础设施向农村延伸，强化城乡基础设施连接，完善农村公路网络，为发挥中心城市对周边地区的辐射带动作用、推进全省城镇化和城乡协调发展提供有力支撑。“十三五”时期也是构建全省城乡物流体系的重要时期，江西作为农业大省，更应该着力培育农产品城乡物流网络，服务于农产品等各类商品仓储、外运和配送，衔接城乡和省内外市场。

（四）全省城市城镇综合运输体系的完善，要求构建多层次的客货运输枢纽体系，实现各种运输方式的高效衔接和协调发展

“十三五”时期是全省综合运输体系发展完善的重要阶段，积极构建多层次的客货运输枢纽体系，实现各种运输方式的高效衔接和协调发展，更好地服务于新型城镇化建设是全省交通发展的重要方向。

从城市内外交通衔接来看，随着昌吉赣客运专线、九景衢铁路的建设，至“十三五”期末，吉安、赣州、景德镇三市将通达高速（快速）铁路。上饶、抚州两市将建成民用机场，全省将形成“一干八支”的机场体系，南昌、九江两港将逐步实现一体化。上述交通方式的开通运营、扩能改造将直接影响所在城市对外交通客货流集散节点的布局、规模和各运输方式之间的衔接。

从城市内部交通衔接来看，大中城市的公共交通将从过去主要依靠增加经停站点来提高线路对客流的覆盖水平逐步过渡到网络化服务阶段，同时，南昌市轨道交通的建设，省内大城市实现公交线网的分层，也都要求城市公共交通系统加快内部换乘节点的建设，积极构建轨道交通与常规公交、公交快线普线支线、公交与其他出行方式之间相互依托、衔接高效的城市内部交通体系。

（五）建设秀美江西和国家生态文明先行示范区，要求构建与新型城镇化相协调的、以低碳绿色为特征、更好融合江西生态风光和体现江西人文脉络的交通运输体系

江西省地处长江中下游，境内群山连绵、江河纵横，奇山秀水共同构成了魅力独特的山水风光。悠久的历史、深厚的文化积淀也孕育出江西流光溢彩的文化和各具特色的城市村镇。江西优越的生态环境和特殊的自然、城乡空间关系要求江西新型城镇化探索出一条有别于国内其他省份城镇化的发展道路。

“十三五”时期既是全省建设秀美江西和国家生态文明先行示范区的关键时期，也是推进节能减排、构建低碳绿色交通运输体系的重要时期。公共交通和公路客运作为低能耗、低排放、低污染的大众出行方式是江西构建以低碳绿色为特征的交通运输体系的重要支撑。建设以公共交通为主导，以便利安全的慢行交通体系为基础的城市交通系统和以城际铁路、公路客运为支撑的城际城乡客运系统是江西构建适应新型城镇化要求的低碳绿色交通运输系统的主要发展方向。这要求全省公共交通和公路运输把节能减排摆到更加突出的位置。江西秀丽多样的自然风光和各具特色的城市村镇，也要求交通运输体系在保护生态环境和城镇特色的基础上，更好地融合当地自然山水环境、体现当地城镇人文脉络，成为江西建设山水相依、文脉传承的新型城镇的重要载体。

四、新型城镇化背景下江西省交通发展对策

（一）“一群”交通发展对策

在新型城镇化背景下，“一群”交通发展的重点是探索具有江西特色的城市群区域交通发展路径，重点解决好昌九一体化、长江沿江开发、鄱阳湖东岸发展滞后问题。主要体现在以下方面：

进一步强化与长江三角洲、珠江三角洲、海峡西岸经济区、长江中游城市群及与周边各省的快速交通联系，加快形成连接南北、沟通东西的综合运输通道格局，承接沿海地区产业转移，全面融入区域发展，提升江西开发开放水平。推进昌九、昌抚交通一体化，进一步推动景德镇与南昌、九江交通联系的快速化，改善鄱阳湖沿岸地区（特别是东岸）交通条件，统筹协调区域内旅游交通发展及与周边地区的旅游交通协调。

强化南昌国家综合交通枢纽地位，加快构建以南昌、九江、景德镇、鹰潭为核心的区域交通枢纽体系，以综合客运枢纽和大型物流园区为依托，实现客货运输的便捷中转衔接和区域内重大交通基础设施的互联互通、共建共享。实施九江港、南昌港提升工程，增强水运货运能力。加快整合两港功能。对现有港区的功能和布局进行优化调整，打破行政区划分割，在两港开发建设中统筹利用两港的岸线资源，实现港口资源的合理利用；建立两港统一的信息资源平台，实现两港信息资源自由交互，促进两港信息共享。

（二）“两带”交通发展对策

在新型城镇化背景下，“两带”交通发展的重点是充分发挥交通轴带的综合运输优势，促进产业转移和产业集聚，巩固两带对全省经济社会发展的引领作用，并辐射带动周边地区发展，探索江西城镇密集带的交通一体化发展路径。

完善沪昆、京九综合运输通道，构建以上饶、鹰潭－抚州、赣州、萍乡、九江为核心，分别对接长江三角洲、海峡西岸经济区、珠江三角洲、长株潭城市群、武汉城市圈和皖江经济带的综合运输门户，加强与周边省份产业对接协作，构建全省承接产业转移的先行区域，打造引领带动全省发展的交通轴带。

加强沪昆、京九通道沿线昌九、赣西（萍乡－宜春－新余）、信江河谷（鹰潭－贵溪－上饶）、吉泰（吉安－泰和）等主要城镇密集区域之间和城镇密集区域内部城市之间城际通道建设，推进城镇密集区域内交通基础设施的互联互通和资源共享。

加强“两带”沿线重要城市城镇与周边县市的交通联系，强化沿线产业园区、旅游景区与主要交通干道的快速交通联系，促进产业集聚与协作，发挥“两带”辐射作用，带动周边地区发展。

（三）“三区”发展对策

在新型城镇化背景下，“三区”交通发展的重点是探索江西都市圈交通发展路径，重点解决城市交通问题和都市区内城乡交通一体化问题。新型城镇化对“三区”交通发展的要求主要体现在以下方面：

强化公共交通在城市交通系统中的主体地位，构建以公共交通为主导、慢行交通为重要组成部分的城市交通系统。南昌市通过完善城市交通基础设施、提高城市交通管理

水平，缓解城市交通拥堵问题。九江、赣州强化公共交通在出行结构中的主体地位，完善城市慢行交通系统。

实现都市区内交通基础设施和交通服务的一体化，强化都市区与市域内各县市的便捷交通联系，推动市域城乡交通一体化和服务均等化，加强三市与周边相关县市交通基础设施和交通服务对接。

（四）“四组团”发展对策

在新型城镇化背景下，“四组团”交通发展的重点是形成区域性交通枢纽和经济增长极，促进全省城镇化区域布局更加均衡，探索江西中小城市和重点城镇的交通发展路径，统筹城乡，缓解农村客运和物流发展瓶颈。新型城镇化对“四组团”交通发展的要求主要体现在以下方面：

突出交通优势，加快形成区域性交通枢纽，加强与相邻省份的快速交通联系和产业协作，积极承接沿海地区产业转移，加强与沪昆、京九城镇带及周边主要城市城镇群的快速交通联系，融入全省发展，促进全省城镇化实现区域协调发展。

启动赣东南机场、瑞金通勤机场建设，适时推进龙南通勤机场建设，形成景德镇至长三角主要城市的3小时交通圈，抚州、瑞金至海西经济区主要城市的3小时交通圈，三南组团至珠三角主要城市的3小时交通圈。完善景德镇、抚州城市候机楼设施，适时加密南昌昌北机场至景德镇、抚州的客运班次。建设瑞金、龙南城市候机楼，开通赣州黄金机场至瑞金、龙南的客运班线。着力构建以宜居便利绿色为特征的中小城市和重点城镇交通系统，组团内中心城市构建以公共交通为主导，宜居宜业宜游的城市交通系统，其他中小城市和重点城镇构建以公共交通为导向，宜居绿色的城市城镇交通系统。

统筹城乡发展，改善农村交通条件，构建农村公路新型管理服务模式，提升农村客运网络的覆盖水平和通达深度，推动农村物流发展，全面提高交通基本公共服务均等化水平。

参考文献

[1] 姚士谋．中国城市群[M]．北京：中国科学技术大学出版社，2006.

[2] 方创琳，姚士谋．中国城市群发展报告[M]．北京：科学出版社，2011.

[3] 罗仁坚，郭小碚．综合运输体系构建的基本性问题和“十二五”建设发展[M]．人民交通出版社，2011.

[4] 程世东，新型城镇化背景下交通运输发展思路与重点[J]．综合运输，2014, 4.

[5] 奚宽武，新型城镇化背景下公路交通发展对策[J]．公路，2014, 2.

[6] 朱丽萌，江西城市化三十年的成就、问题与对策[J]．江西财经大学学报，2008, 5.

[7] 游会龙，对江西工业化与城镇化互动发展的思考[J]．中国国情国力，2013, 5.

[8] 江西省发展和改革委员会课题组．江西城镇化发展历程、成效、问题及其对策[J]．价格月刊，2013.

参与国外既有铁路经营的方案选择分析

李鸿战　邹明辉　汤　杰　王致杰

（铁道第三勘察设计院集团有限公司　天津　300142）

【摘　要】中国铁路“走出去”包括输出运营管理，即参与国外既有铁路的经营管理。中国企业参与模式主要根据中方政府与企业、外方政府与企业的不同利益诉求，一共有合资经营、特许经营、合作经营、管理合同、管理咨询共五种模式，本文详细对各模式方案提出详细的方案设计，并对比分析五种模式的特点、适应性、目标满足程度。提出中国铁路“走出去”参与铁路经营的模式方案选择建议。

【关键词】“走出去”　国外既有铁路　经营模式

Options analysis for participation in the operation of the foreign existing railways

Li Hongzhan　Zou Minghui　Tang Jie　Wang Zhijie

(The third survey and design institute group cooperation, Tianjin 300142)

Abstract: China’s railway “stepping out” involves to export mangement，it to participate in management of foreign existing railways. Chinese enterprises’ participation pattern is mainly base on the different interest demands of the Chinese government and enterprises, foreign governments and enterprises. There are 5 Chinese enterprises’ participation patterns: joint venture, franchising, cooperative management, contract management and management consulting. This paper puts forward the design of all the 5 participation patterns in detail and makes comparison analysis of the 5 participation patterns from their characteristics, adaptability and situation of target meeting. Finally, given the advice of mode options for China’s railway “stepping-out” to participate in railway operation.

Keywords: China’s railway stepping-out　Foreign existing railways　Business pattern.

一、背景

国外既有铁路的修复或改造项目是中国铁路走出去的重要市场，尤其是亚非拉既有铁路的改造项目，这些铁路因年久失修、机辆不足，迫切需要投入资金修复或改造，但这些铁路同样存在管理不善、经营亏损等种种问题，如仅修复改造提升“硬件”水平而不改进经营管理，则可能无法解决根本问题。因此，中方在输出投资、施工建设技术的同时，有必要进一步输出运营管理技术，即参与其铁路的经营管理，以综合提升其“硬件”和“软件”水平。这样综合输出一方面可以充分满足项目的整体全面需求、提高市场竞争力并利于争取项目；另一方面，如果掌握控制国外重要铁路通道的运营权，可更好地服务我国与之国家间产能合作，进一步优化中方企业经营的运输条件，促进我国企业走出去规模与质量。本文就中国参与国外铁路改扩建项目，提出中国公司运营管理方案的选择进行分析。

二、各方需求目标

项目的参与方一般包括：中方政府、中方企业、外方政府、外方铁路公司。

各方的需求目标为：

中方政府：一是采取企业为主的商业模式，如中国政府支持也仅限于一次性投入，避免无限期连续补贴；二是实现铁路长期稳定发展的政治需求目标。

中方企业：一是实现可以接受的最低经济效益；二是在项目改造和运营期内获得控制权或话语权，对运营权最好能够获得自主权或深度参与权。

外方政府：一是改变既有铁路现状，获取政治和经济利益；二是运营期后获得一定质量标准的铁路，实现独立运营。

外方铁路公司：一是摆脱当前经济亏损、设施设备陈旧、技术落后的困境；二是在项目改造后的运营中获取管理经验和技术能力，实现运营期后的持续运营。

三、项目经营模式的可选方案

综合考虑各方需求目标，可供选择的项目模式包括合资经营、特许经营、合作经营、管理合同、管理咨询共五种模式。

合资经营是指外方政府和中方企业在既有铁路及其资产的基础上，以改造铁路投入资金和项目运营期间所投入资金作为双方合资总数，双方按照一定内容和一定比例共同分担投资，约定合同责任和权力，确定风险和利益分担比例，成立以中方企业为主导的合资公司，共同实施项目改造和运营。

特许经营模式属于以铁路使用权为特许权的经营模式，是指特许人外方政府将既有铁路使用权授予受许人（中方企业），允许其在特许期内提供铁路交通与运输服务，并收取一定特许费用。

合作经营是指外方与中方成立合伙经营的“合伙企业”，外方政府以既有铁路企业为基础组建外方合作实体，以现有铁路资产和改造投资举债为合作投入，参与合作经营基础管理工作，获取一定收益并承担相应风险，而中方企业则以成立的项目公司为合作体，全权使用改造资金，投入运营期间所有投资，主控项目的管理工作，并在运营期满后移交一定标准的铁路给外方政府。

管理合同是指外方与中方签订生产管理合同，外方制定生产目标，中方承担生产管理。

管理咨询是指中方以向外方提供日常管理咨询的方式介入铁路生产管理。

四、运营模式设计

（一）合资经营模式

1. 项目相关组织

（1）中方政府：协调外方政府和中方企业之间的关系；为中方企业项目实施提供外交保护和政策优惠。

（2）中方企业：以各参与企业组成的项目公司作为合资经营所成立的合资公司股东之一，按照合同约定，主导项目改造建设和运营管理工作，获取项目主要收益和承担项目主要风险。

（3）外方政府：是合资经营的实际主体之一，接手既有铁路企业债务并对其改组和整编后，组建新的管理实体并授权其代表外方政府成为合资公司股东之一。

（4）外方铁路企业：经外方政府清算债务并进行改组或重新编制后，代表外方政府作为合资经营所成立的合资公司的另一股东，按照股权比例获取相应收益和承担相应风险。

2. 合资公司

合资公司由中方企业组建的项目公司和外方政府改组既有铁路企业并授权的企业实体构成。合资公司以既有铁路及其资产经市场评估后不计债务的净资产折算资金（债务由外方政府接手处理）和中方投入改造建设的投入资金构成。合资公司需在东道国本土注册接受东道国政府法律框架约束。

3. 资本金分配

现有铁路及其资产市场评估价值（不含债务）和改造建设举债（中方资金）构成合资公司的资本金。外方政府的企业实体股份构成：现有铁路市场评估价值（不含债务）作为所有者权益。中方项目公司股份是改造资金。中方项目公司应占有 50% 以上，取得项目的主控权。外方资本金均有来源于由中方政府提供的政府间贷款，中方改造资金也可来源于中方政府支持，但均限于建设期一次性资金。

4. 收益与风险分配

在项目的整个合资经营期内，项目的收益分配和风险分担按照资本金股份分配比例进行分配。

5. 合资经营期

合资经营期起点为合资公司注册完成后，项目开始实施改造之日起。经营期的长短取决于：①中国政府和外方政府期望期限；②合资公司最佳的经济期限。

（二）特许经营模式

1. 项目相关组织

（1）项目特许人：外方政府。在特许经营模式下，外方铁路企业将不复存在，其处置方式包括：一是高层管理人员由政府收编，组建政府监管组织；二是中低层管理人员和作业人员由中方企业选聘组编，作为属地管理的主要力量；三是现行债务由政府负责处置，与中方无关；四是现有资产由政府移交中方企业。

（2）项目受许人：中方企业。应包含施工和维修、运营管理，实施垂直一体化经营。

（3）项目监管机构：特许经营模式要求特许人对受许人进行监管，这就需要外方政府成立或改组外方铁路企业成立一个监管机构，履行特许经营模式下的监管责任。该机构执行监管的依据为外方国家法律法规。

（4）项目协调机构：中国政府对项目全过程具有监督和协调作用。一是协调三方政府关系；二是对中方企业的政策支持和外交支持；三是调解特许经营合同中较大纠纷或分歧。

2. 特许权

特许期内既有铁路及其资产的使用权，此处“既有铁路及其资产”分改造前（TBOT）和改造后（BTOT）两种情况。首先，TBOT 合同方式。是外方政府将改造前铁路及其资产使用权作为特许权移交中方企业（T），中方企业出资进行改造（B），并进行运营（O），特许期后按照一定标准将铁路及其资产移交外方政府（T）。TBOT 方式下，中方企业将全面接管项目改造期的持续运营工作，外方铁路企业不再直接参与项目直接运营管理工作；其次，BTOT 合同方式。是外方政府利用中方政府援助贷款，邀请中方企业对现有铁路进行改造（B），外方政府将改造后的铁路及其资产使用权作为特许权移交中方企业（T），由中方企业全权进行运营（O），特许期后按照一定标准将铁路和资产移交外方政府（T）。BTOT 方式下，一方面，改造期间铁路持续运营由外方铁路企业实施，改造后移交中方企业全权实施运营；另一方面，在改造过程中，中方政府提供援建资金给外方政府，中国政府是债权人，外方政府是债务人，中方企业是承包商。

3. 特许期

在 TBOT 和 BTOT 合同方式下，特许期的起算点分别为移交现有铁路及其资产之日起和移交改造建设完成的铁路及其资产之日起。制约特许经营期的长短因素包括：①中方政府期望长度；②外方政府要求的长度；③铁路及其资产寿命周期；④中方企业成本和收益的最佳组合期；⑤交付铁路的标准制约的最佳交付期。从企业角度，特许期的计算主要考虑铁路及其资产的使用寿命周期、运营期后交付铁路及其资产标准、正常年份收入情况。理论上讲，最佳特许期是项目生命周期内，保证一定质量标准的交付铁路及其资产的情况下，量化分析折旧、维修、保养、更新成本与时间的关系曲线，建模计算企业收入与时间关系曲线，正常运营年份后，达到成本接近收入的年份即为特许期的终点。如果计算特许期没有满足中方政府和外方政府的期望，则企业可以通过要求中方政府加大改造成本投入，要求外方政府采取提高运量需求保护措施，要求中方政府投入运营期铁路维护成本，要求外方政府减少特许经营费用等予以解决。

4. 特许经营费用

即中方企业在特许期内向外方政府上缴的铁路使用的费用，可因投入改造资金申请减免。

（三）合作经营模式

1. 项目相关组织

（1）中方政府：与特许经营和合资经营相类似，作为项目改造投资人，监督所投入项目改造资金的使用；协调外方政府和中方企业之间的关系；为中方企业项目实施提供外交保护和政策优惠。

（2）中方企业：项目合作经营的合同主体一方，与外方政府改组外方铁路公司组建的实体组织以协议合作的方式共同实施项目，并掌控项目的主控权。

（3）外方政府：合作经营合同的实际上另一方主体，其通过整合、改组外方铁路公司组建实体组织，并授权其成为合作经营合同的形式上另一方主体。

（4）外方铁路公司：经外方政府改组，代表外方政府成为合作经营的另一方形式主体。

2. 合作协议

合同主体由中方公司和外方政府，外方政府方实际执行者是改组后的外方铁路公司。双方以合作协议的方式约定各自的责、权、利，不需要单独成立合资公司，但中方企业的项目公司需在东道国经过认证成为合法法人，接受本土法律框架约束，并享有本土法人所有权益。在该合作协议条件下，中方企业掌控项目的主控权，拥有项目绝对决策权，承担项目大部分风险和约定比例的收益，外方政府参与项目的基础管理工作，享有参与决策权，承担项目小部分风险和约定比例收益。

3. 合作基础

双方的合作基础是外方政府以现有铁路及其资产剔除债务后净资产和铁路改造举债（可向中方政府借贷）作为合作资本，中方企业项目公司以运营期间的流动负债投入和管理技术作为合作资本。

4. 收益与风险分配

外方政府以投入的资产获取本土法律框架下的无风险税收收益，以提供基础管理工作获取项目盈利收益。中方企业以承担运营期所有流动负债和使用先进管理技术为代价，获取项目一定收益并承担大部分风险。

5. 合作经营期

合作经营期起点为项目开始实施改造之日起。经营期的长短，一方面由中外政府期望值确定，一方面，在项目寿命周期内，确保移交一定质量标准铁路的天下，取决于项目收入与支出的最低平衡点。改造期间的运营，应以外方为主，中方企业为辅。

（四）管理合同经营模式

1. 项目相关组织

外方政府仍然拥有既有铁路的资产，外方政府与中方签订管理合同将既有铁路的管理权利和责任交给中方企业。既有外方铁路公司的生产管理权相应丧失，管理人员可视中方需要参加对中方企业负责的管理团队。

2. 人员构成

中方企业派出核心管理团队，通过合同条款管理各生产环节人员，既有富余生产人员由外方政府负责安置。

3. 管理目标

中方企业不对整个既有铁路的经营盈亏负责，仅对合同规定的生产目标负责，这些生产目标为客货列车运行对数，基础设施与机车车辆的维修养护，铁路运营安全，铁路运营效率等。

4. 经营移交

合同期结束，中方企业将管理权移交还给外方政府。

（五）管理咨询经营模式

1. 项目相关组织

外方政府仍然拥有既有铁路的资产和生产管理权，但外方政府与中方签订管理咨询合同，中方企业以咨询方式参与既有铁路的管理。既有外方铁路公司的生产管理权不丧失，管理人员充分听取中方管理咨询意见。中方管理咨询团队既有铁路的生产管理提供咨询意见，一定程度介入既有铁路的运营生产。

2. 人员构成

中方企业派出管理咨询团队，通过合同条款对各生产环节提出日常咨询。

3. 管理目标

中方企业不对整个既有铁路的经营盈亏负责，也不对生产目标负责，仅对改善实现生产目标提出管理咨询，这些生产目标为客货列车运行对数，基础设施与机车车辆的维修养护，铁路运营安全，铁路运营效率等。

五、项目模式的比较

针对各方需求目标的满足情况以及利益风险平衡等因素，项目模式的比选如表1所示。

项目模式比较表

表1

编号	比选内容	合资经营模式	特许经营模式	合作经营模式	管理合同经营模式	管理咨询经营模式
1	中方政府需求目标满足性	满足企业为主的商业模式，无长期支持、满足可持续稳定发展目标	满足企业为主的商业模式，无长期支持、满足可持续稳定发展目标	满足企业为主的商业模式，无长期支持、满足可持续稳定发展目标	满足企业为主的商业模式，需要长期支持、较难满足可持续稳定发展目标	满足企业为主的商业模式，需要长期支持、很难可持续稳定发展目标
2	外方政府需求目标满足性	满足改变亏损现状，实现效益的目标；满足经营期后拥有运营控制权目标	满足改变亏损现状，实现效益的目标；不满足运营控制权目标	满足改变亏损现状，实现效益的目标；满足运营控制权目标	部分满足改变亏损现状，实现效益的目标；不满足运营控制权目标	部分满足改变亏损现状，实现效益的目标；满足运营控制权目标
3	外方铁路企业需求目标满足性	改组为政府授权的企业实体。拥有部分运营权	让渡运营权；高层改组为监管机构，基层分流或遣散	改组为政府名义合作实体组织。拥有部分运营权	让渡运营；仍对铁路盈亏负责	维持拥有完整经营权，接受咨询意见改善经营管理
4	中方企业需求目标满足性	能够部分实现自主管理，并可能实现经济效益	能够完全实现自主管理，并可能实现经济效益	能够大部分实现自主管理，并可能实现经济效益	能够大部分实现自主管理，无效益责任	不实现自主管理，无效益责任
5	操作程序复杂性	最复杂，双方需成立并注册合资公司	较复杂，外方需组建监管机构	不复杂，外方组建合作实体组织	简单，铁路资产不变，仅变更经营权	最简单。铁路资产与运营均不变

续上表

编号	比选内容	合资经营模式	特许经营模式	合作经营模式	管理合同经营模式	管理咨询经营模式
6	经营期的确定	受限于经济效益和经营期后移交标准	受限于经济效益和经营期后移交标准	受限于经济效益和经营期后移交标准	受限于管理合同	受限于管理咨询合同
7	中方企业权限	主要控股权	完全控制权	基本完全控制权	部分控制权	无控制权
8	中方企业风险与收益	主控股份下的比例风险和收益	完全风险和完全收益	大部分风险和约定比例的收益	得到管理费用，生产目标风险	得到管理咨询费用，最低风险

六、选择建议

从上述模式比较分析可知，各模式可适应不同情况。在中国铁路走出去做建设运营一体化项目时，项目运营模式的选择首先应分析项目相关各方的需求目标，并确定关键目标是什么，这个关键目标基本决定了模式方案。

项目关键目标是掌握完全运营控制权时，选择合资运营和特许经营模式。掌握了控制权，根据权责一至原则相应地要承担较大的风险，而一般来讲控制权是国家整体战略的要求，中方政府需对企业加大支持和扶持；项目关键目标是最大限度规避风险时，则企业优先选择介入程度较小的管理合同或管理咨询模式，锁定运营管理的范围和目标，从而规避风险，只有项目效益前景较为落实且能够覆盖大部分经营风险情况下，经充分权衡后可选合资和特许经营模式。

选择好情况较适宜的模式，不仅能够创造较好的起步条件，而且对项目运营成功是至关重要，因此，模式选择需要充分分析、慎重决策，力求最大程度符合项目实际情况，有利于保障项目顺利实施运营。

参考文献

[1] 王守清，柯永建．特许经营项目融资（BOT、PFI和PPP）[M]．北京：清华大学出版社，2008.

[2] 王姝力，冯珂，王守清，等．坦赞铁路TOT项目投资谈判方案设计[J]．项目管理技术，2012.

我国铁路可持续发展研究

王德荣　高月娥　刘雅晴　庞　琳

（中国交通运输协会 北京中交协物流研究院　北京　100825；
北京交通大学　北京　100044）

【摘　要】本文在系统分析我国铁路发展的体制机制和投融资发展现状的基础上，从战略视角出发，研判国内外经济和社会发展趋势，紧紧围绕加快铁路建设总体要求，在贯彻落实"十三五"铁路发展规划的背景下，系统剖析未来铁路建设面临的问题。从创新和可操作角度出发，从建立体制机制、厘清公益性和经营性、引进社会资本投资、拓展商业融资等多个方面，提出促进铁路建设可持续发展的政策建议，为国家相关部门建立铁路建设可持续发展体制机制以及规划政策提供决策支持和参考依据。

【关键词】铁路　可持续发展　公益性　商业性　PPP 模式

Research on Sustainable Development of Railway in China

Wang Derong　Gao Yuee　Liu Yaqing　Pang Lin

(China Communications and Transportation Association,
Institute of Logistics and Transportation of Beijing, Beijing 100825;
Beijing Jiaotong University, Beijing 100044)

Abstract: Based on analyzing the institutional mechanism and the current investment situation of Chinese railway development, this paper researches economic and social development both at home and abroad. Around the reguirement of accelerating the railway construction, as well as under the background of "the 13th Five-year" railway development, this paper also analyzes the problems what the railway construction will be faced in the future. From the point of view of innovation and operability, on establishing the institutional mechanisms, clarifying the public welfare and operation, introducing social capital investment, expanding commercial financing and other aspects, this paper puts forward policy suggestions to promote the sustainable development of the railway industry, to provide decision-making supporting and reference for involving departments in establishment of sustainable system and mechanism, and planning policy on railway construction.

Keywords: Railway　Sustainable development　Public welfare　Commerciality　PPP mode

一、引言

改革开放以来，特别是进入21世纪以来，我国铁路发展取得显著成就，铁路网建设快速推进，铁路体制机制和投融资改革初见成效，铁路运输作为我国综合运输系统中的骨干，为我国经济社会发展作出了重大贡献。随着铁路建设步伐的加快，特别是高速铁路和重载运输的推进，铁路运能与运量之间的矛盾得到了缓解。但是，在我国经济发展进入新常态的大逻辑下，国家实现“两个百年”目标，落实“四大板块”和“三大战略”以及新型城镇化对铁路发展提出新的要求，铁路存在快速铁路网不够完善，对外通道以及枢纽不够畅通，中西部铁路发展欠缺，以及铁路建设资金筹措能力明显不足，负债率逐年上升等问题，这就亟需深化铁路体制机制改革。这项改革是一个系统工程，其复杂性既包括体制性的，也包含有技术和组织性的，因而我国铁路改革必须要结合国情、路情，进行渐进式的改革。同时，随着我国经济社会持续快速发展，资源、能源约束日益凸现，铁路作为一种运输能力大、运达速度较快、运输安全可靠、运营成本较低、占用土地资源和能耗及环境污染少的运输方式正日益受到全社会的普遍重视，铁路在我国国民经济和社会发展的过程中一直扮演着十分重要的角色，铁路的可持续发展的问题日益突出。为加快铁路建设总体要求和落实“十三五”铁路发展规划，研究铁路可持续发展旨在减轻铁路建设资金压力，优化运输组织，提高效率效益，增强企业内生动力，推进我国运输结构优化，进而推进资源节约型、环境友好型社会建设；同时，也对加快推进铁路建设，立足当前，利于长远，对稳增长、调结构、惠民生具有重要意义。

二、铁路体制机制和投融资发展现状

（一）铁路体制机制发展历程及现状

在面对世界各国纷纷对本国铁路业进行改革和改组并取得巨大成效的同时，改革开放以来，我国对铁路发展实施了一些体制机制改革。铁路发展的体制机制历程，可概括分为改革探索、推进和深化三个主要阶段。改革探索阶段主要是从20世纪80年代开始，由于当时铁路运输业竞争力严重不足、市场份额不断下降、经营效率不能满足经济社会发展的需要，我国对铁路业规制实行了放权让利、经济责任承包、地方铁路和合资铁路的探索等初步的改革。20世纪90年代后，公路、民航、水运等其他运输方式迅速发展，造成了运输市场上的激烈竞争局面，各种运输方式的市场份额发生巨大变化。1993年1月铁道部提出：“建立起适应社会主义市场经济的铁路新体制和运行机制”，如铁路进行公司化改造试点，进行建立现代化企业制度试点，实行资产经营责任制等。进入21世纪，我国铁路改革一直稳步推进，并取得重大进展。如稳步推进主辅分离、干支分离和客货网分账核算，深化运输生产力布局调整，实施局直管站段体制，铁路投融资改革。

（二）铁路投融资发展历程及现状

系统阐述我国铁路投融资改革的历史演变过程，主要从时空两个维度分析合资铁路建设为试点、区域性铁路股改融资、高铁建设吸引社会融资发展阶段。计划经济体制下，铁路建设全部由中央财政投资，铁道部负责实施铁路建设和经营；“七五”铁路实行“大包干”式的经济承包责任制，“八五”实行铁路建设基金制，此后国内银行贷款作为主要建设资金来源。进入21世纪，我国铁路投融资改革坚持“政府主导，多元化投资，市场化运作”的思路，全面开放铁路建设、客货运输、运输装备制造与多元经营四大领域，允许、鼓励非公有制经济参与，扩大股改试点、铁路债券规模和探索融资租赁，为铁路投融资体制改革打开了政策缺口。尤其是《国务院关于改革铁路投融资体制加快推进铁路建设的意见》（国发［2013］33号）、《国务院关于创新重点领域投融资机制鼓励社会投资的指导意见》（国发［2014］60号）及《关于进一步鼓励和扩大社会资本投资建设铁路的实施意见》（发改基础［2015］1610号），进一步鼓励和扩大社会资本对铁路的投资，加快铁路建设发展。

三、未来铁路建设面临的问题

（一）加快铁路建设的总体要求和落实“十三五”铁路发展规划

未来，我国实施“两个百年”目标、落实“四个全面”、“四大板块”和“三大战略”以及新型城镇化、建设生态文明对未来铁路发展提出新的要求，同时，构建综合交通运输体系和加快铁路建设也提出了总体要求。“十三五”期间预计铁路投产3.1万公里，2020年全国铁路营业里程将达到15万公里，其中高速铁路营业里程达到3万公里，覆盖80%以上的大城市；特别是加快中西部铁路建设及铁路“走出去”步伐，对铁路建设提出新的要求。

（二）面临的问题

在加快铁路建设的总体要求下，铁路发展也面临许多问题：一是快速铁路网不够完善、对外通道以及枢纽不够畅通、中西部铁路发展欠缺。二是铁路建设权益性资金来源有限，建设资金筹措能力明显不足，负债率逐年上升。铁路投入属于集中式投入，而产出属于均衡式，需要一个培育期，运营资金周转遇到困难。三是铁路债务大，民间投资动力不足，铁路建设是一个长周期低回报的过程。目前铁路债务已经突破4万亿元，但中西部铁路建设，社会资金积极性不高。因此必须要深化改革，消除社会资本进入铁路的障碍，拓宽铁路融资渠道。五是铁路投融资体制改革仍存在进入门槛过高，市场化程度低、产权界限不清晰，政企不分、运价政策不够灵活等问题。

四、铁路可持续发展的政策建议

主要从深化铁路体制改革，建立体制机制、厘清公益性和经营性，明确中央和地方的责任主体，引导社会资本进入，拓展商业融资，完善运价改革以及加强监管等方面提出可持续发展的建议。

（一）深化铁路体制机制改革，完善相关法律法规体系

尽快修订完善《铁路法》，加快铁路立法和法制建设，从法律法规和投融资政策上充分体现铁路的公益性特征和多重属性，使铁路的发展建设具有法律保障。适时修改完善预算法，将交通运输业纳入到预算支出范畴，并提高对交通运输业的重视程度，加大

中央预算支持力度。铁路运输中公益性和商业性两性并存，在某些领域公益性较强的行业，国家在相关法律法规中给予明确并作出相应规定，如铁路法、预算法等。法律中，应该明确铁路运输具有公益性和商业性兼有的属性，以及将公益性的支出主要由政府支付的要求写入法律。为了科学地确定每一项铁路基础设施建设和每一项运输活动的公益性和商业性比重，政府应公正、透明、合理地给予铁路建设和运营单位财政补贴，国家应制定相应法规，确定铁路建设项目和运营服务项目的公益性、商业性评价机构的组织、评价的事项、评价的标准和指标体系、评价的流程等。

加快交通运输业体制改革，推进政企分开，转变政府职能。尽快对我国铁路进行改革，推进铁路政企分开，明晰政府与企业的责任和义务，解决铁路无偿提供公益性服务的问题。同时，继续加快公路、水运、航空、管道、邮政、城市交通等交通运输行业体制改革，推进有利于建设综合运输体系的改革，为我国交通运输业建立公益性、盈利性合理机制提供根本保障。

（二）厘清铁路公益性、商业性基础设施建设和运输服务，实行分类管理

铁路运输作为经济社会发展的基础和交通运输行业的骨干，它既承担着客货从起点到终点运输经营活动的商业性服务，同时，又为社会提供基本公共服务的公益性活动，即铁路运输具有公益性和商业性的双重性质。

1. 对铁路基础设施建设公益性部分应由政府支付

对铁路基础设施建设，铁路发展基金的建立，政府给予了拨款，虽然体现了公益性和商业性，但对于公益性强的铁路建设，国家给予更多的支持。如：第一，中西部贫困地区铁路建设。由于这些铁路的建设主要服务于贫困地区的发展，有利于惠民生和保持地区安全和社会稳定。第二，国防边防铁路建设。这些铁路是为巩固国防，保证国家安全建设的铁路。第三，国际铁路。这些铁路的建设主要是为实现中国经济国际化，提升中国国际地位建设的铁路。第四，城际铁路。是为实现新型城镇化，满足城镇间人们出行的要求而建设的铁路。对于上述铁路，国家应给予更多的财政扶持。

2. 对铁路运输服务公益性部分应由政府支付

铁路运输服务包括货物运输和旅客运输两种服务。自铁路实行政企分开，铁路总公司实行铁路改革之后，经国家批准，对大量经营性的铁路货物运输价格实施浮动政策。但对于一些公益性较强的运输业务，如抢险和救灾物资运输、支农物资运输、化肥运输，一定方向的农产品运输（如新疆外运的棉花、东北进关的大豆粮食）、农药、化肥、磷矿、战备物资运输等，以及新开通的边疆和兵团地区的铁路运输，仍实行定点、定线、定价，甚至减价输送。建议对上述公益性强的运输业务，政府应给予财政补贴。具体方式可由政府主管部门划拨专项资金购买铁路的专项服务，也可以将专项资金补贴各项运输服务。对于旅客运输，对于经营性强的高速铁路运输价格，国家批准实施浮动政策。但对于既有铁路运输的大量客车仍实行国家定价的政策，而且十几年没有调价，特别是残疾军人人以及学生运输，民工进城以及返乡运输，市郊铁路运输，公益性强的铁路交付运输之初的旅客运输，这些运输服务公益性质突出，政府财政（包括中央和地方）应给予补贴。边防地区、贫困地区，客运应由政府补贴。对现在实施的低票价运输和新开行保证铁路沿线居民出行开行的普通客车应给予补贴。

3. 交通运输建设与运营实施分类管理

实行分类建设与运营是国外交通运输业发展的共同经验，实施分类建设与运营就是为交通运输创造平等竞争的环境与条件，使盈利性运输通过改善经营，获得一定的盈利能力和投资能力，使公益性运输减轻负担，达到改善服务、降低成本、增加收入的目的，提高承担公益性运输服务的积极性。

（三）明确中央和地方的责任主体，积极引入社会资本

多方举措探索铁路投融资体制改革方案，改革创新 PPP 模式。首先，加大中央财政专项资金投入力度，提出中央财政资金保障机制方案，明确中央和地方责任主体。其次，坚持铁路可持续发展理念，鼓励多元化投资，发展铁路发展基金和债券。第三，大力推广 PPP 模式，积极引入社会资本，完善有关的税收政策。第四，分类推进投融资改革。如铁路建设投融资，应分类进行考虑。对于考虑国家战略型的铁路建设，如川藏铁路，以政府投资为主；对城际铁路、支线铁路，以地方投资为主；对于国家干线铁路，运输大通道建设，考虑铁路总公司建设运营。第五，综合开发，加快推进铁路运输投融资改革，丰富多元投资主体，为铁路运输发展注入新动力。此外，国家 PPP 项目是鼓励各类社会资本通过特许经营、政府购买服务、股权合作等多种方式参与建设及运营，推进 PPP 的法律法规环境，加强监管力度。

（四）完善铁路运价改革，加强事中事后监管

进一步完善铁路价格形成机制。牢固树立和贯彻落实创新、绿色、共享、开放、协调的发展理念，加快放开铁路客运和货运竞争性领域价格；如扩大铁路运输企业自主定价范围，健全政府定价规则。尤其是铁路在化工品、金属制品等货物运输领域，不仅与公路货运形成了充分竞争，而且在铁路运输内部，散货快运与整车、零担运输之间也形成了激烈竞争，散货快运价格已实行市场调节，继续将这些货物铁路整车、零担运输价格纳入政府定价范围已经不适应运输市场形势变化。此外，健全国铁货物统一运价基准价与公路货运价格的动态调整机制，改进铁路货运特殊运价定价机制。按照“简政放权”要求，逐步实现铁路货物运价从事前审批到事中、事后监管的转变，改变铁路货运特殊运价定价机制。最后，建议由国家发展改革委牵头，由其他国务院部委协助，成立与公益性交通运输业相关的政府监督管理部门，负责公益性和盈利性交通运输业的决策与监督管理工作，加大对公益性交通运输资金、运价和交通收费的监管。

五、结语

铁路具有运输能力大、能耗较低、占地较少、污染较小等优势，是资源节约型和环境友好型的交通运输方式，加快铁路发展是我国交通运输发展战略的重要内容之一，符合我国国情。未来铁路可持续发展应顺应运输市场形势发展变化，完善体制机制，加强供给侧结构改革，厘清铁路公益性、商业性基础设施建设和运输服务，明确中央和地方责任，引进社会资本投资，拓展商业融资。

参考文献

［1］石京，杨朗，刘力元．我国铁路投资公平性问题和投融资体制改革的研究［J］．铁道工程学报，2006, 23(3): 92-96.

［2］殷红军，周国光．我国铁路实施 BOT 利益共享机制探析——以 CRBOT 推进铁路投融资体制改革［J］．重庆交通大学学报：社会科学版，2012, 12(1): 20-24.

［3］范文．关于深入推进铁路投融资体制改革的思考［J］．铁道运输与经济，2012, 34(11): 11-15.

［4］刘玉杰，谢亚伟．铁路客专项目地方投融资平台可持续性研究［J］．石家庄铁道大学学报：社会科学版，2013, 7(3): 10-14.

［5］张英华．探究铁路投融资体制改革［J］．财经界，2015(33): 122-123.

［6］刘铮．我国高速铁路可持续的投融资模式研究［D］．北京：清华大学，2008.

［7］白慧明．铁路建设可持续发展面临的若干问题及建议［J］．中国工程咨询，2011(3): 16-18.

［8］李红昌．中国铁路体制改革的基本发展方向分析［J］．铁道经济研究，2011, 4: 12-15.

［9］吕忠扬，李文兴．国外高铁建设发展对我国高铁可持续发展的启示［J］．物流技术，2013, 32(3): 18-20.

［10］王建国，钟贤．铁路法规体系研究与探讨——用法治思维促进铁路可持续安全发展［J］．铁道经济研究，2015, 06: 38-44.

［11］赵战斌．中国铁路运输组织模式的改革与可持续发展［J］．中小企业管理与科技（上旬刊），2012, (3): 184-185.

高铁经济带：内涵外延、发展路径与合作机制

周新军

（中国铁道科学研究院　节能环保劳卫研究所　北京　100081）

【摘　要】高铁经济带是一个与高铁经济和高铁走廊既相互区别又相互联系的概念。它是区别于其他经济带的一种新型的交通经济带。它以高速铁路为主要依托和纽带，突出高速铁路的特色和内在要求，以沿线高铁站为核心，规划建设车站经济圈，辐射带动周边产业园区和组团经济发展。把握这一要旨是规划建设高铁经济带的重要前提。打造高铁车站经济圈则是建设高铁经济带的关键环节和主要路径。而建立沿线区域利益相关者之间的合作机制则是做大做强高铁经济带的根本保证。

【关键词】高铁经济带　内涵　外延　车站经济圈　发展路径　合作机制

Economic Belt of High Speed Railway: Connotation and Extension, Development Path and Cooperation Mechanism

Zhou Xinjun

（Energy-Saving & Environmental Protection & Occupational Safety and Health Research Institute, China Academy of Railway Sciences, Beijing 100081）

Abstract: The concept of economic belt of high speed railway is different from linked to the one of high-speed railway economy and high speed railway corridor.It is a new kind of traffic economic belt which is different from other economic zones.It mainly relies on high-speed railway as a tie, highlighting the characteristics and inherent requirements of high-speed railway. It takes the high-speed railway station as the core to plan the construction of the station economic circle and with its radiation to drive the development of the surrounding industrial parks and group economy. To grasp the essence is an important prerequisite for the planning and construction of high speed railway economic belt. To build high-speed rail station economic circle is the key link and the main path of the construction of high-speed rail economic belt. And the establishment of the cooperation mechanism between the stakeholders is the fundamental guarantee to enlarge and empower the economic belt of the high speed rail.

Keywords: Economic belt of high speed railway　Connotation　Extension　Station economic circle　Development path　Cooperation mechanism

近年来，我国高速铁路获得了快速发展，至2015年底已投入运营的高铁总里程达到了1.9万公里，占全世界高铁总里程的60%以上。高速铁路在为人们提供更舒适、更方便出行的同时，也极大地拉动了沿线地区的经济发展。“高铁经济带”应运而生，全国不少地方在积极协商谋划跨区域经济合作，构建联合体，借助高铁平台，谋求共同发展。比如，广东、广西和贵州三省合力打造贵广、南广两条高铁经济带，规划方案已于2015年获得专家组评审通过，目前正处于落实阶段。2015年湖南、贵州也签署了合作协议共同打造“高铁经济带”（沪昆线湖南－贵州段）等。这些探索无疑为推进高铁经济带的建设起到了很好的示范作用。但由于“高铁经济带”毕竟属于新生事物，人们对它的认识还比较粗浅，需要不断深化。而在实践中，如何对高铁经济带进行合理规划，各参与方如何建立一种有效的合作机制，需要一些什么样的特殊政策措施等，这些问题尚待进一步思考和探讨。有鉴于此，本文就高铁经济带的内涵、发展路径与合作机制等问题重点进行分析和论述，以供研究者和实践工作者参考。

一、高铁经济带内涵外延

正确理解高铁经济带，是规划和建设高铁经济带的基础和首要前提。目前有些地方在实践中出现的一些问题，原因就在于认识上发生了某些偏差，以至于在实践中没有抓住高铁经济带的核心要素，也就难以产生预期效果。

（一）高铁经济带的概念

目前对于高铁经济带并没有一个大家普遍认可的比较权威性的概念，仍处在探索阶段。笔者查阅的文献，主要有以下几种提法：①关于高铁经济。刘继广、沈志群（2011）认为，“高铁经济”泛指依托高速铁路的综合优势，促使资本、技术、人力等生产要素，以及消费群体、消费资料等消费要素，在高速铁路沿线站点实现优化配置和集聚发展的一种新型经济形态。②高铁经济带及其特征。汪建丰（2015）认为，高铁经济带就是由不同等级的发展中心和相互联系的产业结构、技术结构、经济活动共同组成的巨型、带状区域经济系统。具有综合性、开放性、网络性、融合性和高科技性5个基本特征。③高铁经济带网络名词解释。百度上的一个名词解释，将“高铁经济带”定义为以高铁线路为基础，沿线各省市互相合作，共享资源，形成一个经济一体化区域，把地区实现互动发展重要战略通道的作用充分发挥出来。

以上定义虽然注重了高速铁路某些要素比如站点、线路等，但缺乏完整性，尤其是没有抓住高速铁路客流的特点，忽视了由高铁构筑的综合交通对经济带的引领作用，内容比较笼统和空泛，因此，需要进一步充实和延伸。

（二）高铁经济带内涵要素

笔者以为，就高铁经济带的内涵而言，首先需要明确的是，“高铁经济带”是一个与普通经济带、高铁经济、高铁走廊既有联系又有区别的一个概念。

1.“高铁经济带”与经济带

毫无疑问，高铁经济带属于经济带的范畴，但又不是一般性的经济带，而是一种新型的经济带，是一种以交通为引领，整合和优化沿线生产要素配置，带动沿线地区经济发展的新模式。具体而言，它是一种交通经济带，类似于长江经济带。区别在于两者依托的对象不同，长江经济带依托的是水运，而高铁经济带依托的则是高铁，突出高铁“快速、大运量、准时性”的客运特点，是以客流带动资金流、货物流、信息流等生产要素，形成产业链和产业集群，使城市之间、城乡之间形成紧密的经济发展关系。传统的观点把经济带的发展重点放在“物”上，而高铁经济带则把重点放在“人”上。毕竟在各种生产要素中，“人”的因素是最活跃因而也是最重要的，一个地方有了“人气”，经济发展才有“生气”。“高铁经济带”更能把人的要素发挥到极致。比如，高铁形成的“同城现象”使得人们的工作地、生活地和投资地发生了有机的分离，人的消费和投资范围快速扩大，带来资金的快速流动，进一步带动物流、信息流和人才流。在高铁经济带的初级阶段，最直接的效益体现在旅游上。到了中高级阶段，其他产业就会快速发展起来，比如会展业以及包括电子信息产业在内的一些高端制造业等。

2.“高铁经济”与“高铁经济带”

这是两个特别容易混淆的概念。“高铁经济”体现高铁发展的整个过程中，大致可分为两个大的时间段。第一个阶段是高铁建设阶段，表现为带动钢铁、水泥、建材等相关行业的发展和吸纳就业等方面；第二个阶段是线路建成后投入运营阶段，经济效益又可以划分为两个方面。一是高铁运营本身所创造的价值，即内部效益。这就是民众关心的高铁是否盈利的问题。二是高铁对沿线经济所产生的影响，主要体现在经济带发展状况上，即高铁的外部效应。因此，就两者的关系来看，“高铁经济”包括了“高铁经济带”，而高铁经济带只是高铁经济的一个组成部分，两者是包含与被包含的关系。

3.“高铁经济带”与“高铁走廊”

“高铁经济带”更多的需要跨地区各部门合理规划，共同投资，才能成型，具有众多人工精心“雕琢”的痕迹；而“高铁走廊”更多的是自然形成的痕迹，也就说高铁开通了，这条经济走廊也就随之形成了，这条通道不需要更多的人工去“雕琢”就可以发展起来，自发性的特点十分明显。因此，“高铁经济带”更能体现高铁对沿线经济所产生的最优影响。

明确了以上几对关系后，“高铁经济带”的内涵特征就比较容易勾勒出来了。“高铁经济带”应具有以下几个方面的内涵要求：

（1）以高铁车站为核心规划建设城市综合交通枢纽和配套设施，带动沿线地区的综合交通运输网络和基础建设的快速发展。这个内涵明确了高铁站在高铁经济带中的核心地位。这个内涵要求突出了高铁在综合交通运输中的地位，解决了各种交通运输方式各自为政的散乱问题。强调交通枢纽必须围绕高速铁路来进行，其他运输方式承担客流的集疏功能，为高铁配套，才能适应高铁客流需求。

（2）高铁经济带以高速铁路为主要依托和纽带，突出高速铁路的特色和内在要求，以沿线高铁站为核心，规划建设车站经济圈，辐射带动周边产业园区和组团经济发展。实际上沿线地区的生产要素主要是通过高铁站这个重要的节点来进行交换和对接的，如果没有高铁站，只有高铁通过，很难对该地区经济发展产生影响。因此，需要充分重视高铁站的地位。

（3）高铁经济带规划最终要形成“主轴带动、网络布局”的网带型物理结构，实现以高速铁路的人流（客流）快速带动资金流、信息流、资源流和人才流，强力推进高铁沿线地区的生产要素互联互通、产业发展、旅游合作以及城镇化建设。这一内涵解决了高铁经济带的边界问题，避免了把高铁经济带当成一个可以囊括一切的框，从而突出了高铁经济带的鲜明特点。

（三）高铁经济带外延

高铁经济带外延涉及它的边界问题。从纵向来看，边界容易明确，由于高铁经济带主要骨架为纵向长条型通道结构，因此，它的边界就是高铁线路两端站点城市。目前的主要问题在于它的横向结构，就是“宽结构”如何确定，目前比较模糊。实践中出现了很多问题，以至于沿途有些省市将全市甚至将全省一些发展重点都纳入高铁经济带规划。这显然是过宽过滥，没有把握住底线。笔者以为，“宽结构”包括三个圈际：首先是核心圈，即“高铁站经济圈”，范围应在5km范围之内；其次是中间圈，即“核心圈”与老城区之间的区域，是一个过渡层，各种要素通过这一层空间，在车站经济圈与老城区之间进行交换，范围大约在5~15km；外表圈为老城区以及周边地区，构成“辐射层”，核心层、中间层以及城市原有的辐射效应叠加在一起，形成更大的辐射力，范围应在高铁一小时经济圈内。而核心圈与中间圈往往会形成城市的“副中心”。这种空间的划分视高铁站的规模而言，规模大，辐射效果强，反之则反是。同时，还要视高铁站的位置，如果高铁站距离老城区比较近，中间圈就扩展至老城区了。

为了比较清晰地标明高铁经济带的外延，可用图1来进行说明。以某一个高铁站为例。三个圈从小到大表示从内到外的核心圈、中间圈和外表圈。每一个高铁站都形成这三个圈，通过产业分工和合作，以及内圈的综合交通合成一个有机的整体。然后，通过高铁线路把这些高铁站以及大小不一的各个圈连接成一个长方形的带状的经济区域，这个区域即为高铁经济带。

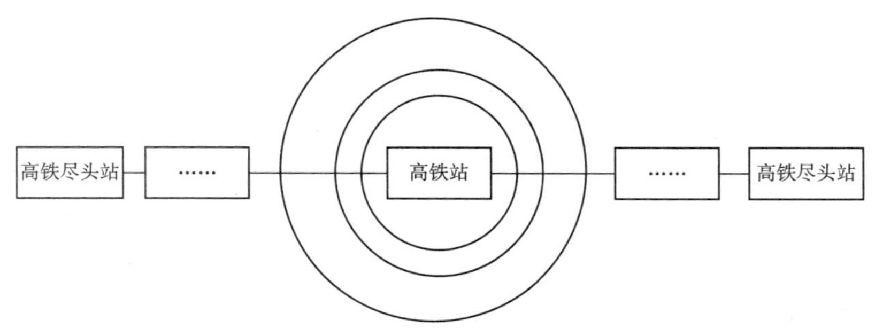

图1　高铁经济带形成机理（注：图中的省略号为高铁沿线若干站点）

二、高铁经济带发展路径

高铁经济带需要精心规划，各参与方需要精诚合作，经过若干年发展才能最终形成。如何发展高铁经济带呢？笔者以为，主要的发展路径包括以下几个方面：

（一）推动以高铁为引领的城市基础设施一体化建设

以高铁为主线，推动沿线城市铁路、公路、航空、水运、城市轨道交通等多种交通方式之间的无缝衔接，形成互联互通的城乡综合交通网络。重点把规模较大的高铁站所在的城市建设成为重要的高铁枢纽城市，更好地体现沿线所在区域在国家发展战略中的定位。

1. 城市综合交通枢纽规划与建设

目前很多城市高铁站不同程度地存在着客流集疏难的问题，乘客往来高铁站颇费周折，主要是这些城市缺乏与高铁配套的地铁、公交等相适应的运输条件。从未来发展角度看，这个问题显得尤为突出。经过近年来市场的培育，目前的高铁旅客发送量呈现快速增长的趋势。据报道，自 2008 年京津城际列车开通运营以来，截至 2016 年 7 月 11 日，中国高铁动车组累计发送旅客突破 50 亿人次，旅客发送量年均增长 30% 以上。2015 年全路高铁旅客发送量完成 11.61 亿人，旅客周转量完成 4041.0 亿人公里，分别占全路总量的 45.8% 和 33.8%，约占世界高铁的 60% 和 65%。从某一条高铁线路发送旅客来看，最引人瞩目的是京沪高铁。2013 年、2014 年、2015 年，京沪高铁日均运送旅客量分别为 23 万人次、29 万人次、33.5 万人次，同期相比分别增长 28.9%、26.1%、15.5%，其中 2014 年运送旅客量首次突破 1 亿人次，2015 年运送旅客量近 1.3 亿人次。从高铁站发送旅客情况来看，2014 年上海虹桥站发送量达到了 4390 万人（日均超过 12 万人），北京南 3474 万人（日均超过 9 万人），广州南 3023 万人（日均超过 8 万），如此大规模的客流量需要强有力的配套设施。目前，从整体来看，各城市的综合配套能力建设严重滞后于高铁的发展，城市之间的出行速度要大大快于城市内的出行速度，这种局面在未来发展中需要彻底改变。以广州南站为例，它的设计能力近期日接发客车 479 对，远期可达 620 对，客流高峰时期日发送旅客可达 30 多万人次。随着未来“八纵八横”高铁框架正式建成，日均发送旅客 30 万人次这个目标也会很快得到实现。因而，这些城市需要很强的综合配套。

综上所述，目前高铁沿线城市的首要任务是加大推进以高铁站为中心的城市交通综合枢纽建设力度，推动“铁、公、航、水”等多种运输方式的无缝衔接，加快建设连接高铁、机场、港口、重要旅游景区的公交线路，消除“断头路”。同时，要合理配置城乡之间的公交路线，方便乡民乘坐高铁出行。通过高铁站的建设，拉动城市综合交通的发展，并使高铁站成为城市的最重要的交通枢纽。

对于“北上广”一线城市和其他直辖市、省会二线城市，由于人口众多和市内交通拥堵，尤其需要加快城市轨道建设。主要考虑以下几个方面：一是加快高铁站与原有大型铁路客站，以及与机场和大型客运码头之间的城市轨道交通建设，提高旅客换乘速度。二是有条件的城市要加快建设高铁站与重要旅游景区、大型游乐场如滑雪场等的城际轨道交通（或者市郊铁路）建设。从城市轨道交通的配套规模来看，“二线城市”初期可考虑建设一条轨道交通，中长期可规划建设 2~3 条城市轨道交通。“一线城市”中长期需要配备 5~8 条线路。从巴黎和东京这些国际性大都市地铁配套来看，高铁站至少有 5~8 条地铁线通过。原因是高铁站已经完全颠覆了传统火车站的概念，已从“候车”转变为“经过”，

“即来即走”已经成为客流的一种常态。因而，特别需要强有力的集散能力。反观国内，目前地铁线通过最多的高铁站是上海虹桥站和广东的广州南，其实也只有3条线路通过。而北京南和北京西目前只有2条线路通过。从现状来看，频显能力不足。加快提升客流的集散能力，仍是这些高铁站面临的一大挑战。对于地级市，在符合条件的情况下可规划建设一条与高铁站配套、连接各公交站点和繁华区的城市轨道交通线路，并根据高铁开行时间高峰段设立相应的公交专线，为广大旅客出行提供服务。

总之，要围绕高铁站，建设四通八达的城市交通线路，构筑向外延伸和辐射的交通基础框架。

2. 促进跨区域综合交通互联互通

总体设想是，高铁沿线的城市要以高铁线为重要纽带，积极对接其他交通运输方式建设项目，构建跨区域的综合交通运输大通道，提升能源、信息等基础设施的共建共享和互联互通水平，增强基础设施一体化引领跨区域经济协调发展的能力。积极推动高铁线路与附近的经济圈内的城际轨道交通网连接。比如，广州南站要加快与珠三角城际铁路网的连接等。

（1）铁路网建设

为实现跨区域的客流集散，需要构建连接周边各等级铁路的快速铁路网，完善现有铁路网络结构，提升铁路网的客运能力和效率。主要途径一是完善既有高铁之间的无缝衔接。二是加快普速铁路新建和既有线路改扩建，实现县县通铁路，通过普速铁路将县级范围内的部分客流吸引到高铁上来。三是实现与高铁线平行的既有线路客货分线运行，并加快改造，提升货运能力。同时，也为高铁提供特色客运服务。比如，旅客带着小车坐高铁。2015年春运期间，北京铁路局开通了自驾游汽车运输班列，将私家车“托运”至目的地，而车主则乘坐动车前往目的地。本次北京铁路局开通了海南海口、广东广州、云南昆明、福建福州、浙江温州、黑龙江哈尔滨共六个方向自由行自驾游汽车运输专列。通过高铁客运带动了平行线货运业务的发展。

（2）公路网建设

主要是连接城市与乡村的公路，就目前现状来看需要加大高铁沿线国省干线公路和县乡道改扩建力度，推进高铁沿线美丽乡村小康公路建设，形成高速经济带内部完善的高速公路、干线公路和农村公路网络。

（3）机场建设

机场与高铁既有排它性，也具有互补性。排它性产生替代，互补性产生关联。在处理两者关系时，既要避免排他性，节约资源，消除重复建设。同时，又要发挥互补性，充分发挥两者的优势，形成配套发展。从未来发展来看，需要新建一批对改善高铁沿线辐射腹地和边远地区交通条件、促进旅游等资源开发以及应急保障具有重要作用的通用机场。通过规划发展临空经济区和临空经济带，完善与机场配套的基础设施建设。

（4）水运建设

合作方要合力推进高铁沿线黄金水道的开发建设，以干线航道为重点，加强干支流航道建设，完善和扩大高等级航道网络，拓展港口规模和功能，提高船舶标准化和现代化水平，进一步提升客货运能力。

通过跨区域综合交通网络的建设，目的是要满足高铁经济带外延地区发展的需求。

（二）促进高铁沿线经济融合协调发展

总的思路是，充分发挥高铁站场枢纽作用和经济带通道作用，以重要城镇和产业园区为载体，强化产业有序梯度转移和产业链条关键环节合理分工，增强跨区域协同创新能力，共同推进产业发展转型升级和提质增效，构建具有优势互补、协同配套、联动发展的现代产业集聚带。

1. 优化高铁沿线产业布局

高铁沿线产业布局遵循从核心圈到辐射圈，从大型高铁站到小型高铁站顺序进行产业布局和分工。

（1）培育多层次高铁枢纽经济圈

高铁枢纽经济圈的产业规划和布局是发展高铁经济带的关键一环，需要科学合理推进高铁车站周边区域综合开发，培育壮大高铁枢纽经济圈。大型高铁站“核心圈”产业应以“人流”的需求和特点为出发点进行产业选择。初期规划应以适应人们出行、生活和工作需求的产业，包括餐饮住宿、旅游服务、中介服务、房地产开发、总部经济等为主，中远期以现代服务业（包括金融业、电子信息和计算机软件业、商业服务等）以及会议会展、文化体育产业等为主。“中间圈”积极推进铁路物流园、地方物流示范园、汽车城国际物流城、快递物流集聚区等“以物为中心”的服务集聚区建设。通过产业设置，新产业辐射老产业，完善原有产业体系。老产业为新产业发展提供支撑。“外层圈”（一小时范围内的经济圈）主要是推动跨区域高铁经济带合作试验区的发展，包加快以若干城市为核心的跨区域高铁经济带合作试验区建设，探索以高铁车站为核心的产城融合发展模式。通过高铁车站经济圈建设，逐步形成城市新区或城市副中心。

以广州南站经济圈为例。规划思路为：广州南站泛珠合作示范区为核心圈，向外形成外圈，将南海、禅城和顺德纳入经济圈，形成产业配套、市场潜力、政府服务、劳动力价格、产业链和规划前景等因素叠加在一起的综合环境优势，最大限度地发挥“高铁效应”。

除了上述高铁车站经济圈，还应加快规划二等站的经济圈区产业发展，着手规划三等车站经济圈。规划思路依次为核心圈产业布局、中间圈（包括中心城市在内的经济圈）以及外围圈产业发展布局。适时开发沿线三等站。由于三等站（行政县或县市所在地的高铁）目前规模小，客流不大，发展商机也不是很多，在规划上可以与附近的地市级组团开发，进行产业布局，承接其产业延伸和转移。比如，旅游开发、餐饮服务等。

（2）强化龙头产业带动作用

提升直辖市和省会城市综合服务功能，重点发展大数据、“互联网 +”等新兴产业以及金融服务、商贸物流、商务会展、科技研发、健康养生、生态旅游等现代服务业，增强人口、产业集聚能力，带动经济带共同发展；依托既有产业基础，携手推进制造业智能化、高端化、规模化发展，构建经济带先进制造业发展高地，辐射带动周边地区制造业转型升级，促进经济带制造业链条整合和差异化发展。一些旅游高铁线，比如贵广高铁等，要努力扩大提升国际旅游胜地影响力，创新旅游业态，拓展旅游功能，着力打造贵广高铁旅游经济圈，在经济带形成以苗乡侗寨、桂林山水、岭南文化为特色的世界级旅游精品线路。

（3）构建跨区域物流产业带

高铁经济内的货运需求一方面是客流直接带来的，一部分是园区内企业产生的。与此相适应，需要加快推进高铁沿线重要物流通道、储运设施和信息化平台建设，进一步完善沿线附近其他经济带综合交通运输网络体系。推动沿线主要城市科学规划、合理布局物流园区，形成实现联通各方的现代物流产业带。

（4）打造一批产业梯度转移基地

依托沿线城市现有产业发展平台，采取园区共建、飞地经济等多种模式，选择有条件的城市重点建设一批产业梯度转移基地，重点发展绿色食品加工、新型建筑建材、装备制造、电子信息、特色轻工等产业，有效提升区域产业发展层次和水平。

2. 建设最美高铁休闲旅游带

依托高铁沿线文化、生态、民俗等旅游资源，建立区域旅游合作联盟，促进旅游主题差异化、业态融合化、线路联动化、服务一体化和方式多样化发展，共建最美高铁休闲旅游带和跨区域一体化国际旅游目的地。

（1）突出旅游主题

着力突出山水、民族、文化三大旅游主题，打造一批特色旅游目的地。比如，贵广高铁经济带旅游产业，可以这样规划：以桂林为中心，都匀—凯里、贺州—肇庆为两翼，依托区域内的桂林、荔波世界自然遗产、华南最大天然氧吧姑婆山国家森林公园、富川国家慢城、黄姚文化旅游产业园及一批国家自然保护区、森林公园、历史古村落，打造世界级生态山水休闲观光旅游目的地；突出黔南州、黔东南州少数民族特色，打造贵州苗乡、三都水族、侗族大歌等少数民族旅游品牌。整合柳州北面四县（三江、融水、融安、柳城）壮族、苗族、侗族等少数民族文化特色旅游资源，将三江至柳州沿线打造成为民族特色鲜明、旅游功能齐全、旅游产品齐全、关联带动性强的国家级旅游风情带；充分挖掘广信文化、岭南文化、潇贺古道的内涵，积极开发两广美食、岭南年俗、狮艺武术、龙舟竞赛等文化节庆活动。

（2）推动旅游业态融合

积极推进旅游与健康养生、现代农业、红色文化、科普教育、体育运动等融合发展。探索发展医疗旅游、健康产业示范区和休闲旅游养生养老产业示范区等项目建设，开发一批健康养生产品；大力发展特色乡村旅游，鼓励和支持在高铁沿线打造一批古镇古村、主题庄园、特色村寨；依托沿线一些革命老区，大力发展红色旅游；创新科普和研学旅游，比如黔南州以FAST射电望远镜创新发展天文旅游等；探索申报国家公园，发展生态科普教育旅游；鼓励社会资本参与高铁沿线体育运动旅游发展，创建跨区域的马拉松、自行车、低空飞行等旅游项目。做大“工业名企一日游”、循环经济示范区等品牌活动，积极发展工业旅游。

（3）建立跨区域旅游线路

按照“合纵连横、优势互补、深度开发、整体推进”的思路，联手开发一批精品旅游线路。比如，贵广高铁经济带重点打造贵阳－都匀－柳州－桂林－贺州－肇庆－佛山－广州－港澳跨省(区)生态旅游产业带，使之成为最具特色的“山水文化走廊”。衔接沪昆、贵南、广深港高铁，逐步把港澳－深圳－广州－桂林－贵阳－昆明－东盟线路打造成为跨国（境）国际精品旅游线路。

（4）加强旅游整体营销和服务平台建设

以企业为主体，组建“高铁旅游营销联盟”，共同开拓旅游市场，积极开展互为目的地和客源地的旅游宣传促销活动。重点推进旅游集散中心建设，完善高铁与主要城市、景区的交通互联互通，打造一批自驾游和户外运动营地，促进“快旅慢游”、“一程多站”、“一线多游”等旅游方式多样化。实施粤桂黔高铁“智慧旅游”工程，建设一批“智慧景区”、“智慧饭店”、“智慧旅行社”、“智慧乡村”，实现旅游信息共享，提升游客旅游体验。

（三）着力打造高铁沿线新型城镇带

城市群形成的一个最基础条件，就是交通的便利。我国现在规划的很多城市群有交通，但并不便利，处于一种松散状态，这种理论层面的城市群实际上很难做到实处。高铁的开通运营，从根本上改变了这一现状，“同城化”把很多城市紧密地联系在一起，融汇成一体，形成了真正意义上的城市群。因此，高铁经济带另一个核心任务就是要依托高铁建设，推进沿线城市发展，形成大中小城市（城镇）集聚的城市群（带）。通过强化核心城市辐射带动作用，打造一批高铁新城，形成城市副中心，使原有的城市（城镇）扩容，增强城市功能和吸纳能力。

1. 强化中心城市辐射带动作用

所谓的中心城市包括三个方面的含义：一是高铁沿线城市规模和产业基础比较好的城市，二是著名的旅游或者工业城市，三是在扶贫方面具有明显拉动作用的城市。

（1）突出综合性门户城市地位

强化中心城市的功能定位和先进装备制造产业带核心区的地位，进一步深化创新驱动战略；依托已有的产业园建设，进一步将城市发展成为国家先进制造业基地、服务外包基地、高技术产业基地和自主创新研发基地，提升其在经济带的辐射带动作用。比如，广州市是“一带一路”规划的重要节点城市，通过建设广州南站经济圈，有利于促使广州市与澳门和香港快速形成“澳港粤大湾区”，成为与美国旧金山、日本东京湾类似的世界级湾区。因此，建设广州南站经济圈，对于强化广东省在“一带一路”中“桥头堡”定位具有十分重要的意义。

（2）打造以重要城市为核心的都市圈

比如，贵广高铁经济带要突出桂林、柳州服务中南西南开放合作、衔接“一带一路”的重要节点作用，进一步强化桂林国际旅游胜地、国家老工业基地、国家新型工业化（电子信息产业示范基地）、全国生态文明建设示范区、全国旅游创新发展先行区和国际交流重要平台建设；挖掘柳州作为西江经济带核心城市之一、国家汽车零部件生产基地和国家汽车及零部件出口基地、全国历史文化名城、中国优秀旅游城市等综合平台优势；以加快转变发展方式为主线，以改革开放为动力，加快建设面向东盟的国际化旅游都市圈、先进制造业基地、区域性现代服务业高地和信息交流中心；依托粤桂黔经济带合作试验区（广西园）建设，强化服务西南中南地区开放发展新的核心功能，建设成为我国内陆开放型经济战略高地。

（3）增强贫困地区中心城市的辐射功能，发挥扶贫作用

西部地区的一些高铁城市，可利用高铁经济带带动周边贫困地区的发展，使其尽快脱贫致富。比如，贵阳作为我国西部开放合作、衔接“一带一路”重要支点和西南重要陆路交通枢纽作用，可以通过两高经济带（贵广高铁及沪昆高铁）、贵安国家级新区、黔南州“一圈两翼”城市发展战略的实施，带动国家重要能源基地、资源深加工基地、特色轻工业基地、以航空航天为重点的装备制造基地建设，以及扶贫开发攻坚示范区、文化旅游发展创新区的发展。

2. 加快培育一批特色高铁新城

围绕高铁枢纽经济圈建设，加快培育一批有特色的高铁新城，通过完善高铁周边交通集散、商务服务、住宅、旅游及文化娱乐功能，提升总部经济、中介服务、高端物流、会议经济等承载能力，使之成为高铁沿线对外交流和展示的重要窗口。一方面要推动开发建设，加快住宅、办公、集中式商业、情景商业街以及 SOHO 等多种业态组成的综合性项目建设，培育形成千亿级商圈。另一方面，加快发展现代金融、商贸、旅游服务业以及会展等现代服务业，建立总部基地和商业中心。比如，贵阳北站经济圈发展潜力巨大，未来几年很有可能成为我国西南地区最大的铁路交通枢纽城市，这将是贵州省未来几年内融入“一带一路”发展规划的一颗重要棋子。依托贵阳北站经济圈的建设，将贵阳市培育成西南地区特色高铁新城。

3. 提升高铁沿线城镇发展水平

推动高铁沿线特色城镇的建设发展，科学规划城镇功能，塑造“地绿、水清、河畅、景美”、宜居宜业、富有民族文化气息特点的特色城镇。扶持区位条件好、发展潜力大的县城，以及具有一定规模的重点镇，培育成为小城市。推进美丽宜居乡镇、生态乡镇、绿色乡镇和特色名镇建设，培育壮大重点镇。依托产业基础，培育一批工贸型小城镇；依托交通要道，发展一批交通节点型小城镇；依托特色旅游资源，打造一批旅游型小城镇。积极发展县域经济，引导小城镇向专业化、集约化、特色化方向发展，壮大县城和小城镇经济实力。

加快破除城乡二元结构，让广大农民平等参与现代化进程，共同分享现代化成果。完善城乡发展一体化体制机制，着力推进高铁管线一带城乡规划、基础设施、公共服务一体化，促进城乡要素平等交换和公共资源均衡配置，加快推进城乡统筹发展试点。加快城乡户籍制度改革，逐步把符合条件的农业转移人口转为城镇居民，稳步推进城镇基本公共服务常住人口全覆盖。积极运用商业保险机制为新市民提供长期均衡的养老、医疗等保障。

4. 促进跨区域人力资源合理流动

通过政策引导，促进高铁沿线地区经营管理人才、科技人才、商务人士以及农民工等各类人员的快速有序流动，促进人才的交流和合作，通过“引进来”和“走出去”，

实现人力资源的最优配置。加强高铁沿线合作区域流动人口计划生育、法律援助、劳动就业等权益的保障服务。完善城乡居民基本养老保险制度，实现异地务工人员在不同养老保险制度之间的衔接。落实高铁沿线被征地农民社会保障政策。大力推进以养老服务为重点的社会福利事业发展，鼓励多种投资主体兴办社会化养老服务机构，在土地、税收等方面按现行相关规定给予相关优惠和扶持政策。通过居家、社区、机构三位一体，构建和完善基本养老服务体系。完善失业保险制度，扩大工伤和生育保险覆盖面，依法为流动性务工人员办理工伤保险。促进基本公共卫生服务逐步均等化，推进城镇居民基本医疗保险制度和新型农村合作医疗制度建设，加强社会福利、优抚安置和救灾应急保障机制建设，完善公共服务对接共享机制。

三、强化合作机制保障

由于长大干线的高铁经济带往往跨越了数个省、直辖市和自治区，因此建立这些区域的合作机制，是共同建设和发展高铁经济的一个关键环节，也是决定高铁经济带功能强弱的关键因素。笔者以为，需要在以下几个方面谋划合作机制。

（一）建立规划衔接机制

建立有效的高铁经济带规划衔接机制，共同研究高铁经济带基础设施建设、产业转移承接、生态环境保护等跨区域的重大问题，加强规划衔接，达成规划共识，确保空间布局协调、时序安排统一。加强地方总体规划、专项规划、区域规划与本规划的衔接，依法落实规划明确的重大事项、重大政策和重大项目。充分发挥市场在资源配置中的决定性作用，建立健全规划实施的市场主体参与机制。各省（区）人民政府要切实加强对规划实施的组织领导，制定实施方案，明确分工，落实责任，完善机制，推动规划实施。省（区）发展改革委要会同有关部门加强对本规划实施情况的跟踪分析和督促检查，适时开展规划实施评估。规划中涉及到主要城市、城镇，应根据本规划编制修订专项规划，加强消防站、市政消防栓、消防车辆装备等公共基础设施建设。

（二）优化政府沟通机制

高铁经济带参与方的各省（区）设立高铁经济协调推进机构，建立健全常态化合作机制。由省（区）人民政府主要负责人牵头的联席会议制度，协调解决规划实施过程中的重大问题。联席会议制度下设办公室作为合作管理常设机构，其职责主要是研究和制定高铁经济带区域合作发展规划；协调和解决高铁沿线区域与省区间的协调发展问题；审议、决定区域合作的重要文件；制定产业、投资、税收、就业等重大政策。建立省市（区）领导人定期会晤机制，定期举办高铁经济论坛和企业家经贸联谊会，促进沿线城市在产业定位、重大投资、旅游合作、物流发展等领域的交流合作，实现错位融合发展。

（三）实施口岸通关一体化机制

加强高铁沿线各类口岸建设，特别是支持内陆一类口岸建设，积极推进部分高铁口岸建设，打造高水平对外开放平台。加强省（区）港航业和综合保税区、保税港区、自由贸易园区合作建设，共同推动开放型经济加快发展。依托综合交通网络，加快内陆“无水港”布局和建设，推进“铁海联运”、“铁空联运”和航空中转合作。全面深化口岸通关改革创新，推广实施“属地申报、口岸放行”、空运货物“提前申报、运抵验放”等通关模式，加强电子口岸业务及技术合作，建立信息互联互通制度，实现监管互认、信息互换、执法互助，实现“一次申报、一次查验、一次放行”目标。

（四）创新资金政策保障机制

各省市（区）联合积极争取国务院及有关部门在高铁经济带规划编制、政策实施、项目安排、资金投入和体制创新等方面给予积极支持，并指导和帮助解决规划实施中遇到的问题。

以贵广高铁经济带为例。争取政策支持，将珠三角金融改革创新综合试验区建设扩大为贵广高铁经济带金融改革创新综合试验区，分别在贵阳、桂林设立分中心，将广州融资租赁业务、香港人民币市场融资业务等延伸到黔桂内陆地区，依托金融改革创新综合试验区金融支持职能，与港澳地区同业合作开展跨境担保业务，在贵广高铁经济带实行更灵活有效的跨境人民币投融资政策，推动黔桂地区高新技术、创新型企业到香港进行人民币融资。三省（区）联合设立贵广高铁经济带产业投资基金，重点支持高铁沿线经济带片区产业园区的建设和高新技术企业的发展。

（五）完善市场合作机制

推动建立和完善高铁经济带跨区域信用信息采集、评价和共享机制，探索跨区域信用信息披露、信用监督和失信惩戒的有效途径，促进跨区域社会信用体系建设，为跨区域合作提供保障。发挥高铁沿线商会和行业协会作用，鼓励和引导一批引领性骨干企业到各方投资发展，共同支持沿线附近发展比较成熟的合作示范区、试验区及多地共建园区等一批项目建设。支持沿线地区产权、股权、金融资产等要素交易平台开展物权、债券、股权、碳排放权等交易。

参考文献

[1] 邓霓．广西参与高铁经济带建设的策略分析［J］．东南亚纵横，2014,(12): 20-26.

[2] 李锡秉、刘毅华．中国高铁动车组发送旅客突破50亿人次［N］．人民铁道报，2016-07-22.

[3] 李卓．中国至少已有6条东部沿海高铁线路盈利［N］．每日经济新闻，2016-07-22.

[4] 刘继广，沈志群．高铁经济：城市转型的新动力［J］．广东社会科学，2011,(3): 20-26.

[5] 汪建丰．沪杭高铁经济带城市产业布局研究［J］．阅江学刊，2015,(5): 56-61.

[6] 吴秉泽，王新伟．湘黔签署合作协议共同打造“高铁经济带”［N］．经济日报，2015-08-03.

[7] 杨建光．打造京沪“高铁经济走廊”［N］．人民铁道报，2016-07-19.

[8] 周新军，薛峰．中国高速铁路建设的经济环境评价［J］．天津商业大学学报，2010,(4): 65-69.

[9] 周新军．车站经济圈：我国城市发展的新模式［J］．综合运输，2012,(6): 53-55, 62.

特大城市轨道交通规划工作的思考与建议

李鸿战

（铁道第三勘察设计院集团有限公司　天津　300242）

【摘　要】经对以往多个城市轨道交通规划的编制、评审、批复及实施建设过程的统计、分析、整理及初步思考，提出轨道交通规划的指导思想，指出应重点研究的主要方面和问题，对以后特大型城市轨道交通规划提出了相应的建议。

【关键词】轨道交通 规划

Consideration and suggestion on urban rail transit planning of the megalopolis

Li Hongzhan

(The third survey and design institute group cooperation, Tianjin 300142)

Abstract: Through the statistics, analysis, sorting and preliminary thinking on the planning process, review process, approval process and executing construction process of urban rail transit in multiple cities, the author puts forward a guiding ideology of the rail transit planning, points out the main aspects and problems that the research should focus on, and gives corresponding suggestions on urban rail transit planning of the megalopolis.

Keywords: Rail transit　Planning

一、问题背景

对于我国特大型城市来说，城市轨道交通规划工作具有重要和特殊的意义。一方面，城市轨道交通耗资巨大，往往成为城市的最大规模的基础建设项目；另一方面，城市轨道交通线网建设一般都是持续数年甚至数十年的浩大工程，无论在强度还是时间方面均会对城市经济发展产生甚大的影响。如果没有一个稳定、合理的规划，城市就无法科学制定经济发展计划，无法合理统筹宏观管理经济。

自 2003 年 9 月，国务院发布《关于加强城市快速轨道交通建设管理的通知》（国办发［2003］81 号）以来，全国共有 30 多个特大型或大型城市编制了城市轨道交通建设规划，近期（2015 年左右）规划建设轨道交通项目共计约 98 个，总长度大约 2900km，总投资 12000 亿元左右。规划远期（2020 年左右）线路 194 条，规划里程约 6450km；规划远景（2050 年左右）线路 301 条，总里程约 12100km。对这些规划研究的编制、评估审批、执行建设的过程表明，既有成功的经验，也有不少反复与不足。为进一步做好城市（尤其是特大型城市）轨道交通规划工作，本文对以往规划工作进行总结、思考、分析研究，以期得出一些初步和粗浅的思考结论与相关建议。

二、规划工作的指导思想

（一）轨道交通规划应依据并回归城市总体规划

轨道交通规划是城市总体规划的一项专业规划，并应以城市总体规划为依据，即：依据总体规划提出的城市空间总体布局、近期发展重点，相应规划布局轨道交通网络，以支持和实现总体规划的目标。并且，根据城市总体规划确定城市总体发展目标，合理确定轨道交通建设发展目标。在城市总体规划指导下，可适度超前研究轨道交通的远景发展设想。要按量力而行、稳步发展的原则，深化近期建设规划，把握好建设时机。

（二）轨道交通规划应科学合理确定轨道交通的定位和作用

发挥城市综合交通的整体优势，是城市实现高效便捷运输的基本方略。通过城市交通一体化规划，才能明确城市轨道交通在城市交通体系中的基本定位和功能，才能充分发挥轨道交通在城市交通中大容量和快速通道的特点，将轨道交通和城市各种交通方式有机衔接起来。轨道交通的规划要从全局出发，应建立城市现代化综合交通体系的理念，以轨道交通线路网为骨架，构筑便捷、通畅、高效、安全的城市交通枢纽和网络体系，尤其是对外交通的有机衔接，如铁路客运站、机场、公路长途客运站等各种交通枢纽的规划和建设，应相互协调、统筹规划，有条件时实现同步建设，或按规划和建设，做好工程预留的空间。

（三）轨道交通规划应重点解决城市发展中突出的交通矛盾

本着以人为本的原则，城市轨道交通要优先解决好当前城市中心区紧迫的交通出行问题。要注重当前、立足长远，统筹考虑城市中心区与郊区的发展。必须坚持轨道交通建设与沿线土地开发同步实施，以确保城市轨道交通与城市建设相协调。

（四）轨道交通规划应推动城市轨道交通建设与沿线区域开发相协调

城市轨道交通规划要与城市用地规划紧密结合，无论是交通疏导型线路还是规划引导型线路，都需要沿线高强度的土地开发与之配合，使旧城改造、新城建设与轨道交通客流相得益彰，达到共赢的目的。

综上所述：规划工作的指导思想总体上有依据总规、合理定位、解决矛盾、结合开发四大指导思想，其中：依据总规是总纲，是规划工作的根本目标；合理定位，是构建综合交通体系是根据要求；解决矛盾，是当前城市交通提出的迫切需求；结合开发，是规划资金平衡的重要保障。

三、城市轨道规划工作的思考与分析

（一）关于与相关规划的相互协调

城市总体规划是城市轨道交通规划的重要依据，但由于近年来城市迅猛发展，大多城市的总体规划都在修编过程中。同时，国家铁路近年来也处于高速发展阶段，有些城市的铁路枢纽规划也都进行了较大调整，铁路新规划引入带来城市布局的变化。在经济较为发达的城市群还开始规划建设城际轨道交通，需要与城市轨道交通规划进一步协调。以上给城市轨道交通规划带来诸多不稳定因素，甚至影响了规划方案的科学合理性。

因此，城市轨道规划应着重抓好城市总体规划、土地利用规划及相关交通规划（包括铁路网规划）落实和协调工作，为城市轨道规划提供可靠的依据。

（二）关于城市轨道建设的科学合理规划目标

城市轨道交通规划的目标是确定城市轨道交通功能和规模的重要前提。根据多个城市轨道规划的统计分析，某些城市存在轨道规划发展目标与城市自身发展有不相适应的问题。城市自身的规模、结构、发展方向不同，形成的交通需求是不同的，解决交通问题的方式和办法也不尽相同。但在不少城市的轨道交通规划中，出现不同等级、不同特点城市的规划目标基本相同，如大多确定远景年公共交通为主体，轨道交通为骨干，公共交通出行分担率均在40%~50%，轨道交通占公共交通比例均在40%~50%等，而没有根据城市交通发展现状和城市特点，综合考虑其他交通方式发展的可能，并从一体化角度制定科学的发展目标。

根据国外统计数据，1997年东京交通圈公共交通占机动化出行比例为64.1%，如机动化出行占全部出行按70%考虑，公共交通分担率只有45%。2003年伦敦公共交通分担率只有34.3%，其中轨道交通（包括铁路干线）占公交比例为46%。香港2002年公交占机动化出行比例为81%，约占全方式出行比例56%左右，轨道交通只占公交出行的31%。

实现交通发展目标是城市综合交通规划所应分析和解决的问题，合理规划轨道交通发展目标，是落实城市交通发展政策和公交优先战略的具体体现，也是确立城市轨道交通在城市综合交通体系中定位和作用的重要手段。

对应国外城市轨道交通运营统计分析，及国内城市的特殊情况，经对多个城市的研究分析，按我国不同等级城市分类来确定城市轨道交通远期发展目标应分类拟定，初步建议为：

超大型城市：对于北京、上海这样1000万人以上的超大型城市，可确立轨道交通在城市综合交通中的主导地位，根据公共交通发展目标，轨道交通客运量占城市公共交通客运总量的比例可达到50%左右。

特大型城市：对于300万人以上有条件发展地铁的特大城市，可确立轨道交通在城市综合交通中的骨干地位，轨道交通客运量占城市公共交通客运总量的比例可按不超过45%规划。

一般大城市：对于有条件发展轨道交通的大城市，根据城市公共交通发展情况，可确立轨道交通在城市综合交通中的骨干地位或重要地位，轨道交通占公共交通客运量的比例可达到30%以上。

（三）关于城市轨道交通发展模式

轨道交通发展模式问题是关系轨道交通规划科学性的又一重要问题，目前一些城市在规划中往往存在忽视发展模式的研究，造成规划方案全部为地铁线路，从而产生不合理的长大线路等现象。

通过对国外发展比较成熟城市轨道交通分析比较，大多城市轨道交通都是由地铁、轻轨和市郊铁路等各种线路协调发展而构成的城市轨道交通网络。城市规模越小，地铁所占比例越低，即使是国际化大都市，市郊线和轻轨也占有一定规模比例，地铁线路也不是很长（如 2003 年伦敦人口 739 万，拥有地铁 408km、轻轨 29km、市郊铁路 788km；2002 年香港人口 689 万，拥有地铁 87.8km、轻轨 36km、市郊铁路 77km；2000 年日本札幌人口 190 万，拥有地铁 48km、市郊铁路 53km）。伦敦、纽约、巴黎、东京 4 城市地铁线网规模只在 200~400km，且只建在地面交通非常拥堵的城市核心区，但在整个市域范围内还有大量的市郊铁路、城际铁路以及局部地区的轻轨线路，承担着 50% 左右的轨道交通运量。

因此在进行城市轨道交通规划中，应重视城市轨道发展模式的研究，根据城市实际情况和需求，合理选择大、中、低运量轨道交通形式，构成地铁、轻轨、市郊铁路线路有机衔接的轨道交通网络。具体线路规划时要充分考虑效率和效益，合理规划各条线路的功能和作用。

（四）关于近、远期规划的关系

大部分城市在进行轨道交通规划时，一般先研究远景（50 年左右）城市发展规划，在此基础上重点研究远景城市轨道交通网络，再从远景网中根据城市规划发展目标确定基本网络和近期建设项目。由于有关规划年限较长，不确定因素较多，实际工作中出现了诸如线网不稳定、近期建设项目选择和方案不甚合理等问题。

研究国外城市轨道交通发展历程发现，大多是在城市不断发展过程中，轨道交通线网随之不断扩展、延伸和补充。如莫斯科轨道交通线网在“环形 + 放射”基本构架确定后，经半个多世纪发展，才形成目前的 275km 线网规模（不包括市郊铁路），而不是开始就规划了目前的网络。

城市轨道交通是百年工程，有必要也必须进行研究远景规划。但城市轨道交通规划的重要依据是城市总体规划，一般城市总体规划远期年限在 1~5 年左右，远景城市发展及布局方案需要考虑因素更多，远景城市轨道交通规划网络必然有许多不稳定因素。因此，在研究城市轨道交通规划方案时，应处理好近、远期的关系，重点研究与城市规划年限相接近规划方案，以便稳定基本线网方案，合理确定近期建设方案。

（五）关于交通疏导型（SOD）和规划引导型（TOD）线路

在目前城市轨道交通规划中，大部分城市轨道交通线路主要分布在市区，以优先缓解城市中心区的交通拥挤问题为主要目标。一些城市也规划了部分规划引导型的开发性轨道交通线路，但在实施中，由于多种因素制约，有些轨道交通建设与沿线土地开发时机结合得不好，出现轨道交通客流量远远小于初期预测客流量的状况，从而导致轨道交通运营效益很低，对城市发展的引导作用也难以得到体现。

事实上，城市轨道交通的作用在解决交通问题的同时，也对城市规划起重要的引导作用。因此，应注重当前、立足长远，统筹考虑城市中心区与郊区的协调发展，优先解决好当前城市中心区紧迫的交通出行问题。对于规划引导型的轨道交通线路，必须在稳定的规划依据基础上，坚持轨道交通建设与沿线土地开发同步实施，以确保城市轨道交通线路的运营效益。实际工作中应加强线路客流的科学预测工作。

一些城市轨道交通规划，比较注意线网覆盖面及线网的具体架构研究，对线路所承担的功能研究往往不够，容易造成线网规模过大，线路过长，不同功能的线路归并到一条线上，给今后的运营带来困难。长大线路的规划应引起足够的重视。

（六）关于相关交通方式衔接与交通一体化规划

在城市轨道交通规划中应加强一体化交通规划研究，当前由于一些城市交通一体化方面工作仍比较薄弱，缺乏相互协调配合，各种交通方式没有较好地实现相互间的紧密衔接、便捷换乘，造成综合交通资源利用效率较低，交通拥堵现象经常发生。

城市轨道交通是城市各种交通方式中的重要组成部分，并在大城市公交中处于基础地位和起到主导作用，是形成城市内外、区域内外各种交通方式交换衔接的纽带和重要手段。一体化交通规划要充分发挥各种交通方式的功能和作用，统筹研究城市综合交通协调发展。城市轨道交通具有其合理的服务和适用范围，一般适用于中长距离出行为主的、大运量走廊的运输，是投资大、社会效益明显的交通方式，不能且无法替代常规交通方式。在与多种交通方式衔接方案方面，既要考虑效率，还要考虑效益，必要时要充分发挥其他城市交通方式的作用。应重视大型综合交通枢纽的建设规划，以使各种方式合理衔接，方便换乘。

（七）关于城市轨道交通可持续发展

城市轨道交通是具有公益性的基础设施，政府在规划和投资建设中起主导作用，其一次性投资大，运营后相当长时期内需要补贴才能维持运营。因此，在城市轨道建设规划中，应重视轨道交通可持续发展的研究，对于规划建设方案，在加强环境、土地利用等建设条件的分析同时，还要加强项目自身的财务平衡研究，在规划建设中，应重点分析城市政府的承受能力，进行建设项目的资金平衡分析，对于初期运营亏损、还本付息的项目，政府要制定资金来源渠道和相关政策，以保证城市轨道交通财务可持续发展。

四、结语与建议

通过对编制城市轨道交通建设规划工作的分析思考，在复杂的特大城市要做好轨道交通建规划工作，尤其要遵循依据总规、合理定位、解决矛盾、结合开发四大指导思想，并结合城市具体特点和发展要求，重视分析确定与各个上位规划的关系，理清轨道交通的发展模式、发展重点和发展目标，在此基础上，做好近远期建设分期规划、处理好解决城市拥堵的交通疏导型（SOD）和结合开发的规划引导型（TOD）线路之间的规划平衡，充分衔接其他交通方式实现交通一体化。

轨道交通规划编制既是技术性工作，也是战略性和政策性工作。城市轨道交通规划编制，要全面贯彻科学发展观要求，使规划与城市社会经济可持续发展相适应。要提高规划编制水平，合理规划轨道交通发展目标，以实现城市交通发展政策和公交优先战略；合理规划城市轨道交通发展模式，根据城市实际情况和需求，合理选择采取大、中、低运量轨道交通形式，构成地铁、轻轨、市郊铁路线路有机衔接的轨道交通网络；加强一体化规划研究，统筹研究城市综合交通协调发展，加强大型综合交通枢纽规划，实现各种交通方式紧密衔接和便捷换乘；重视建设方案与城市自然和人文环境相协调的研究，注意沿线开发与土地保护相协调；增加运营效益研究，以保证规划的轨道交通线路有较好的运输效率和效益；做好市郊铁路线路规划，以发挥其在城市空间布局和结构调整中的积极作用。

参考文献

[1] 城市轨道交通工程项目建设标准[M]. 北京：中国计划出版社，2008.
[2] 毛保华. 城市轨道交通规划与设计[M]. 北京：人民交通出版社，2011.

国外轨道交通规划建设经验探讨

宋兴昊

（铁道第三勘察设计院集团有限公司　天津　300251）

【摘　要】轨道交通环线是城市轨道交通线网中的一种线型，巴黎、东京等城市是轨道交通环线成功布设，且充分发挥环线功能的典型城市。本文梳理了不同城市轨道交通线网结构特点，以期更为深入的认识城市空间结构与轨道交通线网间之间的关系，为我国其他城市轨道交通线网布局规划提供借鉴。一些大城市轨道交通线网结构是其城市职能以及空间布局共同作用的结果，我国城市在线网规划过程中应更多关注自身特征，慎重选择轨道交通线型。

【关键词】轨道交通　线网结构　线型　功能

Investigation on the Experience of Foreign Rail Transit Planning and Construction

Song Xinghao

(The Third Railway Survey and Design Institute Group Corporation, Tianjin 300251)

Abstract: Rail traffic circle is a type of linear urban rail transit network. The rial traffic circle has been successfully laid and given full play to functions in cities, such as Paris and Tokyo. This paper reviews the different structural characteristics of urban rail transit network in order to understand deeply the relationship between urban spatial structure and interconnection of rail transit and provide references for the urban rail transit network layout planning of other cities in China. Some metropolitan rail transit network structure is a combined result of its urban functions and spatial layout. In our country, when cities plan their urban rail transit network, they should pay more attention to their own characteristics and select the rail transit type carefully.

Keywords: Rail transit　Network structure　Line type　Function

一、引言

环线是城市轨道交通线网中的一种线路形式，设置与否、如何布设与城市规模、性质、空间布局、路网形态等因素密切相关。从功能上看，环线一方面可以联通分离线路、改善线网通达性、为折角客流提供快捷的换乘通道、增强线网整体效率、分流趋心客流、减轻中心换乘站压力；另一方面环线还可以优化城市布局、与放射线一起促进和支撑城市空间多中心形态的形成和发展，带动沿线地区发展、增强沿线旅客的周向联系、做大城市 CBD。

“放射线”加“环线”是很多城市选用的城市轨道网布设形态，这种布设方式在很多国外城市获得应用，如：东京轨道交通的山手线和大江户线、莫斯科的轨道交通 5 号线、巴黎轨道交通的 2、6 号线等。虽然理论研究表明棋盘型路网城市中，环线的换乘功能并不优于棋盘型线网，但环线的布设在很多城市获得成功，例如上海地铁 4 号线环线在其城市轨道交通线网中起到了支撑性作用，其环线作用充分展现。

本文通过梳理巴黎及东京两个主要城市的轨道交通线网结构，其轨道交通环线与城市空间布局之间的关系，以期挖掘城市轨道交通环线布设成功的原因和其发挥重要作用的机理，为我国城市轨道交通线网布局规划提供借鉴。

二、巴黎轨道交通简介

巴黎是世界上人口密度最高的城市之一，根据 2008 年统计数据，巴黎市区的人均密度，除去文森森林与布洛涅森林，达到 25,529 人 /km^2，在市区划分的 20 个区中（图 1），人口密度分布较为均衡，其中核心的第 11 区的人口密度最高达 40,672 人 /km^2，因此，市区内对交通覆盖率的服务水平有较高要求。

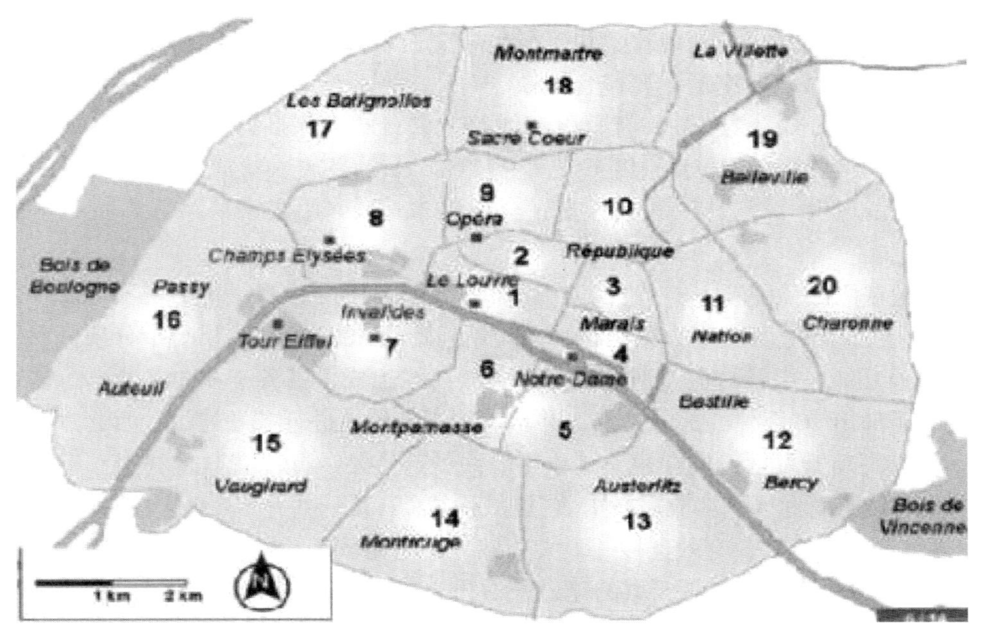

图 1　巴黎城区的分区划分示意图

巴黎的城市公共交通系统包括地铁（M）、区域快线（RER）、有轨电车（T）、常规公交，以及郊区铁路（Train）。结合城市空间发展结构，不同的公共交通系统各司其职，服务不同区域及不同出行需求，如图 2 所示。

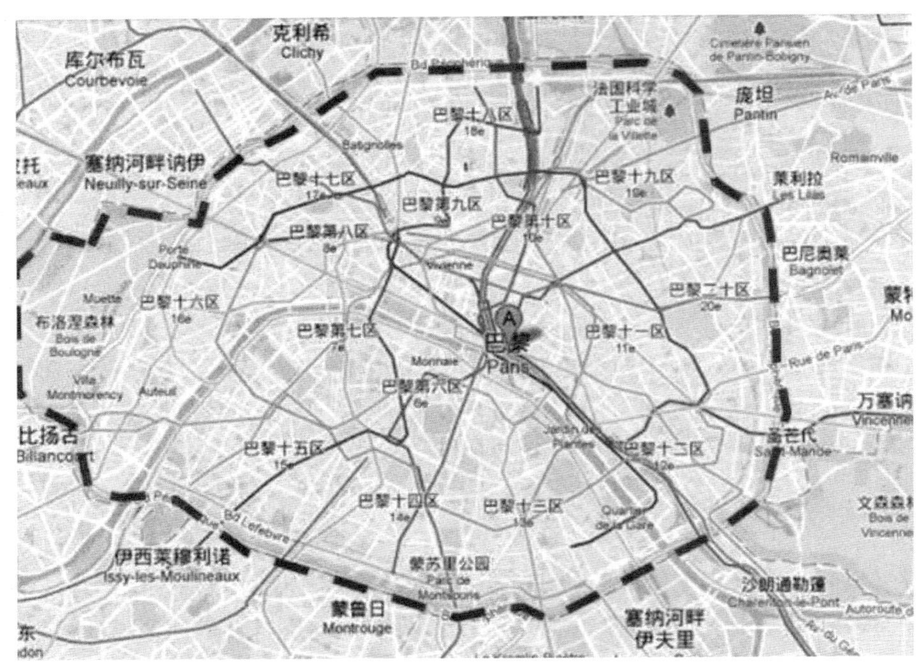

图 2　巴黎市区线网覆盖示意图

郊区轨道交通包含了大区快线网和郊区铁路网，以将郊区点状分散式建设的新城与城区联系起来，满足出行交换流量。巴黎轨道交通系统包含中心城和郊区两个层次轨道交通线网。中心城轨道交通主要包含地铁、有轨电车系统，服务于市区内部出行，地铁线路共 14 条，总长约 211km，有轨电车线路主要分布在城区外围，目前共 3 条，总长 20 多公里。大区快线（RER）共 5 条，全长 585km，呈放射状向外延伸；郊区铁路客运线网（train）共 5 个，近 30 条分支，全长 833km，利用国家铁路资源服务于巴黎大区客运交通。

巴黎地铁的服务范围主要是巴黎市区，即 20 个区，共 14 条线路，总长 200 多公里，承担市区内的主要公共交通方式出行，平均站间距约 500m，地铁出行十分便捷，承担巴黎主体交通功能。巴黎轨道交通网络由多条放射线组成，服务于多向客流出行需求。末端布设有延伸出 20 区外的部分站点，并重点利用末端站进行开发建设，西北方向的拉德芳斯，作为高新开发区，同样也是地铁 1 号线的起点站，并配置其他快线、有轨电车、常规公交等线路对此区域客流进行集散。区域快线（RER）：共有 5 条大区快速铁路（RER），即 A，B，C，D，E 线，有效连接了五大新城（蓬图瓦兹、马恩、塞纳儿、伊夫利和埃夫利）与市区，区域快线与外围新城的建设分不开，区域快线主要服务于长距离的向心出行，并对城市空间发展格局起到支撑作用。其中东郊马恩新城尤为突出，呈带状新城，沿马恩河谷像一串葡萄，市郊快线 RER A 线共设 9 座车站，每个车站对应一个新城，并且快线是在新城建设之前修建，是政策杠杆行为取得的好结果。

5 条 RER 线路均以市区为中心，呈放射状向外延伸到市郊，并在城区外围分多条支线延伸不同方向，作为“市域级”轨道交通，主要为“巴黎一郊区”的出行服务。5 条

RER 线路的 24 个分支呈放射状由巴黎市中心向郊区的各个方向延伸，覆盖了巴黎大区的大部分区域，可达远离市中心 20~50km 的地区，如戴高乐机场（B3）、凡尔赛（C5）、迪斯尼乐园（A4）等。站点分布主要集中在各新城区域，城区中心除 C 线沿西环与多条地铁线相交设站换乘，其余快线均在几大铁路枢纽设站，形成多层公共交通的综合换乘枢纽。

巴黎各层网络之间紧密衔接，形成了多个大型综合交通枢纽，将快线、地铁、铁路、以及公交进行综合换乘，例如拉德芳斯、夏特莱车站、圣拉扎尔车站等。另外，在网络中相交线路及邻近车站均通过连接方式形成网络之间的换乘关系，提高网络之间转乘的便捷性，尤其对于综合交通枢纽，换乘条件的涉及范围更大。

三、东京轨道交通简介

东京首都圈是以东京都 23 个区为中心，向外辐射半径 80km 的城市带，包括东京都周围的崎玉县、千叶县、神奈川县等（图 3），其中城市 26 座，总面积 13400 km^2，占全国面积的 3.5%，总人口 3760 万人，占全国人口的 27%，城市化水平达到 90% 以上。

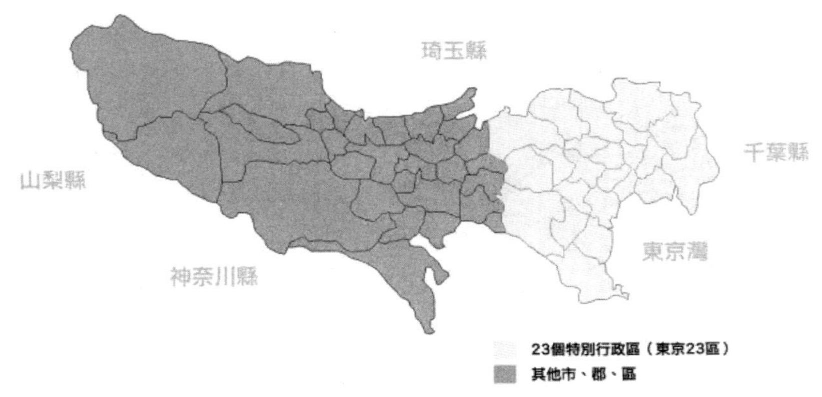

图 3　东京区划图

东京地铁（图 4），是服务于日本东京首都圈及其周边地区的城市轨道交通系统，目前包括由东京都交通局、东京地下铁两家公司共同营运的总共 56 条线路。东京地铁于 1927 年 12 月开通银座至浅草寺路段，东京由此成为亚洲最早拥有地铁的城市。东京地铁系统拥有 435 个车站，车站数量仅次于纽约，位居世界第二位。截止 2015 年底，整个东京首都圈铁路系统总长度已达 2500km，位居世界第一位。其中东京地铁线路总长 326km，位居世界第三位。日平均客流量为 1600 万人次（2015 年统计），年均人流量为 46.6 亿人次，是世界上全年客流量最大的地铁系统。东京地铁线网由东南海滨的城市中心向北、向西扇形发展，呈放射式布局，并与市郊铁路衔接联运。

东京地铁每条路线都与环状运行的山手线上车站交会，其中包括几个 JR、私营铁路与地下铁路线共同汇集的大型转运站（像是东京站，池袋站、新宿站与涩谷站）。许多路线并与部份 JR 线及其他私营铁路线相互直通运转，整体服务范围涵盖东京都、神奈川县、埼玉县与千叶县。

东京的轨道交通系统包含JR（日本铁道）、私营铁路和主要运行于23区内的都营地铁，来支撑东京都区内交通出行。东京23区中，为核心区域包含了千代田区、中央区、港区、新宿区和涩谷区，人口密度为1.16万人/km²，非核心区域人口密度为0.14万人/km²。

东京市区的人口密度小于巴黎市区，轨道交通站点分布密度亦低于巴黎市区，从东京不同模式的轨道线路站间距指标来看，市区地铁线最高限速80km/h，近80%的站间距小于1.3km，最大站间距达到2.8km；对于JR线路，最高限速为90~120km/h，其中环线山手线平均站间距为1.2km，其他市郊线站间距大部分在2.0~4.5km之间，有最小站间距为0.6km，最大站间距达到16.1km。

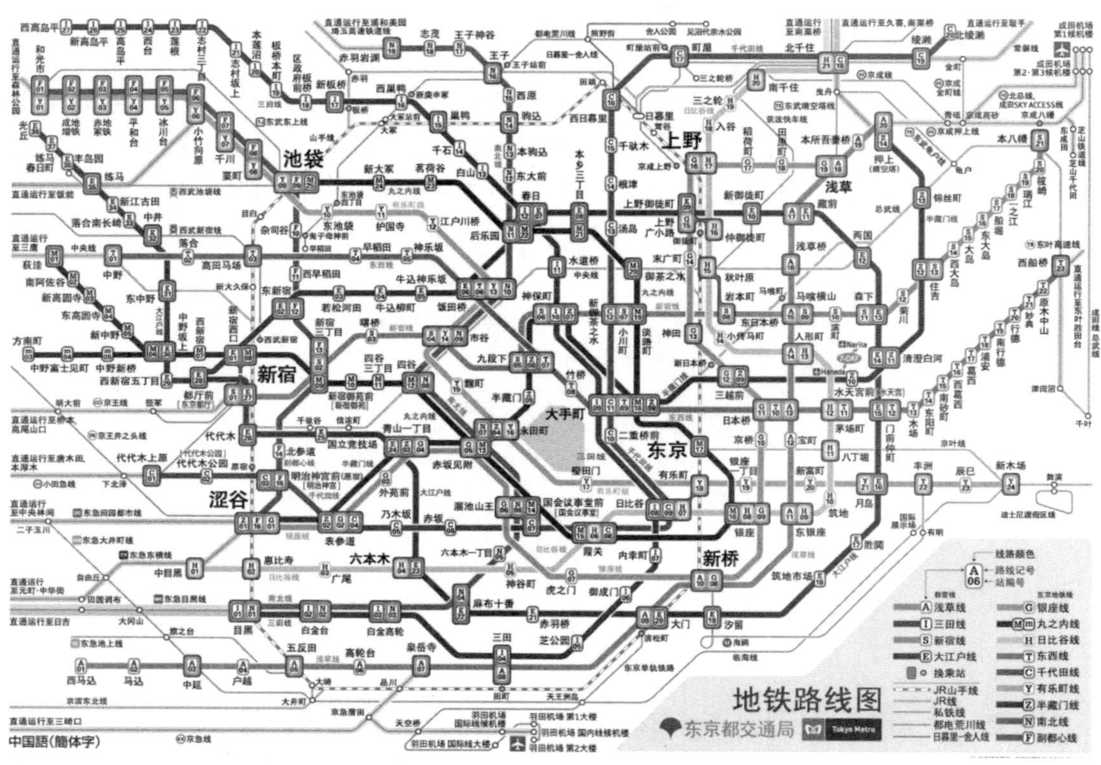

图4　东京地铁线路图

四、城市路网形态对环线客流的影响

从以上分析可以看出，巴黎和东京是典型的环形+放射形轨道交通线网布局城市，以往研究表明，对于棋盘型路网城市，轨道交通环线的换乘功能并不优于棋盘型线网。而其轨道交通环线作用得以充分发挥，类似的情况还有北京地铁2号线、10号线，上海地铁4号线。轨道交通线网中，环线作用得以充分发挥都是与完善的轨道交通线网结构和较大的线网密度密不可分的。世界主要城市北京、巴黎、伦敦、纽约、东京等城市的线网密度如表1所示。

世界主要城市线网密度对比表（单位：km/km²） 表 1

城　市	城市人口（万人）	核　心　区	中心地区
北京	2151.6	0.89	0.61
巴黎	248.3	2.16	0.96
纽约	833.7	2.48	1.18
伦敦	800	2.57	1.6
东京	1333（东京都）	2.83	1.05

从表中可以看出，即使是我国轨道交通线网密度最大的城市，北京城市核心区的轨网密度仍然要小于其他城市，相比之下，其中心地区的轨网密度则与其他城市较为接近。由于北京轨道交通线网半径线路较多，而穿过旧城核心区径向线路的缺失，导致经过该区域的过境客流只能依靠环线换乘，完成交通出行，引发北京轨道交通环线客流量大，导致其环线功能更为突出。

综合来看，高密度的轨道交通线网布设，是线网运输能力充分发挥，尤其是环线功能充分体现的必要前提。相比之下，我国城市地铁线网密度较低，为了充分发挥线网运能，贯穿城市核心区的 L 型、Ω 型、放射形等形式轨道交通线路建设应达到足够的密度，才能为轨道交通环线功能发挥提供有力的支撑。

五、结语

从上述巴黎、东京等城市轨道交通来看，城市的轨道交通系统种类多样，多种交通方式层次分明，各自交通功能定位明确，互为补充，相辅相成。巴黎的多层次、成熟、发达的公共交通网络，充分发挥了综合枢纽的效用，衔接换乘特点突出，多线邻近站点则形成地下连通通道。各城市较好的实现了综合交通的一体化发展。

整体上看，轨道交通线网运能得到充分发挥，尤其是轨道交通环线的功能的发挥与线网密度密切相关，只有线网密度达到一定水平，轨道交通线网运力才可以充分发挥。贯穿城市核心区的 L 型、Ω 型、放射形等形式线路的建设，对于提高线环形轨道线路客流量有重要作用。城市轨道交通环线对于整合城市分离线路，串联放射形线路，改善轨道交通线网通达性，为折角客流提供快捷的换乘通道，分流趋心客流有重要作用，这在城市轨道交通环线中得到充分体现。

目前，我国许多城市都在编制轨道交通线网规划，部分城市的线网规划中对于是否设置环线，受道路系统规划思想影响较大；其他城市在进行轨道线网规划的过程中可以借鉴世界上线网规划的成功城市的经验，但多数城市无论从城市规模、流动人口还是空间布局都没有巴黎、东京等城市大，城市现状线网密度较低，因此可以考虑通过径向轨道交通线路更好的解决城市交通问题；尤其对于棋盘型路网城市，为了优化轨道交通线网布局，最大限度发挥线路作用，对于轨道交通环线的采用需要更为慎重考虑和深入研究。

参考文献

[1] 中国地铁工程咨询有限责任公司. 北京市城市轨道交通建设规划(2014~2020). 2013, 9.

[2] 郑猛, 陈华, 佘世英. 城市轨道交通环线及其应用[J]. 城市轨道交通研究, 2008(3): 1-7.

[3] 吴小萍, 陈秀方. 城市轨道交通网络规划理论方法研究进展[J]. 中国铁道科学, 2003, 24(6): 111-117.

[4] 许泽成, 叶霞飞, 顾保南. 上海轨道交通3、4号线的运营模式[J]. 城市轨道交通研究, 2006(3): 10.

[5] 雷磊, 罗霞, 陈芋宏. 城市轨道交通环线的功能定位研究[J]. 交通运输与经济, 2009(8): 62-64.

[6] 何冬华, 袁媛. 轨道交通环线沿线的土地利用空间特征分析[J]. 现代城市研究. 2010(9): 90-95

[7] 王静, 刘剑锋, 孙福亮. 北京市轨道交通线网客流分布及成长规律[J]. 城市交通, 2012, 10(2): 26-32.

[9] 马毅林, 温慧敏. 城市轨道交通环线客流特征分析及启示[J]. 城市交通, 2013, 11(6): 50.

[10] 沈景炎. 城市轨道交通线网规划的结构形态基本线形和交点计算[J]. 城市轨道交通研究, 2008, 11(6): 5-10.

[11] Abdelfattah A, A Khan. Models for Predicting Bus Delays. Journal of the Transportation Research Board, 1998, 1623: 8-15.

[12] Lin W, R Bertini. Modeling Schedule Recovery Processes in Transit Operations for 18 Bus Arrival Time Prediction [J]. Journal of Advanced Transportation, 2004, 1934(3): 347-365.

[13] Chen M, X Liu, J Xia. Dynamic Prediction Method with Schedule Recovery Impact 21 for Bus Arrival Time. Journal of the Transportation 22 Research Board, 2005, 1923: 208-217.

[14] Lin W H, J Zeng. An Experimental Study on Real Time Bus Arrival Time 25 Prediction with AVL Data. Journal of the 26 Transportation Research Board, 1999, 1666: 101–109.

[15] Chen G, X Yang, J An, D Zhang. Bus-arrival-time prediction models: link-based and 29 section-based. Transportation Engineering, 2012, 138(1): 60-66.

旅游公路交通需求特征及预测方法研究

刘振国

（交通运输部科学研究院　北京　100029）

【摘　要】旅游公路交通量的预测是旅游公路及配套设施规划建设管理的基础。本文通过分析旅游需求的特点，将旅游公路的交通量分成旅游交通量和背景交通量两部分。对于旅游交通量部分，根据旅游景区的规划和道路旅游阻抗，综合考虑旅游人群的出行特征，通过交通生成、交通分布和方式划分及在特定旅游公路网的分配，计算得到公路的旅游交通量。把旅游交通量和背景交通量的叠加得到旅游公路总体交通量，对今后旅游公路交通需求预测方法有一定改进作用。

【关键词】 旅游公路 四阶段模型 背景交通量

Research on Traffic Demand characteristics and Forecasting Methods of Tourism Road

Liu Zhenguo

(China Academy of Transportation Science, Beijing 100029)

Abstract: Tourism traffic forecast is the foundation for the planning and constructing tourism highway and supporting facilities. By analyzing the characteristics of tourism traffic, we divide the tourism traffic into two parts: tourism traffic and background traffic. For tourism traffic forecast, we need to consider the characteristics of the tourism trips, tourism attraction capacity and tourism impedance as important factors. On this basis, we improve the Four-steps Method containing traffic generation, trip distribution, modal split and traffic assignment in the network, and compute the traffic volume of tourism road. Conventional method of traffic demand forecast is used to calculate the background traffic volume. All traffic volume on tourism highway is composed of tourism traffic volume and background traffic volume.

Keywords: Tourist road　Four-steps model　Background traffic volume

一、引言

旅游交通是旅游活动不可或缺的要素之一，是旅游业产生和发展的前提条件，是旅游业发展的命脉。随着经济发展和社会进步，旅游出行量迅猛增长，现状以通勤和公务为主的交通需求特点未来将逐渐过渡为通勤公务与休闲旅游并重的需求特点。虽然近年来旅游交通条件不断改善，以旅游公路为代表的交通基础设施大量规划建设，但旅游交通供需矛盾仍然突出，交通拥堵、结构落后、空间网络不完善等问题仍然影响着旅游业的发展。

交通需求分析是进行科学交通规划建设、实现交通可持续发展的重要支撑，同时还有助于建设旅游公路交通系统、带动发展区域旅游及相关产业。因此，探讨游客出行特征，分析与之相适应的旅游公路交通需求预测方法，具有重要意义。

二、旅游公路交通的需求特点

从广义上讲，所有服务于旅游交通出行的公路，都可纳入旅游公路范畴。近年来，随着旅游和公路的深度融合与公路规划建设的创新，国内形成了新的旅游公路内涵——狭义的“旅游公路”，即连接旅游资源同时具有旅游特色和服务水平的一种特殊公路类型。本研究指的旅游公路包括全部狭义旅游公路和广义旅游公路中承担干线通达旅游景区和串联旅游景区景点的公路。旅游公路与一般公路或城市道路相比，区别就在于其功能主要围绕旅游服务，一般具有设计速度相对低、旅游线路长、空间分布散、交通量季节性变化大的特点。旅游公路服务于旅游出行的特殊功能又导致其在交通需求特点方面不同于普通公路。

（一）旅游公路具有特殊的服务对象

旅游公路与一般公路的区别在于其功能主要是围绕旅游服务。旅游公路网的服务对象是游客，而一般公路的目的是为居民提供良好的日常交通出行环境。旅游公路的交通流量的构成是以客运交通为主，辅以少量的生产生活性货运交通。根据旅游方式、出行时间、目的地距离和客源范围，对旅游公路服务对象进行分类：旅游距离和辐射范围包括城市周边及郊区旅游和国内外重点风景名胜区及热点城市旅游；旅游方式包括团体游和自助游；交通方式包括旅游大巴、旅游公交、私人车辆自驾游和租赁汽车旅游等。随着旅游由向“大众旅游”、“全域旅游”方向的转变，近年来我国自驾游呈现爆发式的增长，使得自驾车旅游也成为旅游公路的重要服务对象。

（二）旅游公路交通量具有特殊的时间分布特征

相对于普通公路，旅游公路交通量具有较明显的季节性和低频特点。中小交通量旅游公路的交通流，尤其是在北方地区，明显具有季节性的特点，在每年的旅游高峰季节，其旅游交通量会大量增加。考虑到旅游公路使用的季节性，各个旅游区域在一年中都有相应的旅游淡季和旺季。此外，旅游公路特别是重点景区周边的交通量也会随着重大节假日（如“黄金周”）的到来随之大幅增加。相对于普通公路，在每一个小时间周期内（如一周或一天），旅游交通量的变化规律也会有所不同。

（三）旅游交通重视出行体验，呈现漫游和随机特征

交通是旅游行为的重要组成部分。对于旅游交通，很多情况下快速通达目的地并不是唯一的考虑，旅游出行体验的舒适程度、沿途景观的可观赏性和公路本身的游览价值都将是游客在选择路径时重要的影响因素。特别是针对一些本身具有旅游价值的公路，规划建设的目的就是要吸引游客，让游客有美好的体验。此外，游客一般会把若干景点

串联起来规划旅游线路，形成一个旅游出行链条。在这种情况下，公路的设计速度和通行能力更与普通公路不同，交通需求模型中的流量－阻抗模型也要做出相应的调整。

（四）旅游公路需设置较完备的服务设施

为了更充分发挥旅游公路的功能，旅游公路在服务设施配备和服务水平方面要求较高。旅游公路主要配套服务设施包括公路服务设施、交通安全设施、公路标识与解说系统和公路接驳系统等。旅游公路交通车辆以客车为主，轴载轻，小车多，重车少，载客多，载货少。目前，许多旅游公路等级很低，车况差，缺乏安全感，给旅游者造成严重的心理压抑，并且经常出现交通事故，给社会带来不良效应。旅游公路的旅客中有很大一部分来自外地，对当地路况了解不够，这就对平稳、舒适，即对道路服务水平，尤其是安全性提出了更高要求。

（五）景观环境对旅游公路有较高要求

旅游交通的出行目的多种多样，旅游公路不仅要满足送达旅客的基本交通需求，还要有悦目的外观和优美的环境，使人们在交通过程中感到舒适、惬意。旅游公路在串联旅游景点和景区的同时，往往途径自然保护区和生态敏感地区，旅游公路的建设还必须从生态保护的角度出发，提出具有生态保护功能的建设措施，避免对周边生态环境的破坏，减少环境污染、采取节能减排措施等。

三、旅游公路交通需求预测思路

与普通公路交通量相同，旅游公路交通量也可以分为趋势交通量、诱增交通量和转移交通量三部分，但预测方法和影响因素与普通公路流量有较大区别。如果把旅游交通量作为总体交通量的一部分，则需要先预测全方式的综合交通客运量，根据全方式交通量中公路交通量的比例推算公路交通量，从而推导出公路旅游客运量。此方法工作量较大，而且偏宏观，而且只能预测平均流量，不能综合考虑旅游交通量的季节分布特征，也不能与局部区域的旅游资源特性作良好的结合，意义不大。

旅游交通需求与日常生活出行在出行距离和时间等方面具有较大的差异，其不仅与研究区域有一定的相关性，更与旅游景区的客源腹地密切相关；旅游客流量随季节的波动性很大，存在明显的时间性和经济性特征。因此，旅游交通需求预测很难划分交通小区，由于交通阻抗突破了成本－费用的模型关系，传统的重力模型也不适用于旅游交通需求预测。因而本文的预测思路是将旅游交通量和背景交通量分开预测，借鉴交通影响评价中背景交通量和项目交通分离的研究方法，如图1所示。对于旅游交通量，通过分析旅游景区的客源范围，根据旅游区的旅

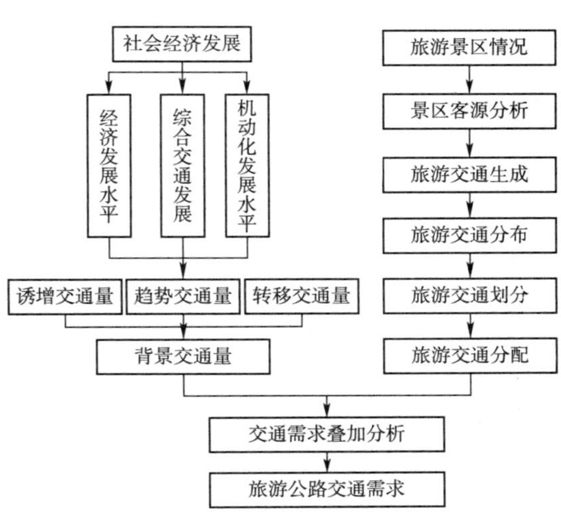

图1　旅游公路交通需求预测技术路线

游阻抗，预测各景区的旅游需求，在出行结构分析的基础上预测旅游交通需求；背景交通量采用常规的预测方法。

四、旅游交通量预测

（一）交通生成预测

旅游交通生成预测中，包括交通发生预测和吸引预测。主要采用旅游交通生成率法和容量限制法。对于新开发景区，一般采用生成率法；对于既有景区，采用容量限制法。对于已有的景区我们能统计出历史年份的旅游接待人数，对于新景区，把景区的规划接待人数作为游客人数预测的基础，预测未来发展趋势。常用的预测方法有平均增长率法、时间序列法、相关分析法、弹性系数法等多种方法，也可以采用组合模型进行预测。旅游景区的开发程度有高有底，在预测景区游客人数时，也可利用类似景区的接待人数进行类比分析，采用景区容量进行校核。

由于旅游到达和离开产生两次交通出行，而旅游人数只记录一次，因此景区游客人数在转换成为旅客交通时要乘以 2。此外，由于旅游交通生成表现出明显的季节性和时间不均匀性，不同时段的旅游交通量有很大的差别，在预测旅游交通生成量的时候，特别要建立时间季节调整系数，提高预测准确性。

（二）交通分布预测

旅游交通分布预测有增长系数法和重力模型法，这里介绍重力模型法。重力模型的基本假定是：小区 i 到小区 j 的旅游交通分布量与小区 i 的旅游交通产生量、小区 j 的旅游交通吸引量成正比，与小区 i 和 j 之间的旅游交通阻抗参数成反比。在旅游公路交通分布预测中，旅游交通阻抗的计算是关键，要综合考虑各个景区的重要程度、旅游资源质量和交通可达性的影响分析。对于部分具有较高旅游体验价值的精品旅游公路，可以把旅游公路路段从宏观尺度上作为一个吸引点来考虑交通分布。

$$X_{ij}=\frac{T_i U_j f(t_{ij})}{\sum U_j f(t_{ij})} \tag{1}$$

式中：X_{ij}——小区 i 到小区 j 的旅游交通分布量；

T_i——小区 i 的旅游交通产生量；

U_j——小区 j 的旅游交通吸引量；

t_{ij}——小区 i 与小区 j 之间的旅游交通阻抗参数；

$f(t_{ij})$——交通阻抗参数。

（三）交通方式划分

随着“大众旅游”时代的到来，旅行者的出行也呈现出多模式多方式的特点。在旅游公路包含的主要交通方式有：旅游包车（旅游大巴）、旅游公交、自驾汽车、骑行游和徒步游等。旅游包车（旅游大巴）以旅游团队运输为主，是公路旅游运输的传统方式。旅游公交车（旅游专线车）可以满足散客旅游出行需要，一般服务于城市周边景区通达或在景区内部运行。自驾汽车旅游是近年来兴起的个性、灵活和时尚的旅游方式，与传统的参团方式相比，自驾车旅游具有灵活自主、机动随机和可体验驾驶乐趣的特点和魅力，深受广大白领特别是年轻人的欢迎；根据驾驶工具的不同，可分为私家车自驾车游、租车旅游和搭车游等。此外，骑行游和徒步游属于较为小众的旅行方式，但也是绿色出行低碳环保的代表，某些路段也有大量的慢行交通的出行需求。

在交通方式划分中，常用到概率模型，一般分为为 Probit 模型和 Logit 模型，都是非集计分析中的一种比较常用的模型。对于机动车交通量可通过调查分车型平均座位、实载率、车型比例等，根据不同车型的换算系数把旅游交通量换算为标准小客车（PCU）交通量。对于部分旅游公路还需测算停车需求、服务设施需求及慢行交通流量。

（四）交通流量分配

旅游交通网络分配是旅游需求预测的重要组成部分。旅游交通网络分配的主要方法有容量限制－增量加载分配和容量限制－迭代平衡两种形式，可以通过 GIS 路网建好之后在计算机的迭代计算得以实现。此外，由于旅游交通流不同于一般社会交通流，在旅游交通的行驶路段、速度限制和交通管制措施等方面有其特殊性，在建立分配网络的时候，需要在网络中添加这些逻辑管制规则。例如有些旅游公路禁止通行货车，有些旅游公路设计速度较低带来通行能力较低，对于重点旅游集散中心和停车场周边的公路要考虑这些设施的容量和运营情况。

五、背景交通量预测

背景交通量由趋势交通量、转移交通量、诱增交通量 3 部分组成。趋势交通量指现有公路交通量按其固有的发展规律自然增长所形成的交通量，通常根据社会经济发展情况进行预测。道路项目建成后，现有运输网络的布局与构成将发生较大改变，运输网络的运行指标与参数也会发生改变，这将导致其他运输方式与项目之间发生交通量转移。转移交通量通常采用专家咨询法确定。

根据交通产生的机理，诱增交通量分为基于出行条件的诱增交通量和基于经济的诱增交通量。基于出行条件的诱增交通量是指在道路的新建和改建后，由于影响区的交通条件和服务水平得到改善而诱发的潜在交通量。旅游公路的诱增交通量指由于道路的新建和改建，改善了路网结构，提高了旅游资源的可达性，影响了产业布局和区域经济，从而诱发的派生交通量。

六、结语

旅游公路需求预测是一个新的领域，传统的公路需求预测方法粗略且没有针对性；本文从旅游公路的交通需求特点出发，对传统旅游交通需求预测的方法做出改进；提出了背景交通量和旅游交通量结合的预测方法，并针对旅游交通量预测提出了融合社会经济模型和旅游交通特征的四阶段法。旅游公路的规划建设方兴未艾，交通需求预测是其重要的技术支撑，探索结合旅游特点、交通需求特点和公路运输特点的预测方法尤为重要，新形势下如何结合新方法新技术还需不断探索进步。

参考文献

[1] 黄平．公路旅游运输客运量预测[J]．重庆交通学院学报，2002, 21(4): 51-53.
[2] 关宏志，任军，刘兰辉．旅游交通规划的基础框架[J]．北京规划建设，2001, (6): 32-35.
[3] 张文斌，王博，陈先义．旅游公路交通量预测模型研究[J]．公路工程，2013, 38(2): 87-90.
[4] 戴继锋，陆化普，唐忠华．旅游项目交通影响分析方法研究[J]．公路交通科技，2003, 20(4): 67-70, 79.
[5] 王炜，过秀成．交通工程学[M]．南京：东南大学出版社，2000.
[6] 吴必虎．区域旅游规划原理[M]．北京：中国旅游出版社，2001.

有效解决汽车在积水公路上行驶的设计方案

刘家欣

（交通运输部公路科学研究院　北京　100088）

【摘　要】近年来，国内部分城市相继出现雨后看海的问题，导致汽车在积水路面上行驶的严重情况，原因是道路的排水效率不够。本文针对该问题提出透水路面和防积水排气口两种应对方案。在试验的基础上，介绍针对汽车的新发明设计“防积水排气口”的结构和工艺，以及在我国需要推广的“透水沥青混合料路面”。

【关键词】汽车　排气口　积水公路　沥青　透水

Effective solutions to the car wading in the water on the motorway driving

Liu Jiaxin

(Research Institute of Highway, Ministry of Communications, Beijing 100088)

Abstract: In recent years, some cities in China have successively flooded after the rain, which leads to the serious harm of the vehicle driving. The reason is that the drainage efficiency of the road is not enough. In this paper, there are a permeable pavement and an anti-flooding exhaust pipe are presented. On the base of experiment, the paper introduces the structure and technology of the anti-flooding exhaust pipe, and the permeable asphalt mixture pavement that needs to be popularized in our country.

Keywords: Automobile　Exhaust port　Water highway　Asphalt　Permeable

一、背景

随着社会的发展，越来越多的人们涌进城市中去生活或居住，城市中楼房的密集度也就越来越高，而我们下面的排水系统似乎没有跟上城市发展的步调。由此而导致城市的抗灾能力越来越差，而且在已经高楼林立地下管线纵横的大城市下面加大下水道难度很高，稍有不慎就会伤到其他地下设施，不能像新兴城市那样没有太大顾虑的修筑大型下水道。一旦遇到暴雨这样的灾难天气，城市的积水很难及时地排泄掉，威胁到人们的生命财产安全。

西方一些工业化国家的城市化进程比我们早。他们高标准的排水系统建设早在 19 世纪中期就开始了，上世纪 70 年代后，一些发达国家率先进入暴雨雨水的管理阶段，许多大城市的排水系统都在不同程度上进行实时控制。由于建设标准高，体系完善，尽管城市规模与当时相比已是天壤之别，但排水系统仍运转自如。

我国青岛市老城区的排水系统是晚清时期德国殖民者设计建设的，近年来在大暴雨中经受了考验。北京的紫禁城和赣州有古代的排水设计，也不积水。同样规模的暴雨条件下，其他许多城市却淹得很厉害。

多年以来，我国针对这个领域的研究仅局限在“路面积水处理的措施与建议”这个范围内，并没有在用户实际使用的车辆和路面本身来专门研究新方案。下面在这两方面介绍有效的解决方案及技术措施。

二、汽车防积水排气口

（一）原理和设计方案

大家都知道，汽车的排气口一般比进气口低很多，如果在发动机运转的状态下有水从排气口倒灌入发动机，就很可能会造成发动机损毁。当我们遇到水面漫过汽车尾气排气口的积水时，必须保持车速不能太慢地驶过此处积水，以保持有较强的尾气气流排出排气口，这样可以一定程度上避免积水灌进排气口损毁发动机。一旦汽车在水面漫过汽车排气口的积水中停车，排气变小或停止一定会造成积水灌入排气口损毁发动机，那么这辆车很可能就泡在积水里走不了了。

“防积水排气口”可以避免积水倒灌，其结构并不复杂。上端管口朝下，总长度30~50cm，下端用一个软管接在汽车尾气排气口上，如图1所示。各种数据和材料并非严格要求，只要能出现这个形状的管子并且能以任何方式和汽车尾气排气口不漏水地紧密相连即可。

（二）制作原型产品的情况和试验

图2所示为防积水排气口装在汽车尾气排气口时的状态。

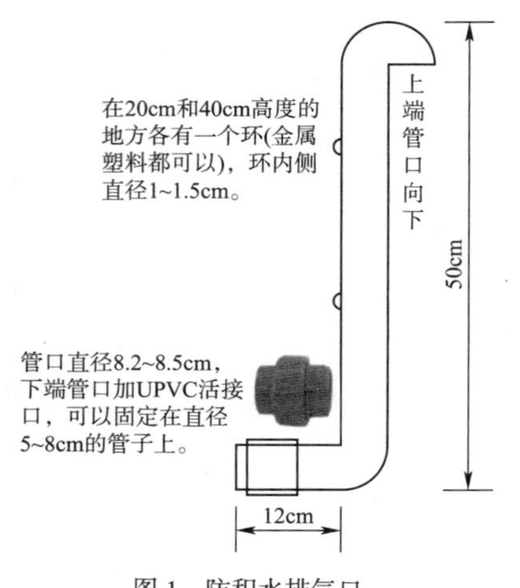

图1　防积水排气口

图2　防积水排气口装载汽车车尾

在图2中，只是简单地用绳带把防积水排气口拉紧栓在了汽车后备箱上。按照设计方案，应在汽车尾部一上一下焊接两个固定装置，以便坚固地把防积水排气口保持竖直状态固定在车尾，保持汽车尾气排放流通的状况下避免积水倒灌。图 3 是把防积水排气口用固定装置的方式固定在老年代步车车尾的效果图。

图 3　防积水排气口焊接在老年代步车车尾

试验表明，在车尾焊接固定了防积水排气口的老年代步车，可以在较深的积水处停车熄火，然后再次启动发动机行驶，其他汽车安装这个配件后也可以达到相同效果。个人制作“防积水排气口”这根弯管的成本是大约 60~80 元，如果各品牌汽车厂商批量生产可以进一步压缩成本。加个 200 元左右的配件对汽车车主来说应该不会是负担。当然，防积水排气口有一个小缺点，就是安装之后汽车不太美观，因此防积水排气口可以设计成根据车主需要随时拆装的结构。

（三）推广前景

当然，防积水排气口这项发明在推广的时候还是有一个比较困难的环节，就是各种品牌、型号汽车尾气排气口的形状和尺寸都不一样。所以，各品牌车辆的经销商应当设计出符合各种车型的防积水排气口。当然，作为交通运输行业的科研部门，为了彻底解决我国很多地区汽车在积水公路上行驶的问题，不能仅仅从汽车车身上寻找解决方案，也要从路面上着手寻求解决的路径。

三、透水沥青混合料路面

（一）技术背景

在上文提到了，北京的紫禁城在大暴雨的恶劣环境下从不积水。那么它的技术原理是什么呢？近年来，故宫博物院启动了故宫排水系统专项课题研究，除了众所周知的排水渠道外，还对故宫区域内不同类型的地面铺装的渗、滞和透水能力进行研究，最终评估其排水设施的排水能力（海绵能力），这样有助于全面和科学地认识故宫整体排水能力，同时也可以对海绵城市的相关研究提供数据支持。

故宫的地砖层的下面，有由碎石组成的地基层，这层碎石组成的地基充满了空隙，这些空隙在大暴雨的环境下就是紫禁城的排水系统。而紫禁城地基本身并不是平的，而是有北高南低的微小坡度。每当暴雨来袭，水就会在碎石组成的排水系统里由北向南流入紫禁城南侧的金水河（玉河）。

下面介绍一种充分将紫禁城的古代排水系统现代化的新型设计——海绵型透水沥青道路（sponge asphalt road）。

海绵型沥青道路主要是采用成品高黏沥青与大粒径骨料，经沥青拌和楼加工后，摊铺的透水沥青道路，可以是表面型的透水也可以是全透型的透水。海绵型透水沥青道路适用于城市市政道路和高速公路的建设。

（二）海绵型透水沥青道路的主要突出优点

1. 减少路面径流，控制海绵城市径流总量

吸纳和利用路面降雨，减少路面径流，是控制海绵城市径流总量达标的重要保证。透水沥青路面空隙率为 18%~25%，可就地消纳雨水。城市道路面积占城市总面积的 25% 左右，只有道路透水，才能达到城市 70% 就地消纳和利用雨水的刚性控制指标，如图 4 所示。

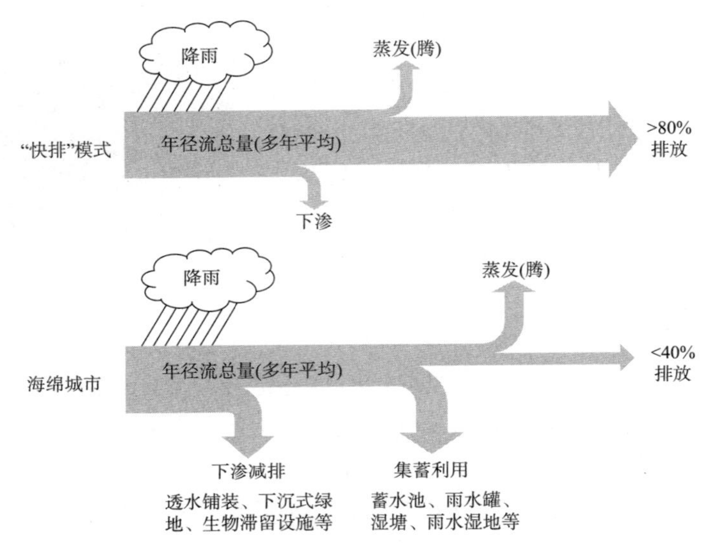

图 4　海绵城市径流控制

2. 低碳环保、节约原材料、减少二氧化碳的排放

海绵型沥青路面的空隙率为 18%~25%，比普通沥青路面大 20% 以上。而油石比为 4.6%~5.0%，其混合料比重为 2.0，而 SMA 混合料的比重为 2.5，油石比为 5.5%~6.5%，因此，海绵型路面可节约沥青等原材料 20% 以上，减少二氧化碳的排放，如图 5 所示。

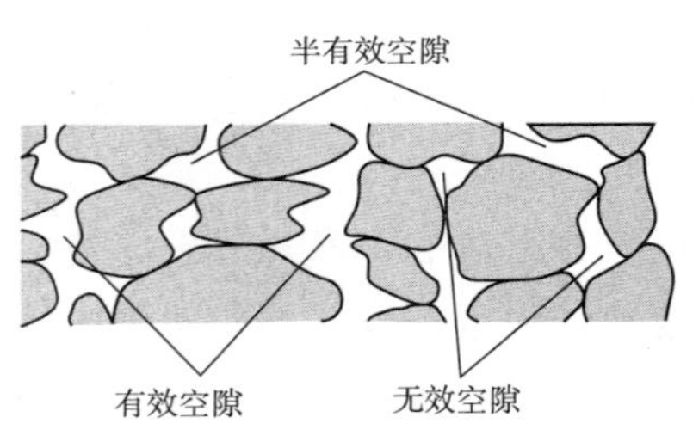

图 5　沥青的空隙

3. 降低路面 PM2.5 污染

透水沥青路面采用高韧高弹高性能沥青，具有高抗磨耗性。大大减少行车产生的微粒，路面的空隙又可将微粒吸收，下雨天时被冲洗，减少污染，清新空气。

4. 降低路表及路面内部温度

因海绵型沥青铺设为多孔构造，空隙中残留的水分蒸发等，大空隙能够迅速排出接受到太阳辐射热能，能改善夏季道路表面温度的上升，降低路面内部温度，进而提高路面的高温稳定性和耐久性。普通沥青铺设夏季温度可能上升 30° ~40° ，然而透水沥青铺设的路面，温度上升仅仅为 17°~20° 。透水沥青路面也因此能够减缓城市的热岛效应，提高人居舒适度。

5. 降低路面噪声

海绵型沥青路面有 20% 以上的空隙，可以吸收机械运转和轮胎与路面摩擦发出的噪声。减少噪音污染，改善环境。经对深圳市铺设的海绵型沥青道路的实际检测，透水沥青路面噪音：比 SMA 路面降低 3dB 以上、比 AC 路面降低 4dB 以上、比混凝土路面减低 6dB 以上（图 6）。

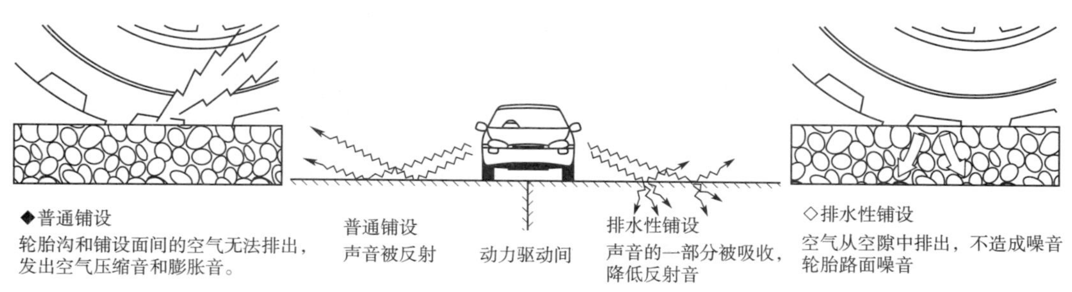

图 6　海绵型沥青路面降低车辆行驶时的道路交通噪音

6. 提高车辆行驶安全性

（1）提高雨天的防滑性。由于表面构造深度大，在路面干燥和潮湿状态，中、低速的抗滑性能比传统的密级配沥青路面略高；在高速时，其抗滑性能更好，而且在潮湿路面状况下，大大提高了路面的抗滑性能。

（2）减轻行驶车辆的溅水、水雾现象，司机的驾驶视野良好（图 7）。

（3）减轻雨天夜间大光灯的路面反射。

（4）减轻炫光现象能提高雨天时路面标志的视认性（图 8）。

图 7　深圳桃园路透水沥青路面（近处）与普通路面（远处）雨天的对比照片

图 8　海绵型沥青铺设减轻炫光现象

（5）由于路表无积水，可提高路面与轮胎的附着力，防止水漂事故的发生，而且可以减少溅水和喷雾，提高雨天行车的能见度。另一方面，由于表面粗糙，易于形成漫反射，在白天可以防止阳光耀眼，在晚上则能减缓对向车灯的炫目。

（6）根据日本道路公团对选定路段的统计，采用海绵型沥青铺设后，高速公路每年交通事故从 2981 事件减少为 488 件，修筑海绵沥青路面后雨天事故发生率与普通沥青路面晴天事故发生率相当，这相当于减少 80% 的雨天交通事故（图 9）。

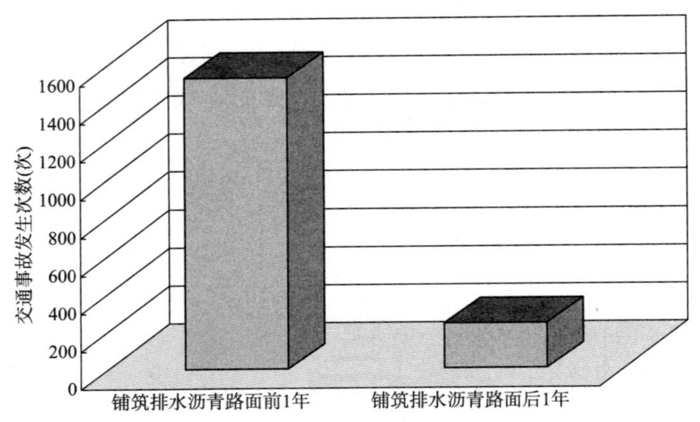

图 9　铺筑海绵型沥青路面前后交通事故发生情况对比

7. 其他

（1）有利于市政道路的雨水收集和利用，节约用水。

（2）可以延长道路的使用寿命。

（3）有利于补充城市的地下水，减少城市地质沉降灾害。

铺设海绵型沥青道路是当前交通系统企业供给侧结构改革的重要措施，全国可以把高速公路和市政道路提高到国际先进水平，同时还可以拉动数万亿的内需和消费。

（三）海绵型透水沥青道路路面常见的排水方案的结构示意图（图 10~ 图 12）

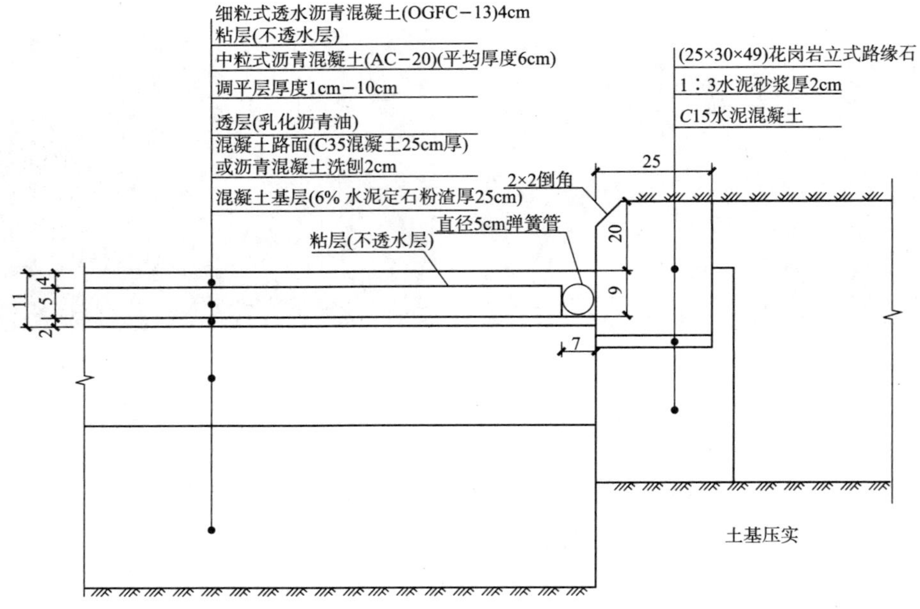

图 10　排水方案 1（尺寸单位：cm）

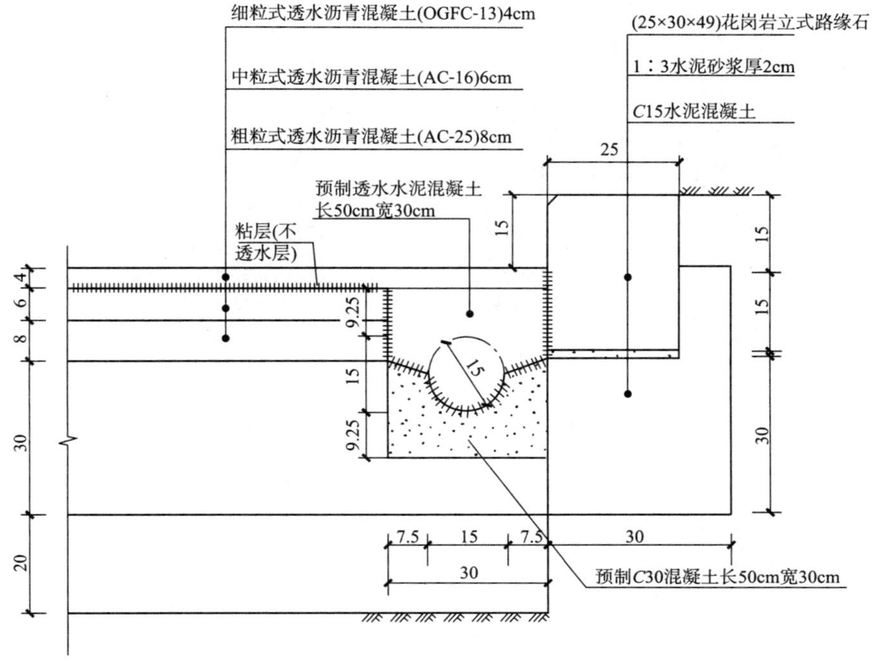

图 11　排水方案 2（尺寸单位：cm）

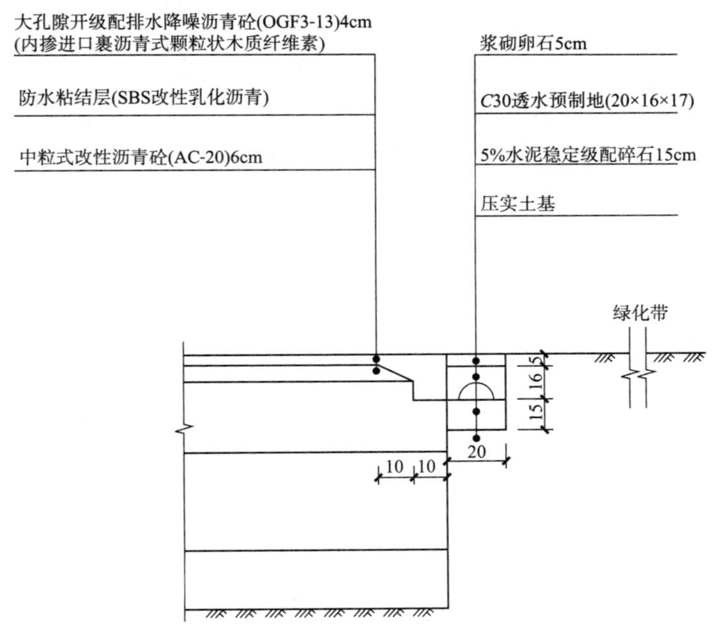

图 12　排水方案 3（尺寸单位：cm）

使用高黏沥青与大粒径骨料制成的透水沥青道路实物模型（图 13、图 14），在水龙头模拟的雨水冲刷下，可以迅速把路面上的水排到下层。

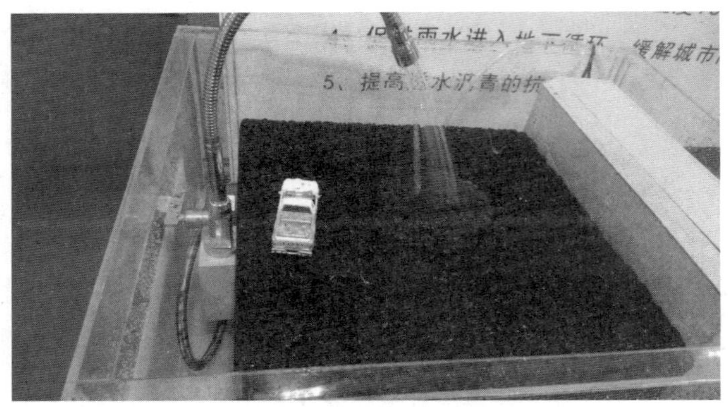

图 13　透水沥青路面实物模型（俯视）

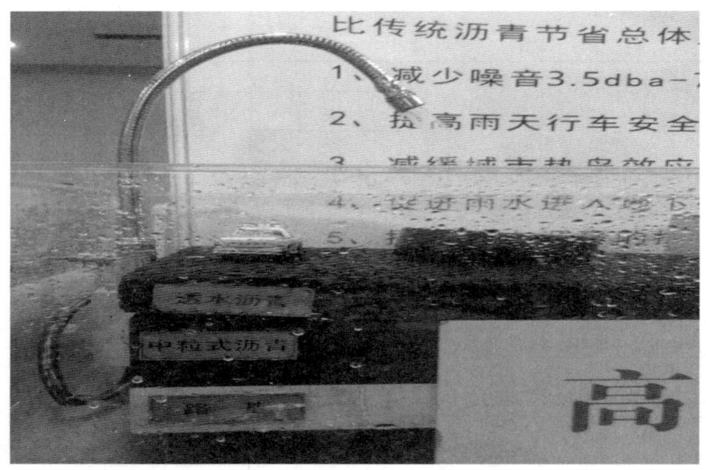

图 14　透水沥青路面实物模型（剖面侧视）

（四）推广前景

就目前来讲，我国只有深圳市少量使用透水沥青。鉴于我国不少经济发达地区城市积水情况非常严重，每年都会造成巨大的经济损失，城市内涝地区的有关部门应该大力推广透水沥青的使用。

参考文献

[1] Chai L, Kayhanian M, Givens B, Harvey J, Jones D. Hydraulic Performance of Fully Permeable Highway Shoulder for Storm Water Runoff Management [J]. Environ Eng, 1943-7870.0000523, 711-722.

再迎挑战：严峻的日本国内道路货运企业经营环境

孙东泉

（交通运输部科学研究院　北京　100013）

【摘　要】本文展现了日本道路货物运输企业在2010前后的发展状况及面临的市场困境。分别从政府政策制定、市场竞争环境、市场主体运营、道路运营企业职工的收入水平、道路运输规费及燃油费用的收取原则等方面，全面介绍日本政府和相关协会组织在促进道路货物运输业发展方面的措施，剖析近年来遇到的全行业困境及根源。同时为我国相关产业的发展提供了可以借鉴的经验，为我国道路货运行业健康发展提供参考。

【关键词】日本　道路货物运输　企业　经营环境

The stern business environment of the road freight in Japan

Sun Dongquan

（China Academy of Transportation Sciences, Beijing 100013）

Abstract: According to the statistical analysis of the results of all Japanese Truck Association and the Japanese transport ministry and data, this paper demonstrates the Japanese road freight transportation enterprise development status market dilemma befor and after 2010. In many respects, such as government policy, market competition environment, main body of market operation, staff's income level, road transportation fees and fuel charge. The measures, that the Japanese government and relevant associations and organizations in promoting the development of road freight transportation put forward, are introduced in this paper. The analysis of the whole industry in recent years encountered difficulties and source has made in the paper. All of the above provides valuable experiences for the development of relevant industries, avoiding the adverse effect of the upcoming similar industrial upgrading caused, providing the reference for the healthy development of China's road freight industry.

Keywords: Japan　Road freight transport　Enterprise　Management environment

一、引言

道路货物运输，是现代运输主要方式之一，同时也是构成陆上货物运输的两个基本运输方式之一。它在整个运输领域中占有重要的地位，并发挥着越来越重要的作用。目前全世界机动车总数已达 4 亿辆，全世界公路线长约 2000 万公里，道路运输所完成的货运量占总货运量的 80%，货运周转量占总周转量的 10%，道路货物运输已经成为各国交通运输体系中不可缺少的重要组成部分。

道路货物运输，能够提供便利的门到门服务。在我国和日本，道路货物运输的货运量都是所有运输方式中占比最高的，对支撑国家经济社会运转、满足消费者的多样性需求发挥着不可或缺的重要作用。我国在 2013 年《交通运输部关于推进物流业健康发展的指导意见》中明确了"交通运输在推进物流业发展中具有基础和主体作用"，日本卡车协会在相关研究报告中也明确将道路货物运输定位为日本物流有效运转的重要基础。由此可见，国内外都将货物运输特别是道路货物运输环节作为支撑物流业健康发展的重要和关键一环。

近年来，伴随着日本经济近乎停滞的超低增长和制造型企业的国际化趋势加剧，使得日本本土的道路货物运输的需求增长乏力；再加上与货运车辆相关的税金和高速收费等成本的上升，道路货物运输企业的经营进入了寒冰期，整个行业也面临着各种严峻的挑战。

二、日本国内货物运输现状

截至 2010 年，日本国内货运量已经下降到约 49.9 亿吨，货物周转量约为 4553 亿吨公里。由于日本 21 世纪以来，对基础设施建设需求的减少，占货运量比重较大的建筑材料运输量不断减少，因此国内货运量与上世纪末 1999 年的 64 亿吨相比，已经减少了 23%，即便同日本 1970 年全国 52 亿吨的货物运输总量比较，也减少了近 4%（图 1）。

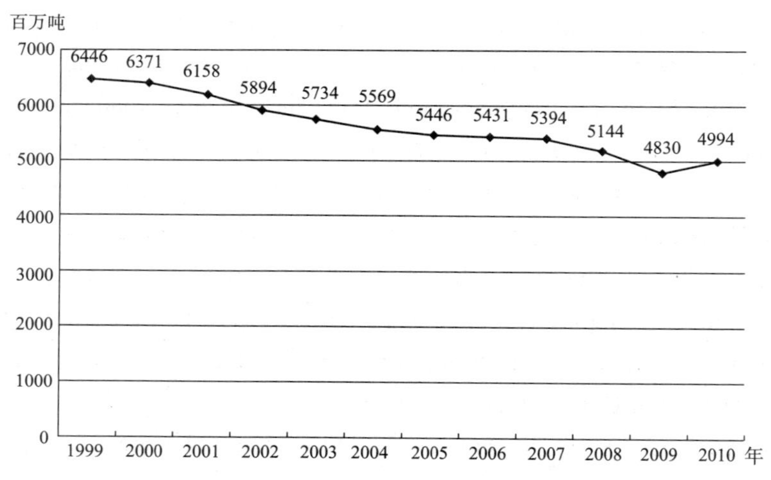

图 1　日本各年度货运量统计（1999~2010）

从货物周转量来看，截至 2008 年，适合于长途运输的货物及大众消费品物资仍有增加趋势，但是从 2008 年开始，日本国内运输需求迅速减少，连续 3 年货运周转量持续走低（图 2）。由于 2008 年美国雷曼公司的倒闭和世界金融危机的影响，加上 2011 年的东日本大地震及海啸影响，还有日企在上世纪末就开始的海外业务拓展和产业转移，使得国内货物运输需求的增长预期乏力，货运量也将持续走低。

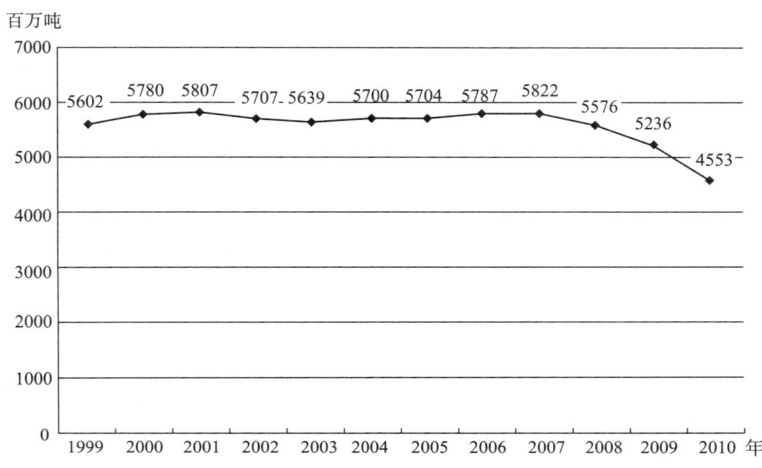

图 2　日本各年度货运周转量统计（1999~2010）

从各运输方式的分担率来看，营运道路货运车辆所完成的货运量逐年增加，2010 年已经达到 31.2 亿吨，非营运货运车辆货运量为 14.6 亿吨（图 3）；其他运输方式的货运量则保持不变或逐年减少。

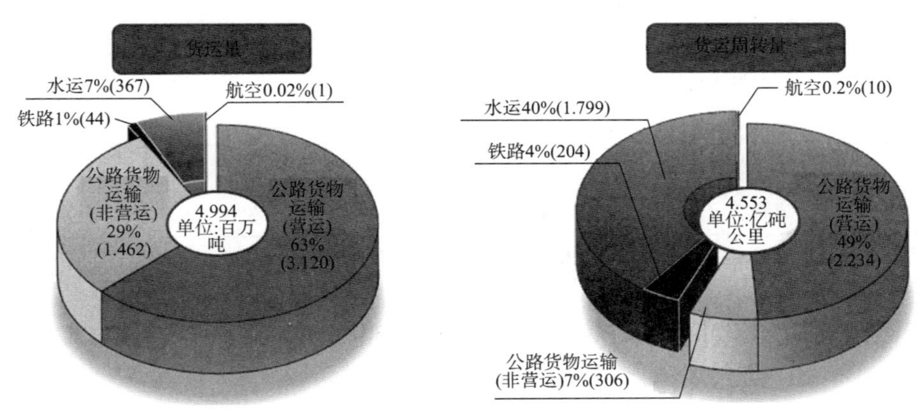

图 3　日本 2010 年各运输方式货运量和货运周转量分担率

三、日本道路货物运输企业的经营环境

（一）道路货物运输政策不断修正和完善，对企业的社会责任要求趋严

日本政府为了适应国内物流发展趋势，满足市场对新的物流服务的需求，于 1990 年整合了部分运输相关法律法规，重新制定和实施了《道路货物运输事业法》和《货物运输经营事业法》（即“物流二法”），使得道路货物运输企业数量大幅增长，行业市场竞争日趋激烈。

2003年4月，《道路货物运输事业法》进一步完善，道路货运企业的新设由政府特许制改为申请制，运费价格制定也由许可制改变为备案制，并废除了道路货物运输企业必须按照区域、线路运营的传统模式，使得经营环境进一步改善；而与此同时，在新法规中增加了道路货运企业管理者的国家资格考试制度，对企业安全管理和安全运输等方面提出了更高的要求。这些措施都为日本企业提供了更加自由、平等的竞争环境，也为政府减少对物流市场干预，由事前审批向事后监督方向的转变迈进了一大步。

近年来，日本政府对环境、节能、安全等关系到社会责任范畴的监管不断强化，因此对不同的法律法规进行了修正和完善。而关于道路货物运输的相关法律法规也进入了加速调整期。企业在市场环境的不断规范下，也越来越认识到承担社会责任的重要性（表1）。

近年来与道路货运相关的法律法规修正统计 表1

年　月	与道路货物运输相关的法律法规
2003年4月	《道路货物运输事业法》修正并实施
9月	《道路交通法》修正，强制搭载货运车辆限速器（Speed limiter）
2004年4月	《业务外包法》修正并实施
4月	《反垄断法》增加物流企业与货物运输委托方关系的内容
2006年2月	政府对道路货运企业监督和检查功能的强化（从防止安全事故角度出发）
4月	《能源节约法》修正并实施
6月	《道路交通法》修正，强化违章停车的处罚
8月	针对道路货运企业违规经营的行政处分标准强化
10月	针对道路货运企业的“运输安全管理条例”实施
2007年5月	“安全运行伙伴关系指导手册”发行
6月	《道路交通法》修正，增设中型机动车驾驶执照制度
2008年3月	道路货运企业与货运委托方之间的“公平交易指导手册”发行
3月	针对道路货运企业的“燃料附加费紧急指导手册”发行
4月	厚生劳动省针对道路货运企业采取的劳动保护措施实施强制监督和检查
4月	针对货运委托方的警示劝告制度适用范围扩充（增加了由于委托方授意而造成的货运车辆驾驶员疲劳驾驶和超速行为的“警示劝告”）
7月	开展新设道路货运企业经营者的“管理者国家资格考试”制度
7月	针对职工未全部加入社会保险的企业，政府将对企业实施行政处分
2009年3月	实施“营运机动车综合安全计划—2009”计划
10月	政府再次扩大实施行政处分的行为及对象
2010年12月	针对道路运输企业的监督方针和行政处分标准的修正，企业“酒精测试仪”的强制配备

（二）道路货物运输企业的数量不断增多，货运市场竞争不断加剧

日本的道路货运企业构成与中国相似，中小企业占绝大多数。截止2012年3月的数据统计，78.9%的企业属于拥有20辆货运车辆以下的企业。日本《中小企业基本法》规定，

"资本金在3亿日元以下或者从业人员在300人以下"的企业属于中小企业，如果按照这个标准计算，日本99%以上的道路货物运输企业都属于中小企业。

从"物流二法"（1990年颁布）的实施开始到2008年，日本每年都有超过2000家的新设企业申请并进入行业内开展道路货运业务经营。也就是说，随着日本货运经营环境的改善，近20年间道路货运经营企业数量已经增加到原来的1.5倍以上。进入21世纪以后，由于运输需求的不断减弱，市场竞争越来越激烈，近年来退出行业经营的企业也逐渐增加，2008年，日本首次出现了道路货运经营企业数量的负增长（图4）。同年，日本内阁府公布的信息称，从"物流二法"开始对货运价格的定价机制进行改革后，货运企业纷纷降价争取货源的行为，已经为运输委托人节约了将近3兆2000亿日元（2008年汇率：100日元≈7.4元人民币）的运输成本，也可以理解为道路货运企业为了生存，已经压缩了相同金额的企业经营成本。道路货运市场竞争的惨烈程度可见一斑。

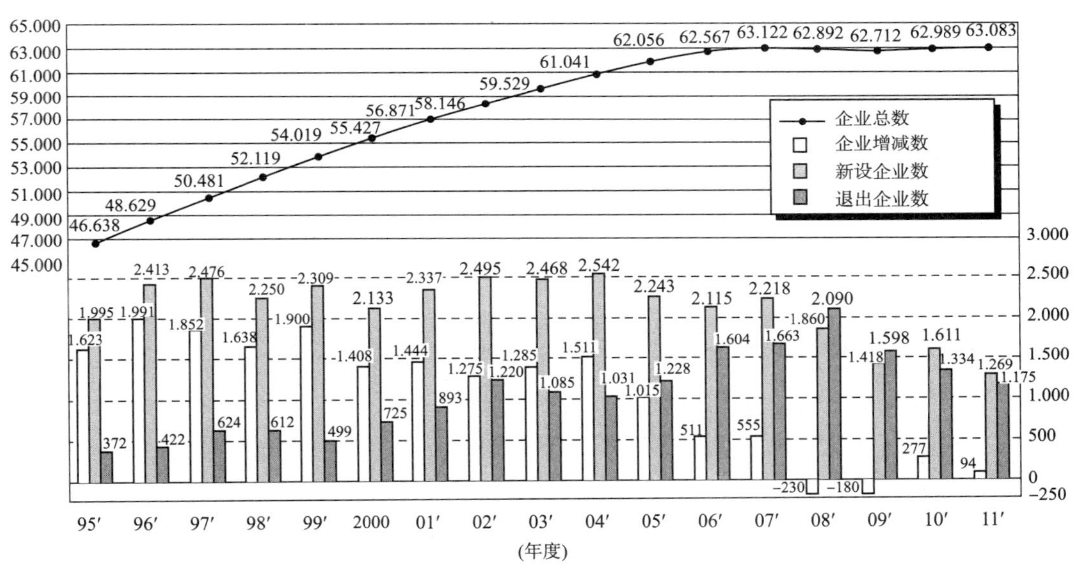

图4　日本道路货运企业数量统计（1995~2011）（单位：会社）

（三）道路货运的市场规模占物流市场总规模一半以上，企业营业收入逐年下降

根据日本国土交通省（承担职能相当于我国交通运输部与国土资源部）和日本物流团体联合会出版的《通过数字看物流2011》的数据，2009年，包括道路货运、铁路、海运、航空、仓库及货运站场经营等在内的日本物流业整体市场规模约为20兆日元，而其中道路货物运输业完成了11兆3367亿日元，占物流业市场总体规模的一半以上（图5）。

日本道路货运企业的总营业收入自上世纪以来一直保持上升趋势，1993年至1998年虽有微弱下降，但之后又持续上升，2007年达到峰值的14.16兆日元。由于2008年世界金融危机的影响，高度依赖进出口贸易的日本，其国内道路货运需求量快速下滑，导致货运企业的营业收入也大幅跳水，仅仅2年之后的2009年，道路货运业的营业收入就从峰值跌至11.34兆日元，与1998年的水平相当（图6）。

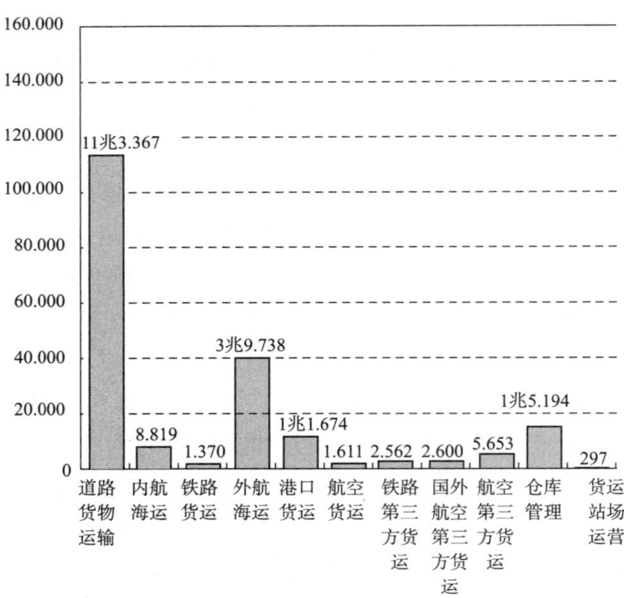

图 5　日本 2009 年物流全行业营业收入统计（单位：亿日元）

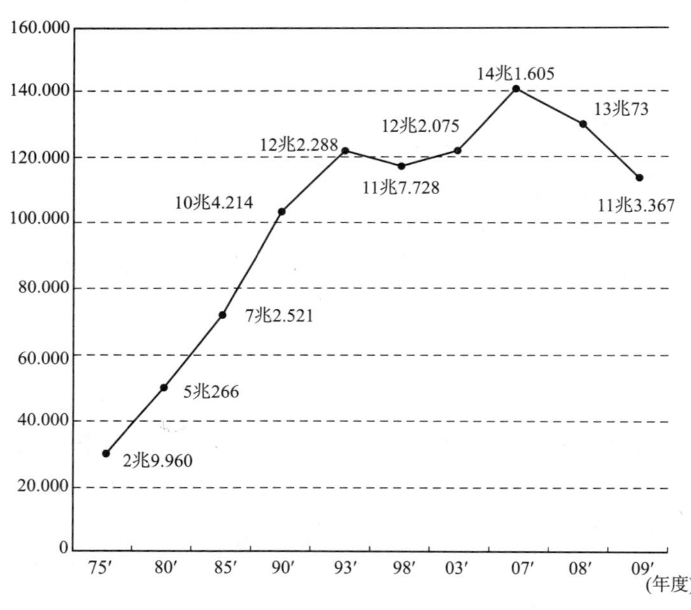

图 6　日本道路货运企业总营业收入统计（1975~2009）（单位：亿日元）

（四）道路货物运输企业的经营利润率持续下降，行业内职工收入偏低

日本的道路货运业是典型的劳动密集型行业。劳动密集型行业的衡量标准是在生产成本中人件费（工资等）与设备折旧和研究开发支出相比，所占比重较大。根据日本的统计数据，在货运企业的生产成本（运输成本）中，人件费是占比最高的成本项目，2010 年已经达到总费用的 38%（表 2）。

日本道路货运企业平均总费用的构成（2008~2010）（单位：%）　　表 2

项目	年份	2008	2009	2010
运输费用	小计	86.7	85.6	85.9
	人件费	37.3	38.4	38
	燃料费	17.8	14.2	16.1
	修理费	5.1	5.6	5.7
	折旧费	5.5	6	5.6
	保险费	2.3	2.4	2.3
	设施使用费	0.9	0.9	0.9
	机动车租赁费	1.9	1.9	1.6
	设施使用税	0.6	0.7	0.7
	事故赔偿费	0.1	0.1	0.1
	过路过桥费	3.7	3.3	3.4
	轮渡使用费	0.7	0.5	0.4
	其他	10.7	11.6	11
一般管理费	小计	13.3	14.4	14.1
	人件费	7.9	8.3	8
	其他	5.5	6.1	6.1
合计		100	100	100

另外，根据日本厚生劳动省（承担职能相当于我国的卫计委和人力资源与社会保障部）的统计，道路货运业的平均工资水平要低于日本所有行业平均工资水平。由于严峻的经济大环境，加上低迷的运费价格水平和机动车燃油价格的持续上涨，使得道路货运企业的盈利水平连年下滑。从 2007 年开始，日本道路货运企业平均主营业务利润率已经持续 4 年为负数（图 7），特别是 2008 年，欧美金融危机爆发后，高度依赖外向型经济的日本，国内道路货运需求骤减，加上同年的柴油价格也上升到本世纪以来最高峰值的 149 日元/升，企业经营成本急剧上升，因此行业内人员工资水平一直在日本全行业平均工资的下方徘徊也就不足为奇了（图 8）。

（五）道路运输管理部门的监督手段逐步加强，企业安全管理门槛提高

2012 年 4 月，日本关越高速公路发生了一起旅游巴士的特大交通事故，造成了 7 人死亡，39 人轻重伤。日本国土交通省从这次事故中深刻反省，决定从保证运输安全的角度出发，加强对行业内道路运输企业的监管，并重新修订相关监督管理办法。同年 8 月，“国土交通省关于道路运输企业监督管理办法”工作组成立，年末出台了中间成果。该成果主要围绕“如何加强政府有效率并有效果的监管”和“如何加强对违规企业实施有效的行政处分”展开。

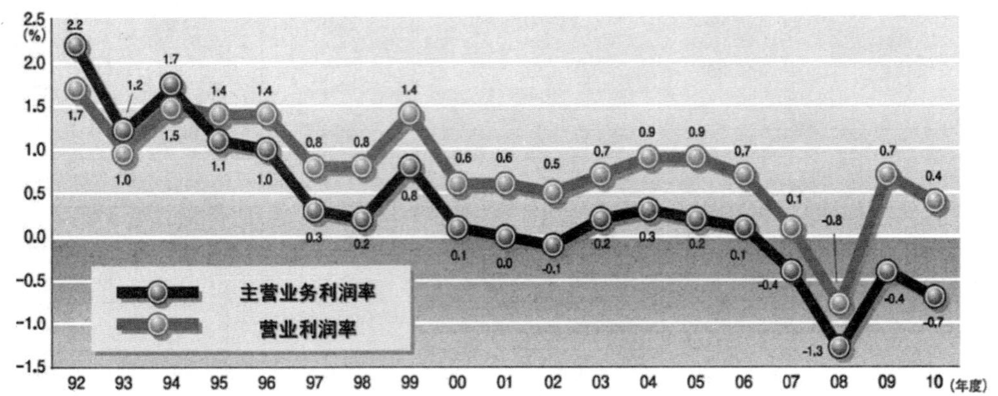

图 7　日本道路货运企业利润率统计（1992~2010）（单位：%）

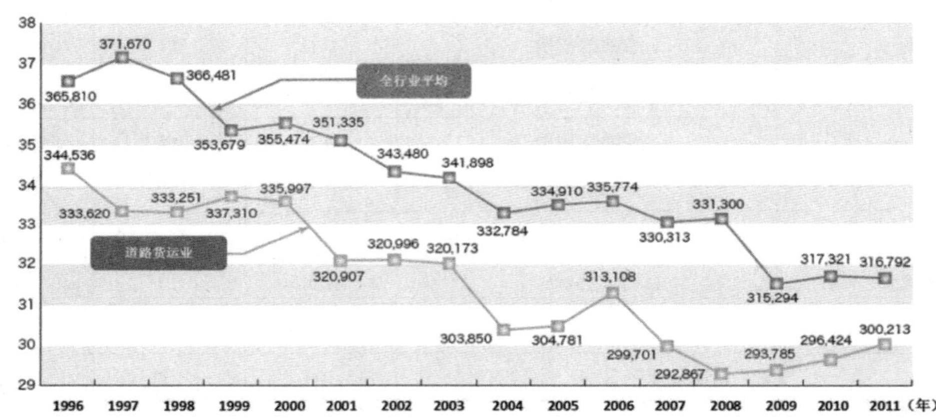

图 8　日本道路货运业职工与全行业职工月均现金收入对比（1996~2011）（单位：日元）

关于“如何加强政府有效率并有效果的监管”方面，工作组向国土交通省建议：

（1）加强对道路运输企业经营资质的确认和安全指导；

（2）道路运输企业自身要强化企业安全生产和车辆安全检查；

（3）针对有故意违法违规或重大交通过失行为的企业实施重点检查。

关于“如何加强对违规企业实施有效的行政处分”方面，工作组向国土交通省建议：

（1）针对企业在检查过程中发现的违法违规行为，要现场提出整改意见，快速解决；

（2）对于故意违法违规或有重大交通过失行为的，以及累计发生没有听从管理部门指导意见等行为的企业，从严执行停业整顿或强制退出道路运输经营市场的措施；

（3）针对接受过行政处分的道路运输企业，除了加强对处分事项的高度重视并拿出整改措施外，企业违法违规行为的信息要对外公布，以有利于委托人真实全面地对道路运输企业的经营行为进行查询。

工作组近期已形成最终成果，然后经国土交通省审议后报送议会，进而实施相关法律法规的修改和发布程序。

（六）高速公路收费是日本长期政策，通行费用降低是道路货物运输企业的长期诉求

日本的道路收费始于1871年，并于1952年依法创立了“通过收取车辆通行费，偿还建设贷款并投资新的道路建设”的新途径。日本的高速公路总里程为7641km，其中收费道路为7605km，达高速公路总里程的99.5%。虽然利用高速公路进行货物运输，不仅能提高货运企业的运输效率，还能最大限度的满足货物委托人关于运送速度和运输质量的要求，对减少车辆的尾气排放均有不同程度的贡献，但是“延绵不绝”的通行费依然是货运企业的重要负担，全日本卡车协会一直致力于在行业内外呼吁降低收费公路通行费政策的实施。从2005年开始，随着原日本道路公团组织的民营化，以原公团为基础分别组建了东日本NEXCO会社、中日本NEXCO会社和西日本NEXCO会社，三家公司属于分别掌握了日本全国高速公路网不同区域的运营和建设的国有企业。新的高速公路运营模式实施后，收费公路的通行费优惠政策开始在部分路段实施，例如深夜通行优惠、平日白天30%优惠，家用轿车节假日通行费上限1000日元等（图9）。2010年，随着日本执政党的更迭，从当年6月开始了为期一年的高速公路免费通行试点，全国高速公路20%的通行里程，约1652km进入了试点路段范围。

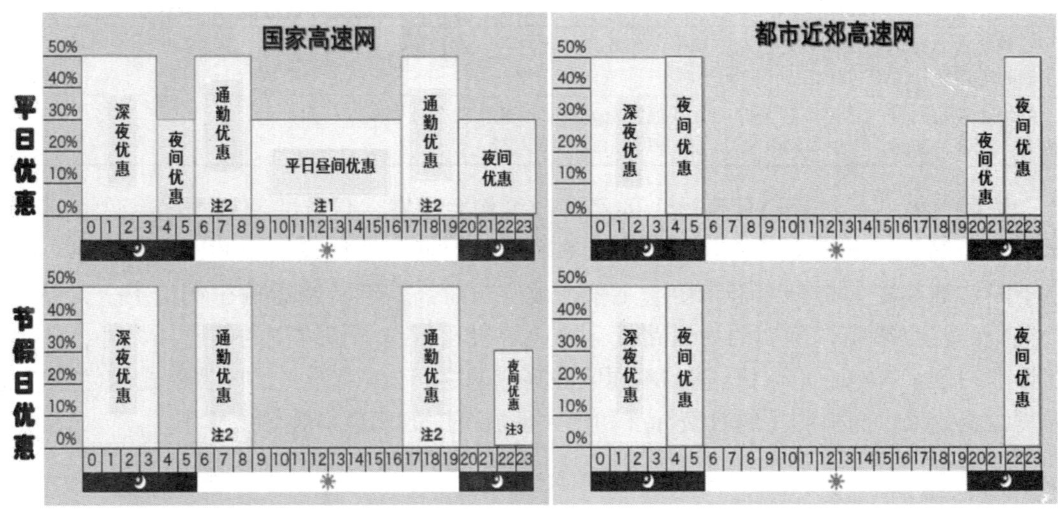

注1：通行距离超过100KM，仅针对第一个100KM优惠30%（次数不限）
注2：通行距离超过100KM，仅针对第一个100KM优惠50%
注3：国高网内东名、东名阪道、伊势湾岸道、名神等部分路段适用

图9 日本高速公路通行费优惠时段及优惠比例一览（适用于中型及以上客货运车辆）

2011年，由于受到东日本大地震和海啸的影响，高速公路免费通行试点于当年6月19日结束，同时家用轿车节假日通行费上限1000日元的优惠政策也被迫取消。日本政府从高速公路通行费优惠政策补贴拨付资金中抽出约3500亿日元，用于灾区的重建和恢复。但是针对进出日本东北地区灾区的避难者、中型以上卡车仍然实施免费政策；后来，由于提出受灾申请的人员和车辆过多，此项免费通行政策于当年9月结束。2012年4月，经政府研究确认，仍然享受通行费免费的人员和车辆，限定在受福岛核电站泄露事故影

响的受灾范围。

从2012年开始，首都高速公路会社和阪神高速公路会社在管辖范围内的收费公路改变了道路收费的模式，由“按区域划分且区域内统一通行费模式”转变为“按通行距离长度收取通行费模式”。日本的三家NEXCO会社还推出了针对运输企业的“长距离、多频度”利用高速公路的个性化优惠政策（表3）。但是根据第三方机构的数据比较和企业抽样问卷调查，以上措施并没有明显改善通行费在运输企业运营成本中的比重，甚至觉得通行费负担加重的企业也不在少数；但是从分流大型货运车辆角度来讲，引导货运车辆夜间通行，避开昼间高速道路拥挤时段，对提高货运车辆运输效率不失为一种选择途径。

日本三家NEXCO会社个性化通行费用优惠比例　　表3

1. 以签约车辆为单位优惠政策（1辆机动车每月利用国高网的通行费金额）	优惠比例（%）
5000日元以下	0
5000~10000日元	10
10000~30000日元	15
30000日元以上	20
2. 以签约企业为单位优惠政策	优惠比例（%）
签约企业每月国家高速公路的通行费合计500万日元以上；或者企业每月每台车辆的平均通行费用30000日元以上	10
签约企业每月利用国家高速公路（含其他收费公路）的通行费合计450万日元以上；或者企业每月每台车辆的平均通行费用27000日元以上	5

按照日本“促进道路便利性”的经济政策相关法案，现有的通行费优惠政策到2013年末已经结束。国土交通省和全日本卡车协会针对通行费优惠措施的延续和改进，也正在不断磋商当中。全日本卡车协会主张，政府应对经营性货物运输车辆给予全天候通行费半价的优惠措施，确实的为道路货运企业解决通行费负担过重的问题；另外，还建议在日本的三家NEXCO会社所辖的不同区域高速网之间，实行统一的收费模式和优惠措施，为货运企业提供简单明了的收费标准和最大地域范围的优惠措施[6]。

四、结语

通过对2010年前后日本道路货运企业经营环境的了解以及各种数据分析，虽然经历了2011年的东日本地震和福岛核泄漏等灾难的影响，但日本从放松道路运输业的管制以来，充分释放了道路运输市场的供给，货运企业和车辆的数量都大大地增加。不过，由于同期运费价格机制的调整和放宽，也使得货运市场竞争加剧，运费价格普遍下降；随着本土制造型企业的国际化战略及大量工厂的外迁，国内道路货运需求持续下降，货运量不断走低；从2008年开始的燃油费价格的飙升，加速了行业整体效益的下滑，造成利润率下行，个别年份甚至跌入全行业亏损的境地，行业内职工收入始终在全国平均值以下徘徊，职业认同感不高。因此，日本道路货运企业，特别是中小企业的经营状况已经陷入了前所未有的危机与困境，全社会也进入了小泉经济时代后的又一个经济挑战期。

针对日本道路货运行业的经营环境，对照我国现状，虽然道路运输大环境有所不同，但是随着国际化的加速，产业的不断转型升级，我国国内道路运输货运环境一定会发生类似日本的转变。随着我国劳动人口的减少、城镇化进程的加速，能够和愿意承担劳动密集型和体力负担型的道路货运从业者也会有减少的趋势。因此我们要未雨绸缪，在问题还未完全暴露的时候，适度超前、提前布局。

（1）在提高运输生产率的同时，适时提高公路货物运输运价。使道路运输运价逐步回归正常水平，保持运输物流企业的可持续发展动力，逐步提升利润率，增加企业转型升级和进行先进物流装备更新与购置的实力。

（2）借鉴发改委关于成品油价格与国际接轨制度，当道路运输企业的油料成本占主营业务成本比重超过行业设定的临界点，应启动道路货运车辆燃油附加费的征收，从而降低道路运输企业经营成本，维持企业正常的业务经营。

（4）严格道路路政及运管执法。做到文明执法、有礼有节，保持执法尺度、执法依据、执法标准的一致性，避免以罚代管、一车多罚、钓鱼执法等不规范现象发生；严肃执法人员纪律，及时肃清执法队伍中的不称职和违法犯罪分子。

（5）提高一线驾驶和运输人员的工资福利待遇，增加从业人员的职业责任感和荣誉感。严格执行《劳动保护法》，积极落实企业职工特别是一线司机的福利待遇，建议将大型货运车辆司机的社保及医保缴纳比例，比按城市缴纳水平平均线以上比例缴纳。

（6）坚持公路发展应当“坚持非收费公路为主，适当发展收费公路”的原则。加快高速公路分时、分段收费试点工作的推进。加快收费系统的更新改造，推进综合交通运输区域一体化收费标准与服务标准的推广应用。

（7）提高我国应急物流运输的统筹规划水平。加强日常应急道路救援、应急物流操作、应急物资运输等方面的训练；完善训练手册、训练标准、应急报告程序，定期开展应急演练；公开进行评价，更换不称职或响应不及时的国家应急运输、物流企业，保持应急物流队伍的高效精干、保障有力。

（8）国家要持续出台鼓励和支持道路货运企业发展的政策措施。大力开展智能化、智慧化物流发展，提升道路运输企业与上下游企业的互联互通、融合发展，增加供应链各节点企业的运输效率，夯实物流运输环节的健康、有序发展。

参考文献

［1］全日本卡车协会．企业物流和卡车运输 2012［R］．东京：公益社团法人全日本卡车协会，2012.

［2］日本自动车工业协会．2010 年度普通卡车市场动向调查［R］．东京，公益社团法人日本自动车工业协会，2011, 3-4, 12-13, 15-16.

［3］全日本卡车协会．卡车运输产业的现状和课题［R］．东京：公益社团法人全日本卡车协会，2010.

［4］日本自动车工业会．2012 年度普通卡车市场动向调查［R］．东京：公益社团法人日

本自动车工业协会.
[5] 国土交通省综合政策局信息政策本部.自动车运输统计报告书[R].东京:国土交通省,2012.
[6] 日本国土交通省.统计信息白皮书——汽车统计——卡车运输信息,[EB/OL].(2014-10-18)[2014-11-9]. http: //www.mlit.go.jp/statistics/details/jidosha_list.html.

高速公路 PPP 项目合理回报机制的探讨

韩　娟[1]　胡晓伟[2]

（1. 黑龙江省公路勘察设计院　哈尔滨　150080；
2. 哈尔滨工业大学 交通科学与工程学院　哈尔滨　150090）

【摘　要】回报机制作为高速公路 PPP 项目中最关键的部分，是政府和社会资本方共同关注的核心内容。合理的回报机制则是建立在高速公路 PPP 项目的付费机制之上，本文基于财政部可行性缺口补贴公式，结合高速公路 PPP 项目营改增、经营成本利润和政府运营补贴的新特点，对公式进行了探讨和改进。算例对比了公式改进前后政府补贴额度的变化，改进后的公式能够有效降低政府的财政补贴，同时实现了每年的等额支付补贴，有利于减轻政府前期的支付压力。

【关键词】 高速公路　PPP　回报机制　政府财政补贴

A discussion on reasonable return mechanism of freeway public-private-partnership project

Han Juan　Hu Xiaowei

（1. Highway Survey and Design Institute of Heilongjiang Province, Harbin 150080;
2. School of Transportation Science and Engineering, Harbin Institute of Technology, Harbin 150090）

Abstract: As the key terms in the freeway public-private-partnership project, the return mechanism is the core concern of the public government sector and social capital sector. The reasonable return mechanism, Built on the freeway PPP project's payment mechanism. Based on the feasibility gap subsidy formula from the Ministry of Finance, and combined with the new features of the freeway PPP projects' replacement the business tax with a value-added tax, operational cost profit and government's operational subsidy, this paper discusses and improves this formula. The numerical example compares the change of the government subsidy before and after the improvement, and finds that the improved formula can effectively reduce the government subsidy, and realize the equal-value payment for each year, which is helpful for reducing the government's early payment pressure.

Keywords: Freeway　Public-private-partnership　Return mechanism　Government finical subsidy

一、引言

合理的回报机制建立在相应的付费机制基础之上，其对高速公路PPP项目的运行至关重要，也是政府和社会资本方共同关注的核心。常见的PPP项目付费机制主要有政府付费、使用者付费和可行性缺口补贴三种，公路通行费可以被认为是一种更高级别、更体现公平原则的使用者付费形式。而对于我国依靠收取车辆通行费建立发展的高等级公路网而言，PPP模式下的付费机制更是以使用者付费为主。但根据统计，2014年全国收费公路通行费收入3916亿元，支出5487.1亿元，收支缺口高达为1571.1亿元。

可见不是所有的高速公路PPP项目都能采用使用者付费，对于使用者付费不能使社会资本获取合理收益、甚至无法完全覆盖建设和运营成本的项目，应由政府提供一定的补贴，以弥补使用者付费之外的资金缺口，使高速公路PPP项目具备商业上的可行性。因此高速公路PPP项目的可行性缺口补贴下的合理回报机制是一个值得深入探讨的问题，特别是在我国目前正在实施营改 增、经营成本利润和政府运营补贴等新特点的背景下。

PPP项目回报受到资金流、基准收益率和特许经营期三方面的影响；有学者讨论了非经营性收费公路PPP回报机制、公路PPP项目收益率与补贴机制的关系、收费公路PPP项目风险转移与收益等。但目前我国的PPP模式中仍存在投资回报机制与项目收入模式不完善等问题，结合当前我国高速公路PPP项目的建设实际，本文探讨高速公路PPP项目在可行性缺口补贴下的合理回报机制。

二、财政部可行性缺口补贴计算公式

依据财政部印发的《政府和社会资本合作项目财政承受能力论证指引》，对可行性缺口补贴模式的项目，在项目运营补贴期间，政府承担部分直接付费责任。政府每年直接付费数额等于社会资本方承担的年均建设成本（折算成各年度现值）加上年度运营成本和合理利润，再减去每年使用者付费的数额，计算公式为：

$$A_i=\frac{C_c\times\left(1+I_{cp}\right)\times\left(1+I_s\right)}{}+C_o\times(1+I_{op})-R \tag{1}$$

式中：A_i——当年运营补贴支出数额（万元）；

C_c——社会资本方承担的全部建设成本（万元）；

I_{cp}——建设成本合理利润率（%）；

I_s——年度折现率（%）；

n——运营补贴周期（年）；

C_o——社会资本年度运营成本（万元）；

I_{op}——运营成本合理利润率（%）；

R——当年使用者付费数额（万元）。

财政部给出的可行性缺口补贴计算公式比较简洁，将建设期、运营期和使用者付费三大块分开计算，使读者和用户易于理解。然而在高速公路 PPP 项目中采用可行性缺口补贴时，公式（1）存在以下局限：

（1）高速公路建设期支出主要包括固定资产投资、相关税金和建设期借款利息。营改增后，公路工程成本采用“价税分离”计价规则（即不含税价格），进行计算时，要求各项费用均以不含增值税（可抵扣进项税额）的价格（费率）进行计算，因此高速公路建设期支出主要包括固定资产投资和建设期借款利息。

相应的，社会资本方承担的全部建设成本包括固定资产投入（即由社会资本出资的资本金）和建设期利息。资本金对投资项目来说是非债务性资金，项目法人不承担这部分资金的任何利息和债务；除资本金外，剩余建设投资由社会资本（项目公司）通过融资解决，如以贷款为主的融资成本在建设期形成建设期利息。因此，融资资金的利润不能与社会资本的自有资金视为一致，应该分开计算。

（2）运营期成本主要包括经营成本（运营管理费用、养护费用和大中修费用等）、运营期利息支出和税金。运营期利息也属于融资成本，与建设期融资成本一样需要考虑利润；运营期偿还本金和缴纳的各种税金是项目支付给银行、国家或地方的，不需考虑利润；经营成本是否考虑给予合理利润则需进一步讨论。

由于 PPP 模式下的经营成本（运营管理费用、养护费用和大中修费用等）难以估算，建议 PPP 模式与政府传统采购模式的经营成本一致，其提高运营效率节约的成本作为利润，建议不再额外给予经营成本合理利润率。

（3）根据公式（1）可知，当年使用者付费数额每年不断变化，相应的政府运营补贴数额也在不断变化，这种变化不利于财政预算时的宏观把握。

财政部发文认为“每一年度全部 PPP 项目需要从预算中安排的支出责任，占一般公共预算支出比例应当不超过 10%”，由此可见，PPP 项目旨在考察全生命周期的政府财政支出，每年以等额的数值进行补贴对于单个 PPP 项目等额年值的优势不明显，对于同时推进多个 PPP 项目大大方便了政府纳入财政预算。

三、改进的高速公路 PPP 项目可行性缺口补贴计算公式

结合上述思路对公式（1）进行改进，使之适用于高速公路 PPP 项目的可行性缺口补贴付费机制，政府运营期内以年值 A' 付费净现值等于整个生命周期内的社会资本方自有资金及合理利润加上建设期融资成本及利润，加上运营期成本，再减去使用者付费的净现值，具体如下：

$$
\begin{aligned}
&NPV(P/A',I_s,n)= \\
&\sum_{i=1}^{m} NPV(F/C_{ci}\times(1+I'_{cp}),I_s,i)+\sum_{i=1}^{m} NPV(F/C_{ai}\times(1+I'_{ap}),I_s,i) \\
&+\sum_{i=1}^{n} NPV(P/C_{oi},I_s,i)-\sum_{i=1}^{n} NPV(P/R_i,I_s,i)
\end{aligned}
\tag{2}
$$

式中：A' ——运营期内政府补贴的年值（万元）；

m——项目建设期（年）；

C_{ci}——建设期第 i 年社会资本方承担的资本金（万元）；

I_{cp}'——社会资本方资本金的合理利润率（%）；

C_{ai}——建设期第 i 年社会资本方承担的融资成本（万元）；

I_{ap}'——社会资本方融资成本的合理利润率（%）；

C_{oi}——运营期第 i 年社会资本方承担的成本（万元）；

R_i——运营期第 i 年使用者付费数额（万元）。

其余符号意义同公式（1）。

（一）社会资本方自有资金及其回报率

1. 社会资本方承担的资本金 C_{ci}

根据规定高速公路建设项目的最低资本金比例为20%，高速公路PPP项目通常设立项目公司，可由社会资本出资设立，也可由政府和社会资本共同出资设立，但政府的持股比例应低于50%，且不具有实际控制力及管理权。

2. 社会资本方自有资金合理利润率 I_{cp}

合理利润率应以商业银行中长期贷款利率水平为基准，充分考虑可用性付费、使用量付费、绩效付费的不同情景，结合风险等因素确定。

3. 年度折现率 I_s

年度折现率可考虑财政补贴支出发生年份，并参照同期地方政府债券收益率合理确定。

（二）社会资本方融资成本及其回报率

1. 社会资本方融资成本 C_{ai}

公路建设项目除去社会资本资本金、政府方的资本金注入和投资补助［14］，其余缺口部分由社会资本（项目公司）融资解决。而PPP项目融资有产业基金、债券融资、银行融资（贷款、理财资金）以及其他融资工具等。以银行贷款为例，建设期利息根据贷款比例和按照中国人民银行发布的最新利率进行计算得到。

2. 社会资本方承担融资成本的利润率 I_{ap}

不同的融资渠道其成本和风险也是不一样的，由于考虑社会资本（项目公司）融资风险，可以根据情况给予一定的合理利润，例如，以银行贷款为融资渠道的时候，在国家公布的长期贷款利率基础上给予一定上浮。

（三）运营成本 *Coi*

1. 经营成本

经营成本（运营管理费用、养护费用和大中修费用等）可通过对拟建项目所在地区相同或相似的、正在使用中的项目调查得到。提示应适当考虑物价上涨水平。

2. 本金和利息支出

偿还贷款的形式分为等额本息和等额年金两种方式，这两种方式的本金是不同的。同样以银行贷款为例，利息计算和合理利润率参照建设期融资计算。

3. 各类税金

营改增后，高速公路PPP项目主要交纳增值税、所得税。同时，营改增后，经营成本里可抵扣的销项税额也要考虑进去。

（四）使用者付费数额 *Ri*

高速公路使用者付费包含两部分内容：一是使用者缴纳的通行费；二是服务区和沿线广告收入。

1. 通行费收入

通行费收取的标准通常根据项目所在省份发布的收费标准，通行费的收入则以《工程项目可行性研究报告》预测的交通量为基础进行测算。

2. 服务区和沿线广告收入

一般通过对拟建项目所在地区相同或相似的、正在使用中的项目调查而到。

四、案例分析

假定某高速公路项目投资估算 20 亿元，建设期为 2016~2018 年，运营期为项目建成后 30 年。国家补贴 5 亿元，以投资补助的形式全部作为项目投入，要求社会资本按照最低资本金比例出资 4 亿元，成立项目公司，剩余缺口以银行贷款的形式进行融资，建设期只偿还利息，运营期等额本金偿还。

项目的参数选择见表 1，运营期的经营成本和使用者付费数额见表 2，由于篇幅所限，仅将特征年相关参数的数值列出。

参数设置 表 1

序号	参数	取值
1	年度折现率	结合项目所在地长期债券，取 4%
2	贷款利率	中国人民银行发布的最新贷款利率 4.9%
3	公式（1）合理利润率	项目建设成本利润率 7% 运营期合理利润率 7%
4	公式（2）合理利润率	自有资金利润率 7% 融资利率 4.9%*1.1
5	增值税税率	进行税额税率 11% 销项税额税率 17%
6	所得税税率	企业所得税税率 25%

某高速公路的经营成本和使用者付费数额（单位：万元） 表 2

特征年	2019	2023	2028	2033	2038	2043	2048
经营成本	514	545	587	633	682	734	791
使用者付费	1791	2085	2776	3833	5341	7181	10130

根据以上参数，分别采用公式（1）和（2）进行计算，数值结果参见表 3 和表 4。

采用公式（1）的计算结果（单位：万元） 表 3

特 征 年	2019	2023	2028	2033	2038	2043	2048
1. 年均建设成本	1792	2096	2550	3102	3774	4592	5587
2. 运营成本	8865	8931	9053	9221	9444	9710	10108
3. 使用者付费	1791	2085	2776	3833	5341	7181	10130
4. 运营补贴支出 =（1+2−3）	8866	8941	8827	8490	7878	7121	5565
运营期净现值	NPV=154203						

采用公式（2）的计算结果（单位：万元） 表 4

特 征 年	2019	2023	2028	2033	2038	2043	2048
1. 自有资金摊销	1484	1736	2112	2569	3126	3803	4627
2. 融资成本摊销	317	371	452	549	668	813	989
3. 运营成本	8776	8838	8952	9109	9318	9566	9938
4. 使用者付费	1791	2085	2776	3833	5341	7181	10130
5. 运营补贴支出 =（1+2+3−4）	8793	8793	8793	8793	8793	8793	8793
运营期净现值	NPV=152046						

对比表 3 和表 4 可知：采用财政部公式（1）时，政府在运营期补贴的净现值为 154203 万元，采用改进后的公式（2）时，政府在运营期补贴的净现值为 152046 万元，改进后政府运营期支出净现值减少 2157 万元。

采用财政部公式（1）时，由于建设期在每年的分担和折现，造成运营补贴数值无明确规律可循，采用改进后的公式（2）时，政府每年支出的数值恒定，能够方便政府对补贴的整体把握，有利于制定财政预算。

五、结语

针对高速公路 PPP 项目营改增、经营成本利润和政府运营补贴的新特点，本文探讨了财政部可行性缺口补贴模式公式的改进，以期使其更符合当前我国高速公路 PPP 项目的特点和形势。案例分析验证了所构建的改进公式的合理性，能够合理降低政府的财政补贴和减轻前期政府的支付压力。

目前营改增后贷款服务的利息不可抵扣，而营改增后经营成本的抵扣比例尚不明确，运营期补贴是否缴纳增值税尚无文件发布，这是未来可以深入研究的一个方向；另一方面可对高速公路 PPP 项目中风险分担和超额利益分成问题进行研究，由于可行性缺口补贴的基本原则是“补缺口”，而不能使社会资本超额利润，所以交通量风险分担和超额利用分成问题也值得进一步研究。

参考文献

[1] 财政部 . 关于规范政府和社会合作合同管理工作的通知（财金 [2014] 156 号）[Z]. 2014.

[2] World Bank. Public-Private Partnerships Reference Guide Version 1.0 [R]. 2012.

[3] 交通运输部 . 2014 年全国收费公路统计公报 [R]. 2015.

[4] 孙桂祥，杜静 . PPP 模式下项目回报影响因素探讨 [J]. 项目管理技术 . 2009,7(9): 30-34.

[5] 吴植勇 . 关于非经营性收费公路 PPP 回报机制的探索 [J]. 交通财会 . 2015,(9): 15-17.

[6] Bonnafous, A. The use of PPP's and the profitability rate paradox [J]. Research in Transportation Economics. 2012, 36: 45-49.

[7] Alonso-Conde AB, Brown C, Rojo-Suarez J. Public private partnerships: Incentives, risk transfer and real options [J]. Review of Financial Economics. 2007, 16: 335-349.

[8] 孙学工，刘国艳，杜飞轮等 . 我国 PPP 模式发展的现状、问题与对策 [J]. 宏观经济管理 . 2015,(2): 28-30.

[9] 财政部 . 关于印发《政府和社会资本合作项目财政承受能力论证指引》的通知（财金 [2015] 21 号）[Z]. 2015.

[10] 住房和城乡建设部，交通运输部 . 公路建设项目经济评价方法与参数 [M]. 北京：中国计划出版社 . 2010.

[11] 交通运输部办公厅 . 关于《公路工程营业税改征增值税计价依据调整方案》的通知（交办公路 [2016] 66 号）[Z]. 2016.

[12] 国务院 . 关于固定资产投资项目试行资本金制度的通知（国发 [1996] 35 号文）[Z]. 1996.

[13] 财政部 . 关于印发《政府和社会资本合作项目财政承受能力论证指引》的通知（财金 [2015] 21 号）[Z]. 2015.

[14] 财政部 . 关于印发《车辆购置税收入补助地方资金管理暂行办法》的通知（财建 [2014] 654 号）[Z]. 2014.

[15] 财政部，国家税务总局 . 关于全面推开营业税改征增值税试点的通知（财税 [2016] 36 号）[Z]. 2016.

贵州省农村公路养护管理发展对策研究

隋丽娜[1]　张　杰[2]　詹大德[2]

（1. 交通运输部科学研究院　北京　100029；2. 贵州省公路局　贵阳　550003）

【摘　要】总结贵州省农村公路养护管理发展现状、存在的问题和成功经验，分析新常态形势下农村公路养护管理发展面临的形势和需求；从管理体制机制改革、养护资金筹集、信息化和标准化管理等方面，提出贵州省农村公路养护管理发展的对策措施，为贵州省“十三五”农村公路养护管理工作提供指导。

【关键词】农村公路 养护管理 发展对策

Study of Rural Road Maintenance Management Development Solutions Of Guizhou province

Sui Lina[1]　Zhang Jie[2]　Zhan Dade[2]

（1. China Academy of Transportation Sciences, Beijing 100029;
2. Highway Bureau of Guizhou Province, Guiyang 550003）

Abstract: This paper summarizes current situation, problems and successful experience of Guizhou's rural road maintenance and analyzes the situation and requirement of the rural road maintenance under the new normal. Then it sets strategies and measures of Guizhou's rural road maintenance management in terms of reform on management structure and mechanism, maintenance financing, informatization and standardization, etc., providing guidance on Guizhou's rural road maintenance during the 13th Five-Year plan.

Keywords: Rural road　Maintenance management　Development solutions

一、引言

“十一五”以来，贵州省农村公路养护管理工作取得了显著成果，养护管理机构逐步完善，养护资金到位比例逐年增加，养护里程比例不断提高，养护管理水平明显提高，但与普通公路养护相比，还存在很大差距。养护职责、资金还有待于进一步落实，养护专业化、市场化、信息化水平较低，管理制度标准体系不完善等一系列问题亟需解决。“十三五”期间，是我国经济社会发展进入全面建成小康社会攻坚阶段，和经济结构转型的重要时期，要求农村公路养护管理适应新常态下农村经济发展要求，加大养护经费投入，补齐农村公路发展短板，增加有效供给，改善运输线路行车条件和安全水平。为了适应社会经济发展新常态，解决农村公路养护管理存在的问题，准确把握农村公路发展需求和发展重点，要求开展农村公路养护管理发展对策研究。

二、发展现状、问题和成功经验

（一）发展现状

“十二五”期间，贵州省农村公路养护规模达到历史高点，养护管理体制机制逐步完善，养护质量稳步提高。全省 9 个市（州）均成立了公路处，88 个县（市、区）均成立了农村公路管理机构，约 80% 的乡（镇、街道办事处）建立了专职农村公路管理机构。农村公路养护比例接近 100%，县、乡道沥青（水泥）路面技术状况（PQI）平均中等路率和村道好路率逐年提高，农村公路日常养护资金基本到位。

（二）存在的问题

随着农村公路养护规模不断增加，养护资金缺口逐年扩大，农村公路养护问题日益突出。（1）养护资金不足，无论是养护工程还是日常养护资金缺口巨大；（2）机构人员有待进一步落实，部分地区农村公路缺乏行业管理；（3）养护管理工作绩效考核、资金到位考核制度尚需完善，行业管理、资金到位缺乏制度约束；（4）养护专业化水平有待提高，养护工程机械化、养护管理信息化水平较低；（5）养护市场化进程缓慢，除改扩建、大中修等养护工程外，小修保养尚未完全推向市场；（6）养护管理制度、规范缺乏，标准化体系建设仍需加强。

（三）成功经验

1. 推进小修保养市场化和拌合站建设，节约农村公路养护资金

为节约农村公路养护资金，在资金有限的条件下增加养护工程量，贵州省通过采取自主经营、合作经营、租赁经营等方式，建成农村公路沥青拌和站66个。其中部分县（市、区）依托自建拌和站成立小修保养企业，完成辖区内农村公路小修保养工程，兼顾承接市政工程、其他项目改造工程，以“自我建设、自我管理、自我经营”的方式实现“以建养站、以站养路”，并随时调派完成小型抢修保通工程。目前这些小修保养企业大多配备了机械化养护设备，积极引进技术人才并申报施工资质，企业生存能力将也将逐步提高。

2. 实施“四在农家·美丽乡村”生态文明示范路建设，提升农村公路服务水平

2013 年贵州省全面启动“四在农家·美丽乡村”生态文明示范路建设，实施项目包括县乡道改造、通村沥青（水泥）路、油路大中修、安保工程等 11 项工作内容。2014 年和 2015 年全省共建设农村公路生态文明示范路 6000km（图 1），进一步强化了小康路建设的示范带动作用，统筹推进了全省农村公路健康快速发展，提升了农村公路的服务水平。

图 1　“四在农家·美丽乡村”生态文明示范路

3. 实施农村公路“建养一体化”服务采购模式，创新农村公路融资机制

贵州省在总结农村公路建设实际并经过大量调研，提出了农村公路“建养一体化”服务采购模式。通过公开招标引入社会资本，由社会资本承担项目实施及交工验收后5年的养护服务工作（含2年质量责任缺陷期和之后3年养护工作）；政府依据项目建设及养护绩效评估情况，支付“改造＋养护”费用。服务期满后，公路交还地方政府，通过这种方式不仅能够充分发挥企业较强的融资能力，吸引社会资本参与农村公路建设，缓解地方资金压力，还有利于发挥企业技术、管理和设备等集团优势，确保建设质量和进度。

三、发展形势和需求

“十二五”期末，贵州省农村公路从大规模建设进入建、管、养、运并举的新的发展阶段，养护管理从常态化运行向提质增效转变。2017年，贵州省将实现“村村通油路”，农村公路工作重点将从建设转向养护管理和运营，农村公路养护管理发展进入全面提升阶段。

2014年3月，习近平总书记在关于农村公路发展情况的报告上作出重要批示，充分肯定农村公路建设取得的成绩，要求农村公路建设要因地制宜、以人为本，与优化村镇布局、农村经济发展和广大农民安全便捷出行相适应，进一步把农村公路建好、管好、护好、运营好，逐步消除制约农村发展的交通瓶颈，为广大农民脱贫致富奔小康提供更好的保障。根据习总书记关于农村公路的重要批示和农村公路发展实际需求，2015年3月，交通运输部办公厅印发关于《现有公路实施安全生命防护工程方案》(交办公路[2015]42号）的通知，2015年5月，交通运输部印发《交通运输部关于推进“四好农村路”建设的意见》（交公路函［2016］206号）。2015年12月，为规范农村公路养护管理，促进农村公路可持续健康发展，交通运输部公布了《农村公路养护管理办法》（中华人民共和国交通运输部令2015年第22号）。习总书记关于农村公路系列重要批示和讲话精神，以及交通运输部出台的一系列政策文件，为“十三五”农村公路养护管理发展指明了方向。

按照全面建成小康社会、“四好农村路”和《农村公路养护管理办法》的要求，和推进“四个交通”和交通行业结构性供给侧改革发展需要，要求继续推进农村公路养护管理体制改革，建立养护管理和资金到位考核制度，逐步解决养护资金短缺问题，完善农村公路设施，加快推进养护管理机械化、市场化发展，采用信息化手段提高养护监管和决策的科学性，完善养护管理标准规范，进一步提高农村公路安全水平和行车条件。

四、发展对策

（一）深化养护管理体制机制改革

全面落实市、县、乡三级养护管理机构。根据实际管理需要落实县、乡两级农村公路路政管理机构。明确市、县、乡各级养护管理和路政管理机构职责。落实养护管理和路政管理人员编制，提高技术人员比例。解决办公场所和办公设备，配备农村公路养护巡查、路政巡查车辆。理顺农村公路与普通公路养护职责。

（二）推进养护市场化

创新养护管理模式，推行建养一体化。培育小修保养市场，县级农村公路管理机构根据实际情况，通过建设专业化小修保养队伍或承包给养护施工单位等方式实施小修保养工程，对日常保洁建议采取个人、家庭分段承包等方式实施，并按照优胜劣汰的原则，逐步建立相对稳定的群众性养护队伍。

（三）积极争取养护资金，加强资金监管

各级政府应根据实际需求适当增加改扩建、大中修资金投入，提高小修保养补助标准，通过“一事一议”等方式多渠道筹集养护资金。统筹使用好上级补助资金和其他各类资金，努力提高资金使用效益，不断完善资金监管和激励制度。将路政管理资金纳入地方财政预算管理，加强超限超载治理罚没返还资金监管，保障农村公路超限超载治理和路政管理工作顺利开展。建议在目前养护资金严重不足的情况下，返还拌和站利润，用于农村公路养护。加强各类资金监管，严格执行财务管理规定，全面推行农村公路“七公开”制度，实行全过程动态监管。将农村公路养护资金到位率纳入地方政府绩效考核，建议按季度考核资金到位比例。

（四）加快推进信息化建设

加快信息系统建设，以及配套装备与技术应用，形成公路桥梁自动化数据采集与检测技术、数据传输与接收技术、数据处理与分析技术、公路技术状况评价技术、养护需求决策分析技术、GIS 与可视化集成展示技术等各关键环节的成套技术体系，构建“一个大数据中心、省市两级养护管理系统、一个决策应用分析平台”的养护信息化管理体系。为提高养护管理效率，实现养护精细化管理、科学化决策提供技术支持。

（五）制定标准规范，提升标准化管理水平

完善农村公路养护管理工作绩效考核制度，确保农村公路养护工作顺利开展、责任落实到位。制定各类设施、养护作业实施技术要求，规范农村公路养护工作，提高农村公路养护质量和技术水平。制定养护年度消耗量计算标准，为各级农村公路养护管理部门编制养护计划消耗量，向上级主管部门和财政部门申请资金，编制年度经费预算提供依据。

参考文献

［1］交通运输部．农村公路养护管理办法（中华人民共和国交通运输部令 2015 年第 22 号）．

［2］交通运输部．关于印发 2016 年“四好农村路”建设工作督导调研方案的通知（交公路函［2016］206 号）．

［3］姚红云，成冰等．重庆市农村公路养护管理问题及对策研究［J］．公路，2015,(8): 201-205.

［4］黄凤苗．农村公路养护管理信息系统的设计研究［J］．交通世界，2015, 7(1): 32-33.

［5］刘玉．生农村公路养护管理存在的问题及建议［J］．交通世界，2015, 10(4): 34-35.

提升辽宁省渤海湾客运服务质量的思考

王帷洋

（辽宁省交通厅港航管理局　沈阳　110000）

【摘　要】辽宁省渤海湾旅客运输，从 20 世纪 80 年代第一艘“天鹅”轮上线起至今已经历了 30 年的时间。30 年来，渤海湾客运行业得到空前发展和繁荣，在促进经济发展、便利群众出行方面作出了重大贡献。随着我国经济的飞速发展，旅客的收入和层次不断提高，对服务的要求也随之达到了一个新的高度，提出了新的要求。本文在简述渤海湾客滚运输业服务特性的基础上，分析提升客滚运输业服务存在的困难和问题，并探讨解决之道。

【关键词】渤海湾客滚运输　服务质量　顾客满意

Thinking of Improving the service quality of Bohai Bay passenger transport in Liaoning province

Wang Weiyang

(Port and Narigation Division of Liaoning Transport Department, Shenyang 110000)

Abstract: The Bohai Bay passenger transport of Liaoning province has experienced 30 years from the 1980s up to now, when the first “Swan” ship was launched. For 30 years, the Bohai Bay passenger industry has been an unprecedented development and prosperity, and has made a significant contribution to promoting economic development and people travel convenience. With the rapid development of our country’s economy, the revenue and level of passengers have risen unceasingly, whose service requirements also have reached a new level, who would like to put forward new requirements. Based on sketching the characteristics of Bohai Bay passenger and roller transportation, this paper analyzes the difficulties and problems of enhancing service levels, and explored solutions.

Keywords: Bohai Bay passenger and roller transportation　Service quality　Passenger’s satisfacation

一、引言

近年来，随着渤海湾水路客运规模不断扩大，辽宁省水路客运站点和船舶的配套设施不断完善。虽然在设施完善程度、技术水平、营运水平与乘坐环境方面都较前几年有了较大提高，但是在服务方面仍不能满足百姓日益增长的需求。因此，规范水路旅客运输服务行为，提高水路客运服务水平，给旅客带来更安全、便捷、舒适、高效的出行服务，是渤海湾水路客运业发展中亟待解决的问题。

二、提升渤海湾旅客运输服务

（一）“服务三角”理念与服务三要素

一般来讲，服务质量呈现出“服务三角”的特征；“服务三角”原则是美国服务业权威学者卡尔·艾伯修基于多家服务企业管理工作实践经验的基础上总结而出。其观点认为：若要获得顾客的满意，就必须具备三个因素：完善的服务理念、优秀的服务人员、了解市场需求的管理者。

如图1所示，位于中心的“顾客”与“三角形”外围代表三个关键因素的顶点分别存在三条联接，这三条连线明确地反映出关键因素务必尽可能地面向顾客，贴近顾客。

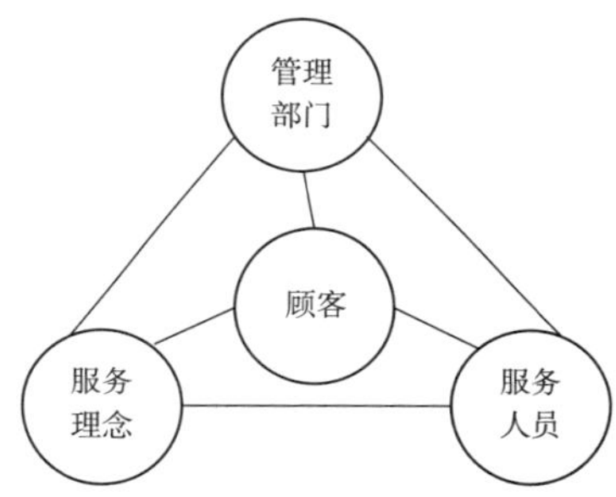

图1　服务三角

（二）提升渤海湾客运服务质量的困难和问题

1. 管理部门无法贴近旅客

客滚运输业具有不同于其他服务业的特性。其所提供的运输产品是实现旅客从一地到另一地的位置移动。由于水上旅客运输产品的特殊性，管理部门设在陆地，而服务人员和旅客在海上实现运输产品的技术质量和服务质量。在运输产品的视线中管理部门无法最大限度贴近和直接面向旅客，更多的是服务人员执行其制定的服务理念和措施，因此也给服务质量的提升带来困难。

由于无法直接面向旅客，因此在海上实现运输消费的旅客在满意度出现下降时，无法实时直接向管理部门进行反馈，而只能在运输完成后，向管理部门进行电话反馈，无法面对面的沟通，也给服务质量的管理带来困难。

同时，管理部门在得知旅客满意度下降之后，也不能实时地进行服务补偿，只能在运输完成后进行后期补偿，而由于运输产品的派生性，运输往往是实现商务、旅游等其他目的的手段，因此旅客在完成运输之后，往往要实现商务、旅游等主要目的，无暇接受后期服务补偿。

2. 船舶服务人员人均服务旅客数量过多

由于渤海湾客运船舶运力供给能力强，一个船舶服务员要向很多名旅客提供服务，以辽宁省渤海湾客运企业中远海运有限公司的“岛字号”船舶为例，“海洋岛”轮定员为1680人，而船舶服务员仅为20人，满载时每名服务员要为84名旅客服务，给服务质量提升带来困难。

三、关于提升服务质量的思考

（一）以差异化服务完善标准化服务，以标准化服务实现差异化服务

随着社会经济的飞速发展，渤海湾旅客运输业已经从起初单纯的运输作用向海上旅游作用转变，因此对于服务质量的要求也越来越高。考虑到旅客需求的差异性，针对不同的旅客提供不同的服务，差异化服务应运而生。

但是与旅客数量相比，服务员数量相对较少，尤其是船舶满载时1比84的服务比例无法完全实现差异化服务。因此，应以标准化服务为主，差异化服务为辅；根据旅客的差异性，尽可能的提供差异化服务，并从差异化服务中吸取经验，不断完善提升标准化服务，以更优质更全面的服务尽可能的满足所有旅客的差异化需求，如图2所示。

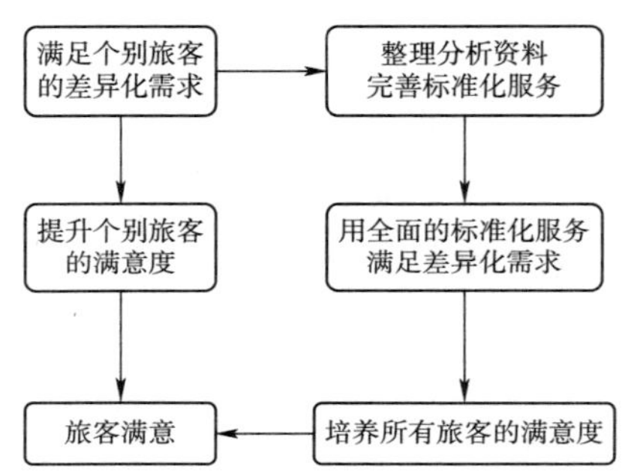

图2　以差异化服务完善标准化服务

（二）管理部门应加大随船工作频率，了解旅客需求，制定服务提升措施

为了最大程度的贴近旅客、面向旅客，了解旅客需求，要求管理部门人员定期随船与旅客一起评价服务质量，并召开旅客座谈会，与旅客面对面沟通，了解不同旅客的不同需求，收集资料，以提升服务质量。

通过随船实地对服务质量进行评价检查，完善不足之处，也可以最大限度地贴近一线服务人员，学习和整理其服务经验，以完善服务体系。基于摸清旅客的服务需求以及现行服务的不足之处，从硬件设施和软环境建设两方面优化完善：

一是在硬件设施方面优化完善，从照明、通风、卫生、广播、信息标示等诸多硬件设施方面进行改善服务基础条件，让旅客登船后就形成先入为主的优质服务体验。同时，应考虑增加服务人员，加大服务人员数量对旅客人数的比重。

二是加强软环境建设。在硬件设施得到改善的基础上，管理部门应基于服务现状，考虑未来发展，提出既不脱离实际，又高于现行服务水平的服务标准，用于规范服务行为。同时采取星级评定等评定考核的工作方式，并考虑适当向社会公布，以促进企业提升经营服务质量。

（三）重视顾客问题，快速反应，立即解决

（1）管理部门应建立服务补救预警系统，在服务出现失误，旅客进行投诉之前，对服务中可能出现的失误进行自检和预警，主动查找服务潜在风险。根据自检和预警，运输一线的服务人员应准备应急补救措施，以便将问题消除在萌芽状态，避免由于服务失误造成的旅客满意度下降。

（2）重视顾客问题，快速反应，立即解决。从旅客的角度思考，一旦出现服务失误，服务人员能够及时出现，坦诚问题所在，进行解释和道歉，并当面提出解决问题的措施，是对旅客非常重要且必须的尊重。因此，服务问题一旦出现，服务人员立即到场，快速反应，迅速解决问题，避免服务问题扩大升级。

在一些特殊的情况下，还需要船上服务人员根据工作经验，能够预见可能发生的问题并采取措施予以避免。例如，某班期因特殊情况而推迟离港时，服务人员应预见到旅客会产生焦躁情绪。服务人员应安慰并向有需要的旅客提供矿泉水等物品。

四、结语

近年来，渤海湾旅客运输业迅猛发展，随着旅客对于运输过程中服务的要求不断提高，客运服务面临着新的挑战。管理部门和客运企业应提高认识，转变思路，全面贴近旅客，发掘旅客服务需求。从两地运输的基本服务上升为运输过程中提升旅客运输的服务体验，以更优质更全面的标准化服务为主，以差异化服务为辅，及时发现并弥补完善服务中存在的问题，完善服务体系，提升服务质量，为水路出行旅客提供安全温馨的出行体验。

参考文献

［1］Karl Albrecht.Service America In the New Economy［M］. 中国社会科学出版社，2014.

我国智慧港口的建设与发展

倪 鹏

（交通运输部水运科学研究院 北京 100088）

【摘 要】“智慧港口”渊于智慧地球、智慧城市等概念，对“智慧港口”的认识，伴随着港口从作为运输枢纽的第一代港口向着枢纽转运整合型物流中心的第四代港口的发展。本文通过对国内外“智慧港口”建设实践与理念创新的分析，对我国“智慧港口”的建设需求与技术特性进行了梳理，凝练了我国“智慧港口”的建设目标，并提出了在新形势下打造“智慧港口”，促进我国港口转型升级的相关建议。

【关键词】智慧交通 智慧港口 转型升级

The Present Situation and Future Development of Smart Port in China

Ni Peng

(China Waterborne Transport Research Institute, Beijing 100088)

Abstract: The concept of “Smart Port” is based on the concept of “Smart Planet” and “Smart City”. Following the development of port from the first generation port as a transportation hub to the fourth generation port as a integrated logistics center, deeper understanding has been made to the “Smart Port”. In this article, an analysis is made to the domestic and foreign “Smart Port” construction practice, and the requirements and technical characteristics of “Smart Port”, refining the targets of “Smart Port”. And at last, we put forward some suggestions to promote the transformation and upgrading of China’s port.

Keywords: Smart transportation Smart port Transformation and upgrading

“智慧港口”理念来源于智慧地球、智慧城市等概念，并引入到交通领域。对“智慧港口”的认识伴随着港口从作为运输枢纽的第一代港口（作为装卸和服务的第二代港口，作为贸易和物流中心的第三代港口）向着枢纽转运整合型物流中心的第四代港口的发展。随着人们认识侧重点的不同，使得信息化港口、数字化港口、自动化港口、智能化港口等理念也应运而生，围绕智慧二字，“云大物移智”等新兴技术理念也在不断充实和提升对于“智慧港口”理念的认识和理解。

一、“智慧港口”国内外建设实践与发展态势

近年来，涉及“智慧港口”的相关建设领域，国内外在不断的开展相关实践工作，不断地积累、探索和明晰相关的建设经验与理念。以欧洲的鹿特丹港为例，对于港口建设，提出 SMARTEST PORT 的理念（直译为最聪明、最智慧的港口），2030 年愿景展望成为全球性枢纽港和欧洲产业集聚区。其核心理念是在投资环境、土地资源利用、集运体系、到港服务、港城融合和政策、生态环境、创新驱动等诸多方面构建更加完善、友好、系统、深入的港口运输业态。完成该体系构建的核心是创新 + 驱动，即通过集成化、协同化、数字化、智能化等技术的融合应用，逐步实现 IT+ 港口、流程再造、业务协同和服务创新等关键性跃升。新加坡港则提出了 SMARTER PORT（直译为更聪明、更智慧的港口）的理念，要在未来十年实现新生代集装箱港口，实现变现力、生产力和可持续发展的飞越，成为全球性枢纽港和国际航运中心。具体举措包括：升级能力、提升服务、提高效率、拓展空间、深度融合、科技创新、优化环境、绿色低碳，以构建完善的港口运输体系等。建设重点是通过建立创新体系、打造跨界平台、实现全球战略布局，来推动港口人文环境融合、港城一体化、完善服务，提升功能，营造港口生态链。

我国近年来也在“智慧港口”建设中有许多的建设实践，比较突出的成效主要表现在：①偏重硬件环境建设方面的全自动化集装箱码头系统建设，如厦门远海全自动化集装箱码头、上海洋山四期全自动化集装箱码头、青岛港全自动化集装箱码头等；②偏重软环境建设的集聚资源、健全功能、优化环境、高效服务的国际航运中心建设，如上海、大连东北亚、天津北方、厦门东南、广州等国际航运中心建设。

从不同角度来看国内外“智慧港口”建设的差距与不足，主要集中在以下几个方面：①理念与认识的全面性尚待进一步完善，还有许多片面性的认识与理解，有人认为全自动化码头就是智慧港口，有人认为只有应用了人工智能的系统才能称之为智慧，以智慧为名的系统建设不少，但多体现在某一个具体系统的建设或某一技术的具体应用；②在软硬件技术先进性方面，重硬轻软的现象与问题仍有很多；③系统性与协同性方面，以及地区发展的不平衡性方面，国内外存在较大的差距；④在环境与体系完备性方面、创新能力与驱动力方面国内外仍然有着不小的差距。

随着以“云、大、物、移、智”等为代表的新一代信息技术的广泛应用，自动化生产运营的逐步推进，智能化管控的推广实施，不断催生出的新市场形态、新业务模式。智慧港口的发展从无到有，从理论到实践，呈现了加快发展的新态势。近年来，以云计算、大数据、物联网、移动互联网、3D 打印、5G 网络等为代表的新一代信息技术得到了蓬勃发展。新一代信息技术横向渗透融合到交通、制造、金融等行业，重点逐步从产品技术转向服务技术，并向着网络互联的移动化和泛在化、信息处理的集中化和大数据化、信息服务的智能化和个性化的方向发展。新技术的发展逐步改变着港口运输生产要素，使港口运输基础设施、运输装备、运输组织更加智能、协同；逐步改变着港口运输需求的形态，使港口运输从实体运输转向实体运输和虚拟运输并存；逐步改变港口运输生产方式，

不断提升综合效能，使港口运输作业智能化、组织网络化、管理扁平化，促使港口运输管理更加精细，决策更加科学，服务方式更加多样与个性。随着研究与实践的不断深入，智慧化发展重点逐步由全面的感知、智能的管控，转变为自主学习、自动适应、自发调整，这对港口运输乃至整个交通体系将带来重大改变，推动引发新一轮科技革命，重构交通运行模型。并加快推进高度完善的实体基础设施和信息基础设施体系、高度先进的智慧运输装备体系、高度成熟的跨界高端技术体系和高度协调的跨界协同系统集成体系。随着相关研究和实践逐步展开，随之而来的是港口生产方式、管理方式都将发生日益深刻的变革。

二、我国“智慧港口”的建设需求与技术特性

基于相关的实践与经验总结，从行业需求的视角，“智慧港口”要达到的最终的目标和效果，仍然聚焦于以下几个方面：实现港口资源统筹高效利用，降低运输成本，更加经济；实现完善的基础设施和运营网络，更加可靠；实现一体化智能化的运输服务，更加高效；实现高水平的港口安全监管和应急救援，更加安全；实现创新型、高附加值的运输组织与服务，更加敏捷；实现节能环保的可持续性和谐发展，更加绿色。这也是对“智慧港口”建设最根本的需求。

再从技术特性的视角来看“智慧港口”。首先是动态性。“智慧港口”发展是一个不断变化、永无止境的过程，没有固定的模式和标准的状态；其发展理念、发展技术、发展手段、发展水平等都是随着时代的发展而发展，随着科学技术的进步而进步。从信息港口到数字港口到自动港口到智能港口等理念的发展，正体现了其随着技术发展的动态性。其次是先进性。“智慧港口”是信息化不断发展，信息技术不断创新融合，智能水平不断提升的时代产物，是当代最先进的设施设备、最先进的技术应用、最先进的运输组织和运输管理的集中体现。互联网技术、物联网技术、云计算技术等最新型的现代信息化技术无时无刻不与其息息相关。第三是系统性。“智慧港口”的系统性突出表现在智慧港口的供给系统性和效能系统性。它的先进性不仅表现在技术先进和管理先进，还表现在多系统深度融合的时代特征，是数据系统、业务系统、技术系统和要素系统的融合；通过跨界、连接、融合使港口运输大系统融为一体，使“智慧港口”焕发出新的生命力。最后就是先导性。一是在行业层面，“智慧港口”作为最先进理念、最先进设施、最先进技术和最先进管理的集中体现，代表着港口运输现代化的前进方向，也是港口运输现代化发展的先行和示范；二是带动和促进港口上下游产业链的转型发展方面的先行、先导和示范作用。

三、“智慧港口”的认识与基本特征

从广义上讲，“智慧港口”是我国港口运输现代化发展的前进方向和必然过程，是智慧交通的重要组成部分。从狭义上讲，“智慧港口”是以现代化基础设施设备为基础，以云计算、大数据、物联网、移动互联网、智能控制等新一代信息技术与港口运输业务深度融合为核心，以港口运输组织服务创新为动力，以完善的体制机制、法律法规、标

准规范、发展政策为保障，能够在更高层面上实现港口资源优化配置，在更高境界上满足多层次、敏捷化、高品质港口运输服务要求的，具有生产智能、管理智慧、服务柔性、保障有力等鲜明特征的现代港口运输新业态。

“智慧港口”基本特征，不同的发展阶段所展现的内涵和层面是不同的。主要集中在以下四个方面：要素全息化：要实现可测、可视、可控，全面感知；系统协同化：跨界、联接、共享，深度融合；服务柔性化：人本、敏捷、智能，服务创新；决策智慧化：客观、规范、及时，科学决策。具体的特征体现则主要包括港口基础设施与装备的现代化、新一代信息技术与港口业务的深度融合化、港口生产运营的智能自动化、港口运营组织的协同一体化、港口运输服务的敏捷柔性化、港口管理决策的客观智慧化。

“智慧港口”的设施配置主要涉及交通运输基础设施网络和信息化基础设施网络以及港口运输装备三部分；没有基础设施的网络化、数字化，没有港口运输装备的标准化、智能化，就无法实现港口运输要素的全面感知，无法实现云计算、大数据、物联网、移动互联网等新一代信息技术与港口运输核心业务的深度融合，也无法实现港口运输组织和运输管理的创新。

“智慧港口”建设与发展不同阶段的本质区别，集中体现在新一代信息技术在港口运输领域的应用；新一代信息技术与港口运输核心业务的深度融合和广泛应用，不断推进港口运输优化、增长、创新、新生。信息技术变革带来港口运输生产力水平的提高，在更高层面上优化资源配置，提高港口运输效率和港口运输服务品质，是“智慧港口”最基本的属性和特征。

智能化贯穿于“智慧港口”发展的全过程，主要是指通过人的智慧，使得交通运输生产活动中更多的人力由机械设备所替代，体现出自动化、智能化生产运营的特征，比如码头自动装卸、一体化运输作业等。未来随着信息化的高度发展，伴随着大数据的发展，信息技术和机器人结合，机器人的智慧水平将日益提高，更多的人的体力和智力劳动将由机械所替代。港口运输智能化水平是评价“智慧港口”发展水平的最主要指标。

“智慧港口”的生命力不仅在于新一代信息技术的充分利用，还体现在与技术变革相应产生的运输组织的创新；与信息技术融合、跨界、连接的要求相适应。新的运输组织在运营机制、经营模式、管理体制等方面必须打破传统的行业分割、部门分割、地域分割，必须强化运输法规、标准、政策的协调，加强信息资源整合与共享，建立新型政企合作关系。跨行业、跨部门、跨区域的协同化运输组织是“智慧港口”发展的关键所在。

重视服务是“智慧港口”的最根本要求。“人便于行、货畅其流”，让用户最大限度地体验到、享受到现代信息技术带给他们的便利和高品质的港口运输服务，这是“智慧港口”发展的出发点和落脚点。

“智慧港口”是港口运输发展的高级形式，衡量智能港口转变为“智慧港口”的显著标志，就是看港口运输生产活动中传统的管理决策（包括企业运营管理和政府管理）多大程度上转变为智慧决策。

四、新形势下我国“智慧港口”建设与发展思考

当前我国港口行业同时面临着诸多压力与挑战。一方面，在气候变化、环境保护、生命安全、交通拥堵等方面，对今后港口行业的发展形成倒逼之势；另一方面，随着新材料、新能源、新技术的发展，港口行业与现代服务业及相关产业的跨界融合与协同，大数据、互联网 +、电商物流等新业态的涌现，综合就业、环境、土地资源、税收等诸多关系的新型港城关系的发展，以及一带一路走出去的战略，基于资源集约的区域港口发展一体化、多式联运综合运输系统的建设等，也给新时代的港口发展提出了新的挑战。

2014 年 6 月，交通运输部发布《关于推进港口转型升级的指导意见》，其重点是，通过转型，提高资源节约、环境友好水平，推动港城关系调整，满足新时期环境、安全的相关要求；通过升级，拓展服务功能、质量与网络体系，满足新时期服务提升要求，并缓解企业经营压力，实现港口企业的提质、增效和可持续发展的目标。其核心动力是体制机制的改革与技术、管理与服务的创新，而重要的工具则是信息化、智能化与标准化。通过“智慧港口”建设来全面提升港口物流供应链一体化服务能力与水平，成为推进我国港口转型升级，实现行业提质、增效、可持续性发展的重要抓手。

首先，要转变思路，提升理念。港口由信息化向智慧化发展是发展的必然趋势，“智慧港口”不仅是新技术创新应用，更是生产关系的深刻变化，势必带来管理、组织、生产的改革、生产方式与业态的变化。以智慧港口建设实现创新与突破，是推进我国港口行业转型升级的重要抓手，也是提升行业综合软实力的重要标志。

其次，要科技先导，创新驱动。要加强前瞻性研究，重点在大数据环境下的港口创新方法、创新技术、创新管理，面向新一代港口的数据需求工程方法等方面，在推动港口供应链一体化、港产城融合互动、现代 IT 集成创新应用等领域的项目建设，促进管理与服务创新等方面，开展相关的前瞻性研究。

第三，要营造环境，夯实基础。要建立系统性的“智慧港口”发展政策和标准规范体系；推动多类别、多环节、多部门，政府管理的融合与协同；建立前瞻性、动态性、综合性、全过程营造良好的政策发展环境；政府引导，鼓励产学研用相结合，发挥企业创新主体地位，推动技术攻关与创新；积极营造良好的“智慧港口”发展行业环境，促进可持续发展。

最后，要对标国际，务实推进。要对标国际先进，紧跟世界港口最新态势，找到差距不足；不断鼓励技术创新 + 管理创新；同时量力而行，循序推进，突出阶段特征和功能需求导向，找准以政府角色推进的切入点和重点。

“智慧港口”的推进重点，应以“基础设施系统、生产组织系统、运输服务系统、决策管理系统”为核心任务，统筹推进港口信息化、智能化、智慧化进程，加快推动交通供给侧结构性改革，在更高层面上实现资源优化配置，在更高境界上满足社会运输服务需求。建议近期的推进重点：

基础设施系统。重点推进港口基础设施与运输装备智能化研发与应用，使航道、码头、

场站等港口基础设施，船舶、车辆等运输装备，港口装卸设备、流动设备以及其他辅助通用设备能够适应智能交通发展的新要求。下一代交通移动通信信息网络、智慧交通云服务体系持续建设、不断完善。港口生产指挥系统、数字航道系统等智能化水平达到新高度。

生产组织系统。重点推进港口货物与旅客运输组织系统的智能化，以及多种运输方式协同联动。建成高效的港口运输管理运行控制系统，推进货运智能化技术应用，实现港口运输组织的精益生产、精准服务和一体化业务运作。运输智能调度、全自动化码头等智能系统得到普遍应用。

运输服务系统。重点推进实现港口运输信息智能化服务，线上线下资源整合，延伸服务链条，创新商业模式；建立多种运输方式间信息共享机制，货物与旅客运输联程联运更加便捷。依托物流信息资源整合共享、开放、互认，智能化的港口物流信息平台基本建立，实现物流信息平台互通与协同。

决策管理系统。重点推进完善港口运输运行监测系统，实现对运输网络运行状况的动态监测；建立完善综合安全应急管控系统，构建跨行业、跨区域联防联控与应急指挥体系；提升港口大数据处理及分析能力，创新港口运输数据产品，支撑管理决策和生产运营；政府管理辅助决策系统基本建立并普遍使用，全面实现无纸化办公和一站式公共服务。

在系统建设层面，重点在引导港口智能化基础设施与技术装备建设，引导港口大数据综合信息服务与智能决策系统建设，引导港口多式联运与集疏运组织协同化系统建设，引导港口安全监管与应急处置智能化系统建设，引导港口口岸国际贸易运输“单一窗口”系统建设，引导“智慧港口”政策环境与标准体系系统建设等方面予以务实推进。

参考文献

［1］交通运输部．关于推进交通运输信息化智能化发展的指导意见［Z］．2013.

［2］上海市交通委员会．关于加强智慧交通体系建设的指导意见［Z］．沪交科 2015 721 号．

［3］刘小明．移动互联网与运输服务行业转型升级［C］．第十届中国智能交通年会，2015.

［4］邹力．“互联网 +”时代下的智慧交通发展［C］．第十届中国智能交通年，2015.

［5］韩海航，柴琳．浙江省智慧交通建设与发展研究［J］．运输经理世界，2013(11).

浅析中国民航国内运价机制后续改革的方向

刘 浩

（天津航空有限责任公司 天津 300000）

【摘 要】中国民航国内运价机制主要经历了三次平稳有序的市场化改革。从结果来看，改革措施效果显著，未引发机票销售价格的异常波动，旅客出行需求保持了快速增长，甚至出现了2015年供需两旺的市场格局。继续深化运价体制改革对保持我国民航业健康、快速发展意义重大。由于竞争充分、供给侧弹性较大，时刻资源充裕、准入门槛较低的航线应成为后续运价机制改革的方向。

【关键词】民航国内运价机制改革 改革方向 竞争充分

A Brief Analysis About The Direction Of Further Reform Of Chinese Civil Aviation Domestic Pricing Mechanism

Liu Hao

(Tianjin Airlines Co., Ltd., Tianjin 300000)

Abstract: Chinese civil aviation domestic pricing mechanism mainly experienced three times of smooth and orderly market reform. According to the results, the reform worked and didn't cause abnormal fluctuations in ticket prices. Passengers' travel demand maintained rapid growth, and both of supply and demand were strong even in 2015. Continuing to deepen the pricing mechanism reform is very important to healthy and rapid development of Chinese civil aviation. Due to full competition and high elasticity of the supply, the airlines which have rich moments resources and low entry barriers should be the direction of the follow pricing mechanism reform.

Keywords: Civil aviation domestic pricing mechanism reform The direction of the reform Full competition

为积极应对改革开放以来宏观经济环境及中国民航市场供需关系的变化，2004年4月20日，经国务院批准的《民航国内航空运输价格改革方案》下发实施，拉开了我国民航国内运价改革的序幕。其后，中国民航局及国家发改委又分别于2013年、2014年下发通知，针对民航运价机制进一步予以完善。以此为背景，本文主要针对前期运价改革的实施效果、继续深化改革的意义及方向进行了研究。

一、中国民航已实施的国内运价改革及效果评估

（一）中国民航国内运价改革历程

（1）2004年是我国民航运价改革十分关键的一年，国内航空运价由核定航线具体票价的直接管理改为对航空运输基准价和浮动幅度的间接管理。

①针对省、自治区内，及直辖市与相邻省、自治区、直辖市之间的短途航线，已经与其他替代运输方式形成竞争的，实行市场调节价，不再规定票价浮动幅度。

②其他航线旅客运输票价实行浮动幅度管理，票价上浮幅度最高不得超过基准价的25%；除上述实行市场调节价和票价下浮幅度不限的航线外，国内航线票价下浮幅度最大不得超过基准价的45%；少数航线因特殊情况需要突破票价统一浮动下限的，由有关航空运输企业报民航总局商国家发展改革委批准后执行。

（2）2013年10月，为发挥市场对于资源配置的基础性作用，促进民航业持续健康发展，中国民航局及国家发改委决定进一步完善国内航空运输价格政策。具体措施如下。

①对部分与地面主要交通运输方式形成竞争，且由两家（含）以上航空公司共同经营的国内航线，旅客运输票价由政府指导价改为市场调节价。

②对旅客运输票价实行政府指导价的国内航线，取消票价下浮限制。

（3）2014年12月，为贯彻落实党的十八届三中全会精神，国务院批准决定进一步推动民航运价市场化改革，颁布如下改革举措。

①放开民航国内航线货物运输价格。

②进一步放开相邻省份之间与地面主要交通运输方式形成竞争的短途航线旅客运输票价。

③对继续实行政府指导价的国内航线，由政府审批航线基准票价改为由航空公司依据规则自行制定、调整基准票价。

（4）小结。

从以上运价改革历程可以看出，我国民航运价改革沿着两条基本主线进行：第一，近年来我国以交通运输为代表的基础设施建设突飞猛进，高速公路、铁路网日益完善，民航业中部分与地面交通方式形成竞争的航线运价得以放开，实施市场调节价。第二，随着推动政府简政放权、放管结合的改革思路得以落实，未实施市场调节价的航线运价逐步放松管制，整体上平稳有序。

（二）已实施的国内运价改革效果评估

（1）根据国家发改委及民航局公告2014年第18号文件，自2004年4月20日起，省（自治区）内航线全部实行市场调节价。其中新疆疆内航线由于体量较大，具有很强的代表性。现选取了某航空公司2012年至2015年10条疆内航线整体经营指标进行了统计分析如下（表1~表3）。

①运力指标

从2012年到2015年，该航司10条疆内航线投入座位数整体呈现逐年增长的态势，

其中2013年同比增长47.82%，2014年同比增长25.52%。

②运量指标

运力指标　表1

航班班次（班）				可提供座位数（个）			
2012年	2013年	2014年	2015年	2012年	2013年	2014年	2015年
10849	14073	15145	15284	876906	1296219	1627017	1647836

运量指标　表2

旅客运输量（人次）				客座率（%）			
2012年	2013年	2014年	2015年	2012年	2013年	2014年	2015年
659387	1016145	1273955	1394273	76%	79%	78%	85%

随着运力增长，从2012年到2015年，该航司10条疆内航线旅客运输量也呈现逐年增长的态势。航班客座率基本保持稳定，其中2015年同比增长8.97%，由此可以看出，运价放开政策并未抑制旅客的出行需求。

③票价指标

票价指标　表3

平均票价（元）				客公里收入（元/客公里）			
2012年	2013年	2014年	2015年	2012年	2013年	2014年	2015年
695	650	602	646	1.16	0.97	0.89	0.98

从2012年到2014年，随着竞争的加剧，该航司10条疆内航班平均票价及客公里收入均呈现逐年降低的态势，2013年同比分别降低6.47%和16.38%，2014年为7.38%和8.23%。2015年航线平均票价及客公里收入出现回升，结合运量指标的变化，可见票价指标的回升受益于2015年疆内民航市场的整体向好，航线经营呈现出供需两旺的市场态势。

由此可以看出，随着民航业市场化程度的加深和航空公司投放运力的大幅增长，供需关系已成为决定票价水平的主导因素。省（自治区）内航线运价放开后，并未引发实际销售价格的异常上涨。

（2）中国民航局及国家发改委在2013、2014年加快了民航运输价格市场化改革的步伐，相继推出多项举措，完善相关政策。现针对某航空公司2015年运价进行过调整的126条航线经营情况进行了深入分析（表4）。

126条运价调整航线2015年全年整体经营情况　表4

经营指标	2014年	2015年	同比增长率（%）
航班量	84702	89088	5.18
布局数	9228950	10423401	12.94

续上表

经营指标	2014年	2015年	同比增长率（%）
有效布局数	6978590	7807050	11.87
旅客量	5794525	6850789	18.23
客座率	83.03%	87.75%	5.68
座公里	7478944400	8364504880	11.84
座公里收入	0.33	0.38	13.76
折扣率	49.71%	50.21%	1.00
平均票价	593	668	12.77

①运价改革对市场需求的影响

2015年，126条航线平均折扣率同比去年提升1.00%，平均票价同比提高12.77%；与此同时，旅客运输量同比增长18.23%，高于有效布局11.87%的增长率，平均客座率提升了5.68%。由此可见，2015年运价调整后，航线客流量实现了大幅度增长，旅客的出行需求并未受到抑制。

②运价改革对航空公司经营的影响

2015年，126条航线的总布局同比增长12.94%，有效布局（旅客量/客座率）同比增长12.87%，航空公司投放运力的积极性得到提升。同时，平均票价及客座率的同时上涨带来了座公里收入13.76%的大幅增长。

（3）小结。

随着中国民航业的持续发展，竞争日益激烈，供需关系发生了颠覆性的变化，市场在决定实际销售票价的过程中起到了决定性作用。我国民航业应顺应宏观环境的发展趋势，适当加快国内运价改革的步伐。

二、继续深化中国民航国内运价改革的意义

借鉴日本、美国和欧盟的经验可以发现，民航运价改革是一个循序渐进的过程，同时现实条件已经形成的情况下，应积极完善相应法律法规和管理机制，坚定不移的地推进民航运价市场化改革。随着我国国民经济发展水平不断提高，国民消费能力得到了有效提升，市场决定价格机制应尽快予以完善。

（一）运价改革对于旅客出行的意义

（1）对于大部分航线，因为季节性较强，运价市场化可以适当扩大机票价格淡、旺季的浮动幅度，满足不同层次旅客的消费需求。一者可以引导旅客错峰出行，避免传统旺季客流扎堆，提升旅客的出行体验；其次可以使人民群众在特定时期享受到更加便宜的票价，使飞机成为更加大众化的出行方式。

（2）在一定范围内票价的波动可以平衡航空运输企业淡、旺季收入水平，避免因整体客流量较小的航线淡季经营困难、旺季无法有效弥补导致全年亏损而停飞航班，进而

影响到那些有迫切出行需求的旅客。

（二）运价改革对于支线机场的意义

对于支线航线，由于市场客流不足、公益性较强等原因，即使有财政补贴的支持，仍面临较大的经营困境，严重损害了航空公司开航的积极性。支线航线运价放开，有利于改善航空公司旺季的经营水平，也间接地减轻了财政补贴压力。

（三）运价改革对于民航资源配置的意义

近年来，中国民航业竞争日益激烈，价格对于指导航空运输企业投放运力、调整供需关系的影响已经开始凸显。后续随着国内运价市场化的进行，市场这只无形之手对于实现民航资源有效配置的作用越来越大，将有效释放民航业自身发展的活力，完善我国交通网络的布局。

三、中国民航国内运价机制改革的方向

为保护中国民航运输市场公平竞争，切实维护旅客权益及公众利益，运价改革必须在防止航司滥用市场支配地位哄抬票价、损害旅客利益的前提下进行。除与地面主要交通方式形成竞争的航线外，以哪些因素作为标准筛选民航内充分竞争的航线将成为下一步国内运价改革的重点。

（一）航线准入门槛的高低对机票销售价格的影响

以北京、天津两地为例，2016 年上半年天津市城镇居民人均可支配收入为 19786 元，北京为 28448 元，是天津的 1.44 倍。

现分别选取了北京—西安和天津—西安、北京—武汉和天津—武汉航线上时刻相近的航班进行类比，其中北京—西安航线上所选航班 2016 年上半年客公里收入为天津—西安航线上所对应航班的 2.04 倍，北京—武汉航线上所选航班客公里收入为天津—武汉航线上所对应航班的 1.68 倍，如表 5 所示。

北京、天津两地同类航线销售情况对比 表 5

航　　线	航班可利用布局	客座率（%）	客公里收入	座公里收入
北京—西安	43377	89	0.96	0.86
天津—西安	15377	92	0.47	0.43
北京—武汉	29285	90	0.89	0.80
天津—武汉	21818	91	0.53	0.48

由于北京机场时刻获取存在壁垒，相关航线未形成有效竞争，导致两地同类航线票价水平的差距远远大于两地城镇居民人均可支配收入的差距。因此，针对准入门槛较高、不能充分引入竞争者的航线，在运价改革过程中应重点予以关注。

（二）新增运力对竞争及机票销售价格的影响

随着我国民航市场化程度的加深，对于大部分航线，准入门槛变得越来越低，航空公司可以市场需求为导向规划各自的航线网络。现随机选取了某公司 2016 年夏秋换季运

力出现同比大幅增长的两条航线，针对其4月份的经营情况进行了分析，如表6所示。

运力增长对航班销售的影响 表6

航　线	日　期	航线可利用布局	客座率（%）	客公里收入	座公里收入
天津—西安	2015年4月	9976	91.93	0.57	0.53
	2016年4月	15669	92.57	0.48	0.45
	同比增幅	57.07%	0.70	-15.85%	-15.25%
大连—天津	2015年4月	6046	92.20	0.56	0.52
	2016年4月	7288	91.90	0.52	0.48
	同比增幅	20.54%	-0.32	-6.83%	-7.13%

由表6数据可以看到，当某条航线出现运力大幅增长时，客公里收入出现了较大程度的下滑。可见运力的自由调配对于改善供需关系、抑制票价的大幅增长有十分重要的作用。

四、结语

中国民航国内运价改革到目前为止收到了显著的效果。为适应宏观经济环境的变化，继与地面主要交通方式存在竞争的航线之后，应继续选取民航内充分竞争的航线，推进国内运价机制市场化改革。除核准航线及前一年旅客运输量排名前十的机场之间的航线外，其他航线由于竞争充分、准入门槛较低，可实现运力的自由调配，建议考虑实施运价放开政策。通过供需关系的变化进行价格的调节及资源的高效配置，促进中国民航业健康、可持续发展。

参考文献

[1] 邹斯林．民航运价改革及对运输市场的影响[J]．中国民用航空，2003(5): 38-38.
[2] 马文秀，范幸丽．日本民航客运价格改革及其启示[J]．日本问题研究，2008(2): 14-16.

通用航空发展对策研究

王德荣　高月娥　刘　洋

（中国交通运输协会 北京中交协物流研究院　北京　100825）

【摘　要】本文在厘清通用航空与通用航空产业的概念和内涵的基础上，借鉴国外发达国家通用航空发展经验，分析我国通航产业的发展现状和问题；通过研判未来发展趋势，提出交通运输行业促进通用航空产业发展的对策和建议，对破解通航产业难题，促进民航业持续健康发展，完善我国综合交通运输体系，拉动投资，增加经济活力，提高制造业水平，促进产业提质增效具有重大实践意义。

【关键词】通用航空 发展重点 产业 对策

Research of Countermeasures on General Aviation Development

Wang Derong　Gao Yuee　Liu Yang

（China Communications and Transportation Association,
Institute of Logistics and Transportation of Beijing, Beijing 100825）

Abstract: Based on clarifying the concept and connotation of general aviation and general aviation industry, this paper analyzes the current situation and problems of the aviation industry in our country by referring to the experience of the development of general aviation in foreign countries. through the analysis for the future development trend, this paper puts forward the countermeasure and the suggestion for transportation industry to promote the development of general aviation industry, which has important practical significance for solving the problem of navigation industry, promoting the sustained and healthy development of civil aviation, perfacting our country comprehensive transportation system, stimulating investment, increasing the economic vitality, improving the level of manufacturing industry and promoting industrial quality and efficiency.

Keyword：General aviation　Development keys　Industry　Countermeasures

一、引言

通用航空和运输航空是我国民航发展的“两翼”。近年来，我国通用航空业发展迅速，截至 2015 年底，通用机场超过 300 个，通用航空企业 281 家，飞行小时数达 73.2 万小时。通用航空保障能力逐步夯实，管理能力较快提升，发展质量明显改善，服务能力快速增长，行业发展迈上了一个新台阶。但是，随着通用航空交通服务、公益服务、娱乐服务和大众消费等需求的不断增长，通用航空发展需求已经出现了结构性变化。我国通用航空业发展起步晚，起点低，基础设施保障能力不够，通用机场功能单一，低空资源利用率较低，尤其是行业运营环境亟待改善，竞争力和创新力不足，体制机制不够完善等，难以满足通用航空发展的新需求。

为贯彻落实《国务院办公厅关于促进通用航空业发展的指导意见》（国办发［2016］38号）有关决策部署，充分发挥市场机制作用，加大改革创新力度，突出通用航空交通服务功能，大力培育通用航空市场，国家已将发展通用航空业作为战略性新兴产业体系战略高度发展。在资源环境的硬约束下，研究我国通用航空发展重点及对策亟需紧迫。本研究旨在加快提升通用航空服务保障能力，发展战略性新兴产业，实现通用航空业持续健康发展，促进产业转型升级，释放消费潜力，对建立资源节约型、环境友好型社会具有重大意义。

二、我国通用航空产业发展的现状和问题

（一）通用航空及通用航空产业的内涵

理清通用航空和通用航空产业两者的概念是研究通用航空的基础。通用航空是指使用民用航空器从事公共航空运以外的民用航空活动，提供交通和服务功能，为从事工业、农业、林业、旅游业、渔业和建筑业的作业飞行，以及医疗卫生、抢险救灾、应急防恐、气象探测、海洋监测、科学实验、教育训练、文化体育等飞行的民用航空器提供起飞、降落等服务的飞行活动，也提供旅客服务功能。通用航空业作为战略性新兴产业体系，涵盖通用航空器研发制造、市场营销、运营管理、综合保障及延伸服务等，主要包括核心产业、关联产业、延伸产业等，具有交通服务功能，产业链条长、服务领域广、带动作用强。

（二）我国通用航空产业现状

我国不仅是全球通用航空最为重要的新兴市场，也是全球通用航空产业链条的重要一环。我国通用航空的发展取得了一定成绩，主要是：

（1）通用航空作业量和航空器发展增速加快，通用航空保障能力逐步夯实。2015年，通用航空飞行小时数达73.2万小时，在册航空器1874架，通用航空保障能力逐步夯实。

（2）通用航空行业规模逐步扩大，服务能力快速增长。2015年，全国通用航空企业281家，筹建企业201家，企业集中分布在华北地区、华东地区、中南地区，分别为72、56、54家；东北地区、西南地区、西北地区、新疆地区分别为30、37、25、6家。

（3）通用航空机队及人员队伍不断壮大，管理能力和服务质量明显改善。全国通用航空行业从业人员14563人，其中专业人员7865人。华北地区、西南地区的通用航空人力资源保持快速增长，中南、东北地区人力资源流失较为明显。

（4）通用航空上下游产业快速发展，成为航空经济重要组成部分。航空制造业快速发展，全国多个省区开始建设航空经济区和通用航空产业园，地方政府、社会资本开始构建以通用航空产业为主体的航空经济产业链，在促进经济增长、引导产业转型和升级、

提供社会就业等方面提供重要的驱动力，行业发展迈上了一个新台阶。

（5）行业政策法规环境进一步优化。《关于促进通用航空业发展的指导意见》、《通用航空经营许可管理规定》等政策的出台，深化改革通用航空行政审批制度，放宽准入，降低通航企业设立门槛。

（三）存在问题

随着通用航空交通服务、公益服务、娱乐服务和大众消费等需求的不断增长，通用航空发展需求已经出现了结构性变化，通用航空与运输航空发展不平衡，主要“短板”问题：

（1）通用航空整体发展水平不高，基础设施保障能力不足。与国外发达国家（如美国）相比，我国在航空飞行小时数和机队规模等方面，仅为美国的1/30和1/100；通用机场密度低，低于巴西等新兴经济体国家。

（2）通用机场功能单一，运营规模较小。并且通用机场布局不协调，低空资源利用率较低。

（3）体制机制不够完善，审批周期较长，如特殊任务的飞行计划审批速度慢。

（4）通用航空建设、运营资金短缺，高级专业人才严重不足。

（5）行业运营环境亟待改善。现阶段我国通用航空发展政策不够完善，监管体系不健全。

（6）通用航空业竞争力不强。如随着通用航空制造业的较快发展，竞争力和创新力不足就难以满足通用航空发展的新需求。

三、通用航空发展趋势

未来随着国际国内经济社会的发展，人们消费能力不断提升，预计我国通用航空在今后一段时间将保持平稳较快的增速，主要发展趋势如下：

（1）建设运营市场化。未来通用航空发展将充分发挥市场在资源配置中的决定性作用，优化政策环境。低空空域管理使用规定、FSS管理办法等行业发展政策将继续完善，政府进一步简化通用航空审批程序。

（2）产业融合化。随着我国产业结构优化升级，未来通用航空将进一步促进农业、工业作业增长，提升通用航空培训能力，满足日益增长的私照、商照等培训需求，满足航空管理、机务等人员能力提升需求；引导公务航空、私人娱乐等业务增长，适应日益增长的消费需求；加快培育航空旅游、观光体验等业务，加快与地方相关产业的结合；加快航空研发制造、通用航空金融、通用航空中介服务等新兴产业发展，延伸产业链；适合于我国消费特征的航空培训、私人飞行、公务航空、航空旅游等业态将日趋明显，传统作业和公益性通用航空业态将提供较为平稳的发展态势，通用航空对社会经济的驱动力将逐步增强。

（3）监管法律化。随着通用航空管理体制机制深化改革的进程加快，民航局建立健全通用航空政策法规体系速度加快，通用航空分类管理体系将逐步建立，加快提升政府安全监管能力、市场经济管理能力。分类管理政策包括通用机场投融资政策、公务航空运营管理办法、海上石油通用航空作业管理办法、通用航空应急救援管理办法等。

（4）产融一体化。未来通用航空发展模式涵盖产权共享模式、全产业链条模式、综合模式以及通航小镇、社区模式等多种发展模式，促进区域特色化、创新性的产业发展模式，尤其注重引导适合市场需求的商业模式的形成，注重与区域关联产业的结合。

四、通用航空发展对策

随着全球通用航空的迅猛发展，通用航空将带动通用飞机、发动机、机载、空管、运营、服务的技术大变革，作为战略性新兴产业，通用航空的发展需要从转变职能、发挥交通功能、拓展航空市场、完善标准规范和法规、加强运营管理及监管、改革融资及价格机制、人才培养、发展新兴业态等方面考虑，具体建议如下：

（一）深化体制改革，推动供给侧结构性改革

（1）加强领导，尽早编制国家通用航空发展规划。通用航空涉及部门多，建立政府、企业、协会等多方合作长效工作机制，统筹推进通航产业发展。

（2）推动低空开放，配合推动空域管理体制改革，落实改革方案，促进加快开放进程。

（3）进一步简政放权，提高审批效率，减少政府行政审批，如取消通航企业赴境外作业审批等。四是建立网上受理、网上审批企业经营等事项。

（二）突出服务功能，拓展市场领域

（1）发挥通用航空发展短途运输功能，扩大通用航空短途运输试点范围，不断满足偏远地区、地面交通不便地区的出行需求，实现常态化运输。

（2）提供普惠性基本航空服务，支持通用航空企业拓展在抢险救灾、医疗救护等领域的应用，扩大通用航空在农林作业、工业与能源建设、国土及地质资源勘查、环境监测、通信中继等领域的应用。

（3）鼓励有条件的地区发展公务航空，满足个性化、高效率的出行需求。

（三）培育通航新业态，增强发展新动能

（1）培育通航互联网、通航旅游、通航物流、通航金融、通航会展、通航咨询培训、通航文化创意等新业态，推进通航体育赛事、通航飞行表演等通航消费娱乐竞技活动，增长发展新动能。

（2）提升全产业链条竞争力。重点发展飞机整机制造与装配、飞机改装与维修、飞机发动机及其他零部件、航空材料、航空电子等航空制造业，壮大航空产业链。着力加强通用航空整机制造产业链向关键零部件延伸，重点培养发动机的产业，增强通用航空产业核心竞争力。

（四）创新发展模式，促进产业转型升级

（1）创新集群发展模式。发展农林牧渔、应急救援、社会事业、教育培训、低空旅游、商务通勤、资源勘查、气象探测等多种形式的通航运营业务，打造具有国际先进水平的标杆企业，实现通用航空产业集群发展。以公益性通航作业促进通航运营服务企业的组建，撬动通用航空产业发展，增强经济活力。

（2）创新投融资服务。以政府为引导，以企业为主体，吸引社会资本参与，建立航

空专项基金。加大融资力度，拓宽通用航空项目投融资渠道，鼓励和支持有条件的公司以 PPP 等模式参与通用航空基础设施建设。

（3）创新科技信息化。研发自主创新的绿色环保飞行器，开发面向市场主体、社会公众和行业管理部门的信息管理系统，推进通用航空飞行标准监督管理系统建设。

（4）创新监管方式，加强行业自律，通过行业自律方式落实监管要求。

（五）加强市场监管，提高安全保障能力

（1）构建立体化通用航空安全监管体系。完善通用航空监管法律法规，加强无人机运行监管，开展应用示范工程，推广北斗导航和监视技术应用。

（2）加快基础设施保障能力建设，提高适航管理。提升适航维修能力，开展生产监督检查活动。

（3）创新监管模式，建立通用航空管理平台，实现通航企业筹建申请网上受理、网上审批，经营活动事后备案的监管方式。

（4）加大监管智力支持，加强通航监查能力建设。

（5）分类分级监管。针对通用航空器、低慢小飞行物体及无人机运行等提出分级分类监管思路。

（六）加强标准建设，引导行业健康发展

（1）建立完善通用航空标准体系。主要包括通用航空的技术标准与适航标准，提升适航验证及适航管理能力。

（2）尽快出台实验类飞行器适航认证标准，鼓励技术与产品原创。

（3）建立通航企业评价标准体系，鼓励企业结合自身业务打造特色品牌，分类培育龙头示范企业，形成示范效应，引导行业健康发展。

（七）加强企业联盟，促进国际合作

通用航空是由众多大中小制造、运营、服务企业构成，加快培育通航企业成为产业主力军，对从事支线运营、通勤飞行和公务机运输企业，以及制造等企业，构建联盟合作机制，成立企业联盟，发展全产业链优势。同时，航空业是最具全球化的一个行业，我国的通航发展需要吸纳国际产业资源，建议采用合资、股权收购、研发、知识产权转移等合作方式，实现双向国际合作。

五、结语

通过分析我国通用航空产业发展的现状和问题，研判通用航空的发展趋势，提出通用航空发展建设重点和发展对策，其研究成果对于加快发展我国通用航空产业，建立健全通用航空产业发展政策、发展模式，构建现代综合交通运输体系，具有理论和实践指导意义。我国通用航空业尚有很大的发展空间，通过重点建设通用机场，培育通航市场，提升行业转型升级，加强市场监管，扩大低空开放，以及有效的制度保障，到 2020 年，基本实现地级以上城市拥有通用机场或兼顾通用航空服务的运输机场；一批通用航空企业具有市场竞争力，通用航空器研发制造水平和自主化率得到较大提升，通用航空业经济发展规模化和产业化，将有力推进通用航空发展，丰富和完善我国综合交通运输体系。

参考文献

[1] 董念清．中国通用航空发展现状、困境及对策探析［J］．北京理工大学学报（社会科学版），2014, 01: 110-117.
[2] 康永，周建民．通用航空发展现状，趋势和对策分析［J］．现代导航，2012(5): 360-367.
[3] 徐行．中国通用航空发展现状及对策分析［J］．西安航空学院学报，2014, 32(6): 34-40.
[4] 马慧涛，孙继湖．我国通用航空发展制约因素分析与对策建议［C］．第十三届中国科协年会第 22 分会场——中国通用航空发展研讨会论文集，2011.
[5] 杨正泽．我国通用航空的发展现状及对策［J］．宏观经济管理，2015(11): 74-75.
[6] 刘畅．中国通用航空发展现状及对策分析［J］．中国管理信息化，2016,(18): 94-95.
[7] 李翱．中国通用航空产业发展研究［D］．四川广汉：中国民用航空飞行学院，2014.

基于四维航迹运行模式（4DTBO）对我国的启示

张亚平　郝斯琪　程绍武

（哈尔滨工业大学交通科学与工程学院　哈尔滨　150090）

【摘　要】介绍了基于四维航迹运行模式的产生及具体应用形式，分析了其在欧洲和美国的发展历程及研究进展，论述了我国推行基于四维航迹运行模式已具备的基础及仍需突破的障碍，提出了基于四维航迹运行的新模式对我国建设下一代航空运输系统的启示。

【关键词】四维航迹运行模式　下一代航空运输系统　启示

Inspiration of 4-Dimensional Trajectory Based Operations to China

Zhang Yaping　Hao Siqi　Cheng Shaowu

（School of Transportation Science and Engineering, Harbin Institute of Technology, Harbin 150000）

Abstract: This article introduces the origination and application of four-dimensional based operation, and analyzes its development and research progress in Europe and the United States. And also elaborates current foundation as well as barriers in the process of implementing the four-dimensional based trajectory operation in China, and presents inspiration from the four-dimensional trajectory based operations to establish a next generation air transportation system in China.

Keywords: 4DTBO　A next generation air transportation system　Inspiration

一、引言

随着全球民航业的迅猛发展，空中交通需求与日俱增，空中交通流量不断增加。为了应对航空运输的持续增长给现行空管系统带来的挑战，国际民航组织（International Civil Aviation Organization, ICAO）提出了将空中交通管理（Air Traffic Management, ATM）向着基于航迹运行（Trajectory Based Operation, TBO）的新模式转型的策略。基于四维航迹运行（Four–Dimensional Trajectory Based Operation, 4DTBO）是未来空中交通管理运营理念的关键要素，计划分 4 个阶段到 2028 年前逐步实现。欧洲和美国都分别在下一代航空运输系统规划中制定了相应的基于航迹规划运行的发展策略并开展了一系列的试飞试验。

二、4DTBO 简介

在传统的空管系统中，航迹规划阶段与执行阶段相对较分离。航空器在执行飞行任务前会提交一份飞行计划，该计划包含对航空器飞行意图的基本描述。航空公司在设计飞行航迹时，考虑了很多因素，飞行航迹不仅包括航空器在空中的飞行路径，还包括在地面的行驶路径及停留时间等，从而保证飞行航迹能够最大化航空公司的经济利益和运营效率。飞行计划反映了航空公司利益最大化的运行方式，但并不能直观体现利益的具体构成结构。

空中交通管理部门和空中交通管制部门参照该飞行计划，在考虑满足扇区容量限制和间隔控制要求的前提下，进一步调整该飞行计划，为航空器安排一条相对较合适的飞行轨迹，要求航空器必须沿划设的固定航路飞行。调整后的飞行航迹必然会在一定程度上损害航空公司的部分利益。

另一方面，在飞行过程中，管制员需要监控相应管制扇区的流量和航空器的位置，对扇区内的航空器进行一定的战术干预（Tactical Level）。根据飞行计划在系统中创建出来的飞行轨迹提前 20min 左右检查航空器间是否存在潜在冲突，对于存在潜在冲突的航空器，管制员要对其间隔进行调配以保障满足安全间隔标准。传统的空中交通管制是基于航空器的而非基于航迹的，对所有的航空器都实施一致的间隔标准，因此战术干预时很少会考虑航空器位置的调整对航迹整体性能的影响，且管制员的间隔调配往往着眼于两两航空器间，而忽视了对整体空中交通流的考虑。在现行的基于空域扇区运行的架构下，间隔服务由空管部门提供，由管制员辅助监视航空器是否按照指令飞行，对空指挥通过语音发布指令，对航空器飞行意图的可预测性较低。航迹的调整还会给航空公司增加额外的飞行和燃油成本。

为了应对日益增长的空中交通需求，在确保安全性和提高效率的前提下，空中交通管理系统的容量需要进一步提高。为了实现这一目标，国际民用航空组织（International Civil Aviation Organization, ICAO）设计的未来空中交通管理系统中，关键要素就是基于四维航迹的运行。基于四维航迹的运行，也常常指四维航迹管理，是国际民航组织在航空系统块升级中的重要模块，是建设高效率高安全性的现代航空运输管理系统的战略性方法，是欧空局规划的欧洲单一天空空中交通管理系统（Single European Sky ATM Research, SESAR）和美国联邦航空局（FAA）规划的新一代空管系统（Next Generation Air Transportation System, NextGen ATM）运营的基础。

长久以来，对航迹的描述和定义都是在三维空间尺度上的，但越来越多的研究者开始注意到，即使是发生在地面的延误也会给航班的整体运行轨迹带来影响，延误造成航班运行时间上的改变必然导致新的航迹规划，带来航迹在空间上的改变，因此描述航迹的第四维——时间维度和其他三维同样重要。基于四维航迹运行的关键是把时间维整合进入航迹中，通过对航迹上各点的空间位置和时间进行精确描述来反映整个飞行过程，并在航空器、航空公司和空管部门之间实现航迹信息的共享，促进各部门对航迹进行协同决策，并通过控制航空器到达特定航路点的时间窗（Controlled/ Constrained Time of Arrival, CTA），安排出较为可靠和可预测的到达序列，保障航空器运行的全过程可见、可控、可达。通过这种运行方式，一方面能够保证最优的航班运行，另一方面又能够确保拥挤区域的交通可预测性，这对空域用户和空中交通服务部门都是有益的。在基于四维航迹运行的架构下，对空指挥利用数据链修改并上传航迹数据，由自动化系统负责监视航迹的一致性，并可以由航空器自主保持间隔。

基于四维航迹运行的优势主要体现在以下几个方面：通过在战略阶段及预战术阶段提前为航空器设计出有效的无拥塞的飞行轨迹，减轻空中交通管制员在战术阶段的工作负荷，使其在单位工作时间内能够管控的航空器数量更多，进而提高空域容量；在基于四维航迹运行的架构下，航空器之间可以实现航迹共享，提高飞行员的情景意识，并且航空器可根据实际情况自主选取最优化航路，空域用户具有较高的灵活性来优化他们的运行；同时，基于四维航迹运行可以实现根据航空器性能采取不同的间隔标准，数字化的航迹管理将大大提高空管的自动化水平，精确掌握航空器的飞行意图，提高航迹的可预测性，保证空中交通管理网络整体性能最大化。因此基于四维航迹运行是对未来大流量、高密度、小间隔条件下空域实施管理的一种有效手段，可以显著地减少航空器航迹的不确定性，提高空域和机场资源的安全性与利用率。

三、欧美基于四维航迹运行的发展

（一）欧洲 SESAR 4DTBO 发展

SESAR（Single European Sky ATM Research）是欧空局在 2004 年发起的欧洲单一天空空中交通管理系统研究。SESAR 中一个重要的模块就是规划航空器的航迹，在保证当前安全水平的前提下增加航路容量，将空中交通系统服务的主要责任从战术性间隔调配转变到战略性管理。SESAR 的目的可以总结为以下几个方面：①提高安全性：通过创新的监视技术，提高飞行员和空中交通管制员的监视意识；② 提高空域容量：通过动态空域配置，提高机场吞吐量；③ 提高空域效率：通过运用创新的通讯、导航和监视技术，提高对资源的进一步高效利用；④减少对环境的影响：通过航迹的优化，减少燃料消耗、噪声及污染物排放。

SESAR 中的基于四维航迹运行分为两个部分，第一阶段是初始四维航迹运行（Initial 4 Dimensional Trajectory, I–4D）阶段。2012 年 2 月完成了从法国图卢兹到瑞典斯德哥尔摩的首次试飞，其目标是通过同步空中和地面的航空器航迹，来优化机场的到达交通流，从而提高到达队列的可靠性和准确性。具体而言，当航空器距离目的机场约 200nmile 或 40min 路程时，空管中心启动一项航迹协商程序，空管中心与航空器通过数据链协商出一条满意的四维航迹。首先是确定一条三维路径，在路径确定之后，航空器的导航系统计算出一个由最大时间值和最小时间值所定义的可靠的预计到达时间窗并发送给地面系统。之后空管中心与相关扇区管控中心进行协商，将最终确定的四维航迹发送回航空器。最终确定的四维航迹由一个包含高度和速度限制的剖面路径和一系列通过各个航路点的时间限制所组成。在此基础上，终端管制区就能够根据各个航空器的到达四维航迹来优化到达序列。一旦协商过程结束，机组人员就要按照协商的轨迹进行飞行，而空管中心也要根据规定的间隔标准安排航迹。在执行最终四维航迹的过程中，机组成员和空管中心共同监视航迹保持航迹的一致性。机载飞行管理系统不断地计算预计的四维轨迹并下行传输到地面。若检测到航空器轨迹与地面控制中心的预计轨迹出现偏差时，相关的管制员通过空中交通管理自动化系统对航空器发出警报，并通过无线通讯或数据发送联系飞行员来修正这一偏差。此外，通过在两扇区之间设立交接点的时间限制，基于四维航迹的运行能够管理扇区容量，平衡扇区复杂性和交通需求。基于四维航迹的运行还能够通过设立航线交叉点的通过时间限制来辅助管理航线交叉点的交通流。

2014 年 3 月又进行了第二次的试飞，进一步印证了基于四维航迹运行可以实现空中与地面的航空器航迹信息共享，并能够提高飞行安全性及飞行效率，减少燃油消耗，进一步提高飞行可预测性和空中交通网络的整体性能。

（二）美国 NextGen ATM 4DTBO 发展

为保证下一代美国空中运输体系可以符合航空运输对安全、可靠、简便、高效及容量的需求，美国联邦航空局 FAA 推出了面对 2025 年美国的《下一代空中运输系统》（Next Generation Air Transportation System，简称 NGATS）。NGATS 以航迹模型作为制定航班计划和空中交通运行的基础，计划航迹将在空中交通系统各参与者之间共享，空管自动化系统将实时分析和调整航空器航迹。

美国联邦航空局 FAA 于 2011 年 11 月至 2011 年 12 月在西雅图塔科马国际机场开展了基于四维航迹运行的飞行试验。地面空管中心在航空器距离机场终端区约 200 海里时向其发送终端区预测风速、飞行限制等信息，由此机载航班管理系统计算出一条四维航迹并发送回地面空管中心。终端区进近管制中心的管制员利用交通流管理系统对进入终端区的航空器进行排队、安排各航空器的到达时间并向驾驶员发出指令，机组成员根据该到达时间指令手动输入管制员的指令并按照该指令继续飞行。

试飞结果表明，到达时间指令的引入有利于有效、准确地控制和预测航空器四维航迹，验证了基于航迹运行的实用性和可操作性。

四、4DTBO 对我国新一代航空运输系统的启示

根据国际航空运输协会（International Air Transport Association, IATA）的预测，亚太地区将迎来空中交通流量的大幅增长。中国将在 2034 年成为旅客数量增长最快的地区。在今后的 20 年，中国航空将输送超过 169 亿人次的乘客，并在 2030 年以后成为全球最大的航空运输市场。但与此同时，航班延误的问题在中国愈发严重，中国现行的空中交通管理环境正面临着一些不足：民航空域的限制、空中交通流量管理（Air Traffic Flow Management, ATFM）的缺乏和过时的空中交通管制运营（Air Traffic Control, ATC）方式。我国现行的空中交通管理系统仍采用飞行计划为主，基于经验的间隔调配为辅助的运行模式，在空中交通流量密集的空域，这种运行模式的落后性逐渐凸显。以飞行计划为中心的空管系统对航迹预测的准确性较低，从而造成冲突化解的能力较差，降低空域的安全性。并且，这种基于经验的间隔调配方法处理高密度、大流量的交通流能力差，不能够适应航空运输流量急剧增长的现状。

面对持续高速增长的运输需求和落后的空中交通管理技术之间的矛盾，中国民航总局（Civil Aviation Administration of China, CAAC）及其空中交通管理局（Air Traffic Management Bureau, ATMB）都在致力于开发新的技术来发展中国的空中交通管理系统。2009年，中国民航总局下发了基于性能导航（Performance Based Navigation, PBN）的路线图，加速推进了所需性能导航（Required Navigation Performance, RNP）和区域导航（Regional Area Navigation, RNAV）的基础设施建设，这将为推进基于四维航迹运行提供支持。同时，近年来中国航空市场引入的新航空器大多配备有先进的通讯、导航、监控和航空电子设备，地面空中交通管制系统也进行了升级，能够更准确地预测航迹，且配备了更先进的监视功能来进行目标识别和冲突解脱，这些升级都为基于四维航迹运行的实施提供足够的技术支撑。

尽管如此，我国距离真正实施基于四维航迹运行还有一些障碍有待突破。首先，需要更为科学的空域划分，虽然近些年我国一直在探索灵活使用空域来协调军民航空域管理，但在近期内，军方掌控空域管理的局面不会有所改变；其次，现有的空中交通流量管理功能仍着重于战术阶段，并且缺乏有效的组织和工具，不能够满足战略控制的要求，仍需要一个集中化的空中交通流量管理组织，用统一、集成的工具，明确的运营标准和程序建立先进的空中交通流量管理系统；第三，现在的空中交通管制员与飞行员之间的通讯主要依靠无线电声音，在新技术新背景的支持下，通讯技术要逐渐向数据链传输过渡；第四，基于航迹运行涉及到管制员和飞行员双方的角色转变。管制员的经验在新的架构下仍将发挥作用，但管制员从较低级的控制者转变向较高级的管理者，这需要一段时间及培训来改变管制员的固有思维。在基于四维航迹运行下，航空器有望实现自主保持间隔，这也将驾驶员的角色从被动转变为积极主动的监视者。

基于四维航迹运行需要对现有的航班管理系统和地面系统做出改进，需要先进的空－地和地－地数据链的支持，还需要新的空中交通管制模式来管理航迹和到点时间限制从而达到最小化战术干预的目的。基于四维航迹运行的最终目标是所谓的“全面4D”的概念，即飞机将按照在时间和空间中定义的无冲突的轨迹精确飞行。新航空系统的开发需要一个漫长的过程，现在的研究旨在使这一概念更加具体，并确定需要进一步研究的领域，包括冲突解脱的优化，交通流结构化的方法研究，不确定性的处理，以及效率和安全性及鲁棒性之间的权衡。

五、结语

基于四维航迹运行的模式是下一代航空运输系统建设的重点及核心。通过改变传统的基于空域运行模式，能够提高飞行航迹可预测性，降低航空管制员工作负荷，提高空域的利用率、运行能力及航空器运行安全水平，减少燃料消耗，最大程度地增加飞行流量，减少航班延误，提高航空公司经济效益。我国有关空管部门、研究机构及各设备厂商要紧跟世界航空运输发展的步伐，尽快开展以基于四维航迹运行为基础的下一代空管技术的研发及创新，带动我国航空产业向着更高效更经济的方向发展。

参考文献

[1] John Moore. ICAO/ATMRPP WG/25 WP/603 Proposal for the development of TBO Concept [Z]. 2014.

[2] 杨筱，江波. 基于航迹的运行：未来航空运行模式新理念[J]. 中国民用航空，2013, 4: 45-47.

[3] Richard Jehlen (FAA). ICAO/ATMRPP WG/27 WP/649 Input to the ATMRPP Trajectory Based Operations (TBO) CONOPS [Z].2014.

[4] Henk Hof, Philippe Trouslard, Olivia Nunez, Philippe Leplae, Ruben Flohr (SESAR). ICAO/ATMRPP WG/26 WP/632 SESAR comments on TBO [Z]. 2014.

[5] Alessandro Gardi, Roberto Sabatini n, Subramanian Ramasamy. Multi-objective Optimization of Aircraft Flight Trajectories in the ATM and Avionics Context [J]. Progress in Aerospace Sciences, 2016, 1 (36): 1-36.

[6] Richard Jehlen (FAA).ICAO/ATMRPP WG/27 WP/644 US Trajectory Based Operations (TBO) Concept of Operations [Z]. 2014.

[7] FAA 4D Trajectory Based Operations (4D TBO) Concept of Operations (CONOPS) [Z]. 2014.

[8] Challenges and Operational Concept Development of Development of 4DTBO in China [M]. 2016 Integrated Communications Navigation and Surveillance (ICNS) Conference. 2016, 4: 1-9.

[9] Civil Aviation Administration of China. China Civil Aviation Performance-Based Navigation Implementation Roadmap [Z].2009.

“互联网 +”时代下交通物流融合新业态

杨　勇　王　娟　刘　凌　白　炜

（交通运输部科学研究院　北京　100013）

【摘　要】本文从“互联网 +”与交通物流的关系入手，分析了交通物流融合新业态的内涵和类型，总结了交通物流融合新业态对行业发展带来的深刻变革，既有挑战、也有机遇。在此基础上，结合相关文件的工作要求，从公共信息资源开放共享、“放、管、服”改革创新以及基础设施智能化升级三方面提出了推进“互联网 +”交通物流融合新业态的工作建议。

【关键词】“互联网 +”　交通物流融合　新业态

The New Formats of the Integration of Transport and Logistics under Internet Plus Era

Yang Yong　Wang Juan　Liu Ling　Bai Wei

（China Academy of Transportation Sciences, Beijing 100013）

Abstract: From the relationship of internet plus, transport and logistics, this paper analyzes connotation and type of the new formats of the integration of transport and logistics under internet plus era. It also summarizes profound change in the industry of transport and logistics, which are brought by the new forms. There are both challenges and opportunities. Based on this, according to the requirements of the relevant policy documents, it puts forward three work proposal for promoting the development of new forms, which are sharing of public information resources, innovation of administrative management and the development of intelligent transportation.

Keywords: Internet plus　Integration of transport and logistics　New formats

一、“互联网 +”时代催生交通物流融合的新业态

（一）交通物流融合新业态的发展背景

当前，以物联网、大数据、云计算以及移动互联网等为代表的新一代信息技术兴起，将互联网的创新成果深度融合到经济社会的各领域，通过技术升级、管理增效和组织革新，激发参与各方的活跃度和创造力，形成更广泛的以互联网为载体集聚创新要素的经济社会发展新形态，引领生产力变革，引发经济制度、政府职能、市场体系等生产关系深刻

调整，彰显了开放共享、融合创新、变革转型、引领跨越、安全有序的时代主题。

在这新一轮产业革命中，交通运输与“互联网 +”产生的化学反应明显，国内外无不把交通运输作为“互联网 +”的重点领域。一方面，互联网经济最关注的是节点、入口和用户，契合了交通运输和物流业点多、线长、面广、移动性强的特点，推动了以服务为核心的交通管理方式创新和业务流程的再造，另一方面，在交通物流融合发展驱动下，资源整合、流程优化需求迫切，为“互联网 +”的应用提供了土壤，涌现出大量“互联网 +”交通物流新业态。目前，国内外均将交通运输作为智慧城市、智慧物流建设的重点领域，谷歌、百度等互联网老头企业也都将交通运输作为应用互联网技术创新商业模式的优先行业。

（二）交通物流融合新业态的分类特征

平台型企业的崛起是互联网环境下催生的交通物流新业态的最直接的体现。例如，从事货物运输的平台型企业自 2014 年兴起发展至今，数量从最高时的 200 多家，缩减到现在全国性布局企业 10 家左右，模式从最初的单纯供需匹配模式向多元化服务逐步转型。通过对企业发展特征和趋势分析，“互联网 +”环境下的交通物流融合发展新业态可以认为是移动互联网、云计算、大数据、物联网等新一代信息技术与传统交通运输业的融合渗透，实现交通物流领域流程再造、业务协同、管理创新，形成具有“线上信息广泛互联、线下资源优化配置、线上线下协同联动”的新业态和新模式。根据企业的整合资源的路径和方式，可以分为如下几种类型：

一是大平台模式。企业利用互联网通过整合零散的货运资源，搭建货主与车主之间的沟通平台，解决目前货运市场信息不对称、诚信缺失、市场集中度低等问题。部分平台型企业通过建立信用保障体系提供担保，能够使双方在线上完成交易、结算以及监督、评价等。其特点是横向整合行业内运力资源，典型企业如运满满、林安物流、卡行天下等货运平台。

二是重度垂直模式。企业通过互联网将上下游相关产业紧密联系，有效缩短了与企业间的时空距离，需求一方（生产、流通企业、其他物流企业等）通过移动互联可以随时发布需求，企业据此在自身领域提供更为专业的、定制化的服务。其特点是纵向拓展一体化、定制化服务能力，典型企业如安吉物流、日日顺等货运新业态。

三是跨界经营模式。上下游产业跨界物流领域、物流企业跨界发展，挖据新消费，拓展新空间，以交通物流为载体融合手机 APP、金融扶持、保险理赔、卡车服务、培训支持等产品，与物流各载体共同构建行业生态圈。其特点是跨界经营交通物流活动的周边服务、产品，典型企业如菜鸟网络、顺丰嘿客等。

在实践中，由于“互联网 +”跨界整合的特性，三种模式仅是业态发展的起点，在取得一定积累和突破后，企业往往选择想其他模式拓展，形成模式交叉、功能集成、资源集聚的综合性业态模式。如，货车帮，通过大平台模式横向整合大量货车资源后，开始关注车后市场，面向广大司机群体，从车货匹配向停车、住宿、餐饮、购车、维修、救援、加油、金融等后服务市场延伸，走向跨界经营。但总体来看，目前交通物流融合新业态在三个方面存在着一定的共性特征：从服务对象来看，新业态往往以服务中小货主企业、货代和个体司机为主，满足小批量、多频次、分散的道路货运需求；从发展历程来看，所有的新业态基本上都以车货匹配为切入点，在积聚大量人、车、货、场站和信息资源后，形成线上线下服务融合联动，逐步完善服务功能；从服务内容来看，新业态普遍通过会员制集聚用户群体并建立诚信体系，围绕会员提供在线结算、统一保险、代垫运费、小额贷款等增值服务。

二、“互联网 +”时代下交通物流融合新业态带来的新变革

（一）交通物流融合新业态带来的影响

作为新的经济形态代表之一，“互联网 +”在生产要素配置中具有优化和集成作用，在中间环节冗余、信息不对称明显的行业表现尤为突出。交通物流领域存在点多、线长、面广的特点，又是衔接供需两端的关键领域，在资源整合、流程优化的迫切需求引导下，交通物流成为与“互联网 +”融合发展时间较早、程度较深、速度较快的领域之一。以全国性布局的 10 余家企业的数据统计为例（数据存在重复统计情况，未来将进一步清洗、甄别），上述企业注册司机合计约为 1500 万人次，日交易额合计约为 1.5 亿元，按平均 1.5 万元 / 单计算，在线完成的日运单量超过 9000 万单，年交易货量合计约为 2.2 亿吨，约占零散物资公路运输量约为 2%，目前上述平台的业务量仍以每年超过 20% 的速度增长。可以认为，交通物流在“互联网 +”的粘合下融合联动发展催生新业态是新旧动能转换、行业转型升级的必然结果，而在这一过程中，“互联网 +”对交通物流产生了深刻变革。

一是“互联网 +”引领了平台企业的崛起，有效推动了行业集约。“互联网 +”环境下，信息自由发布和获得的非等级化使得交通物流传统的链式层级结构模式逐渐扁平化、去中间化，司机和货主的直接对话成为可能。在交通物流结构模式解构与重构的革命过程中，共享经济、网络协同和众包合作所创造的网络化经营、一体化运作的平台型企业新业态随之出现，与货主、司机等关联方一起组成一个新的经济生态系统，有效改变了物流业“散、小、弱”的局面，通过整合、互补、协同形成核心竞争力，实现彼此增值。如，传化物流平台集聚了超过 100 万司机会员，林安物流平台集聚了超过 180 万司机会员、运满满平台集聚了近 350 万司机会员、货车帮平台集聚了超过 200 万司机会员、惠龙 e 通集聚了超过 100 万司机会员，通过对“多、小、散、乱”的小微企业、个体业户的整合引导、管理和服务，提高了社会车辆的组织化程度，提高了车辆实载率，在减少运力资源低效利用的同事，也减少了公路资源的过度利用，缓解了公路扩容改造的压力。

二是“互联网 +”支撑了诚信体系的建设，有效推动了行业自律。由于诚信体系不完善，我国公路物流存在“比三家”的怪圈。为了安全，货主企业要“商比三家”考察物流企业；为了安全，物流企业也要“车比三家”找司机；为了安全，货运驾驶员更要“货比三家”找物流公司。随着平台型企业的兴起，会员制成为驾驶员、货主诚信验证的第一道关卡。如，运满满建立了一套完整的动态诚信体系，会员注册时地推工作人员会到现场进行审核和收集信息，审核不通过不予注册。会员注册后将建立诚信档案，由公开透明的评分系统动态测评，测评不合格将被列入公开的黑名单。目前运满满已经识别出司机黑名单用户 8652 个，货主黑名单用户 2359 个。有了诚信体系的保障，车货不仅能够快速的匹配，

而且物流成本也在这个更加简易可靠的流程中降低了。

三是"互联网 +"激发了社会资源的释放，有效推动了行业创新。"互联网 +"加速产业链上下游的整合，推动交通物流企业从传统营销转变为精准营销、从业务承接转变为业务协同。随着专业化发展和重度深化运营，产业链关联资源逐步实现了开放共用、开发共享和优化配置，一方面企业在专业物流领域深耕细作，通过供应链逆向整合引导实体经济对交通物流的新需求，另一方面企业在粘性用户方面日积月累。通过挖掘无组织资源的"组织力量"激活交通物流的新供给，从而走向"大平台 + 重度垂直"的新模式。如，日日顺物流依托供应链一体化服务能力、业务流程再造经验和专业化物流团队等资源，实现了从企业物流向物流企业再到平台企业的转型。2013 年，日日顺物流开始探索社会化运力共享平台——车小微，社会上闲置车辆可以通过注册加入车小微平台，并在平台上通过抢单方式来承接"极速送装"业务。目前，车小微平台已聚集了 9 万辆车、18 万服务兵，以大件物流服务标准为引领，以定制化、个性化服务为核心，形成大件物流互联网生态圈和社会化创业平台。

（二）交通物流融合新业态带来的挑战

一是对行政管理提出了新要求。"互联网 +"时代下交通物流融合新业态是以资源共享和整合为基础催生而来，往往具有跨行业、跨区域的特征。而地方间政策法规不统一、行业间管理制度不匹配，制约了交通物流融合新业态创新发展，甚至存在地方保护和行业垄断。另一方面，作为新生事物，交通物流融合新业态在垂直化行业管理模式下往往定位模糊，同时既掌握甚至垄断了大量货源信息，又调配着广大个体卡车司机，一旦新业态企业发生重大变故，可能为行业带来系统性风险，而部分现存的法律法规难以适应、指导和规范其发展和创新。

二是对监管水平提出了新要求。"互联网 +"盘活了闲置资源、释放了社会资源，在监管思路上，通过牌照等严格的市场准入和"泛安全化"的传统监管思路，远远滞后于交通物流融合新业态的发展。在监管方式上，线上线下互动格局要求发挥大数据在物流市场监管体系建设运行中的作用，政府监管和行业自律相结合。在监管对象上，市场组织方式的变化要求完善对平台型企业市场诚信、风险控制、信息安全等方面的监督管理和动态评价。

三是对公共资源提出了新要求。交通基础设施网络的广度、深度以及智能化水平在很大程度上影响了"互联网 +"关联方的参与度和新业态的服务范围。此外，政府的信息资源相对分散，如交通行业仅有 33% 的管理部门数据采用集中部署模式，56% 的管理部门数据采用分布式部署模式。新业态在利用公共数据开展二次开发和增值服务是，往往"找不到"、"用不上"，应用难以有效利用这些信息资源。

三、"互联网 +"时代下推进交通物流融合新业态的新举措

根据互联网与交通运输融合发展的新要求，结合《推进"互联网 +"便捷交通促进智能交通发展的实施方案》、《"互联网 +"高效物流实施意见》、《营造良好市场环境推动交通物流融合发展实施方案》等文件要求，可以着力从以下三个方面推进"互联网 +"

交通物流新业态。

一是有序推进公共信息资源开放共享，丰富新业态发展的新资源。推动跨地域、跨类型交通运输信息互联互通，依托国家及行业数据共享交换平台和政府数据开放平台，促进交通领域信息资源高度集成共享和综合开发利用。推动公共信用信息开放，支持市场主体依法获取承运人守法信用、银行信用以及“信用中国”网站相关公共信用信息，加快共享交通发展。将各类市场主体形成的承运人信用记录纳入全国信用信息共享平台。鼓励发展交通大数据企业，引导企业整合和开放数据，构建政府和社会互动的信息采集、共享和应用机制，形成政府信息与社会信息交互融合的大数据资源。

二是深化“放、管、服”改革创新，适应新业态的发展新模式。坚持推广运用和规范市场并重并举。一方面，放宽市场准入，鼓励社会资本积极参与交通新业态发展，调整完善相关支持政策，创造宽松发展环境。另一方面，结合交通新业态发展特点，抓紧制订相关法律法规，规范引导行业发展。明确车辆、驾驶员等生产要素的市场准入标准，制定交通互联网服务标准；健全与行业发展相适应的税收制度；明确交通互联网服务企业及相关方在交通运输安全、信息安全、纠纷处置等方面的权利、责任和义务。各地应建立和健全部门联动协同监管机制，实行事前事中事后监管，建立健全失信联合惩戒机制。此外，积极发挥行业协会的政企桥梁作用，加大对“互联网 +”时代下交通物流融合新业态的规范和引导，协调处理新旧业态的利益矛盾，宣贯和落实有关行业主管部门的相关政策。

三是加快交通基础设施智能化升级，支撑物流新业态拓展新服务。加强交通基础设施网络基本状态、交通工具运行、运输组织调度的信息采集，形成动态感知、全面覆盖、泛在互联的交通运输运行监控体系；利用互联网等先进信息技术手段，全面推进交通运输信息化智能化建设，加快车联网、船联网建设，在民航、高铁等载运工具及重要交通线路、枢纽站点提供高速无线接入互联网的公共服务；进一步完善全国高速公路信息通信系统等骨干网络，提升接入服务能力。充分挖掘、释放、提升现有交通基础设施的巨大潜能，为物流新业态创新服务功能夯实硬件基础。

四是结合“互联网 +”时代特征，适时开展交通物流融合新业态示范工程。有序推进《推进“互联网 +”便捷交通促进智能交通发展的实施方案》、《“互联网 +”高效物流实施意见》、《营造良好市场环境 推动交通物流融合发展实施方案》、《关于推进供给侧结构性改革 促进物流业“降本增效”的若干意见》等文件中与“互联网 +”相关的工作落地，并适时选取一批运作模式较新、发展效益较好、技术水平较高、带动能力较大的新业态标杆性企业开展示范工程，通过典型示范、以点带面，推动交通物流融合新业态健康、有序、创新发展。示范工程可重点考虑两个引导方向：一是引导有条件的新业态企业拓展个性化、定制化运输解决方案，将服务优势从零担运输领域逐步向合同物流领域拓展，借助“互联网 +”的粘合作用，深化物流业与生产制造业、商贸流通业的协同互动，推动降低实体经济企业成本；二是鼓励有条件的新业态企业向无车承运人发展，进一步规范运输市场，实现线上线下融合发展，重点支撑具有多种运输方式资源整合能力的新业态，发展成为多式联运承运人。

参考文献

[1] 国务院 . 物流业发展中长期规划（2014~2020 年）[R]. 2014.

[2] 交通运输部 . 推进“互联网 +”便捷交通促进智能交通发展的实施方案 [R]. 2016.

[3] 国家发展和改革委员会，交通运输部 . “互联网 +”高效物流实施意见 [R]. 2016.

[4] 国家发展和改革委员会 . 营造良好市场环境推动交通物流融合发展实施方案 [R]. 2016.

[5] 交通运输部科学研究院，交通运输部规划研究院 . 交通运输促进物流业发展的战略与政策研究 [R]. 2014.

[6] 中国物流与采购联合会 . 中国物流发展报告（2014~2015）[R]. 2013.

第三方物流公司仓储规划研究——以 A 公司为例

黄海腾

（中国邮政速递物流股份有限公司　北京　100031）

【摘　要】随着经济的快速发展和现代科学技术的进步，现代物流业被认为是国民经济发展的动脉，其发展水平成为衡量一个国家综合国力和现代化程度的重要标志之一。本文从第三方物流企业的仓储规划实例出发，探讨分析仓储规划的规划流程，以期总结分析出仓储规划的应用办法。尽管主要针对仓储规划的基础性理论进行研究和认证，但相关研究同样适用于其他第三方物流公司的实际仓储规划应用。同时提到，由于信息系统设计、货位规划、劳动定员、人员职责等其他方面都对仓储效率和效益造成一定的影响，所以要提供最为合理的仓储规划，还有许多其他因素需要考虑。

【关键词】第三方物流　仓储规划　案例

Study on Warehouse Scheme of Third Party Logistics — Case of A Company

Huang Haiteng

(China Postal Express & Logistics, Beijing 100031)

Abstract: With fast growth of economy and advancement of modern technology, modern logistics is regarded as the atery of development of national economy and its level of development has been a benchmark for a country's overall strength and modernization level. Based upon its real case of storage plan of a well-known third party domestic logistics enterprise, this paper analyzes the procedure of storage planning and try to conclude the implementation method of storage planning. Though the study of the fundamental theoretical research and test are focused on, it will also apply on practice of storage planning of other third party logistics companies. Also, due to the design of information system, plan of storage, labor, personnel responsibility and other factors which will effect the efficiency and economic of storage, it is necessary to have an overall consideration of all the factors, if a more reasonable storage plan whould be provided.

Keywords: The 3rd party logistics　Storage plan　Case study

一、引言

现在物流业已经成为衡量一个国家经济发展的重要指标，作为核心环节的仓储业也备受关注。通过对国内仓储业的调查表明：近年来（特别是最近5年内），仓储业得到了较大的发展。随着仓储业务的快速发展，诸多深层次的问题也正在逐步突显出来。仓储在我国一直属于劳动密集型企业，不仅占用了大量的劳动力，而且劳动强度大，劳动条件差，设施和设备陈旧，人员作业效率和国外专业仓储企业相比存在较大的差距；这些都是中国仓储业发展亟需解决的问题。就当前国内仓储业的发展态势来看，尽快有效缩小差距，实现仓储领域跨越式发展，是必要和迫切的。而改善仓储业服务能力、降低仓储服务成本、提升仓储业的竞争力应主要依赖于物流仓库的规划设计。

本论文通过研究分析A公司在流程设计、数据分析、设备选型、仓储布局等方面存在的问题，并从系统工程的角度出发，对仓储规划进行全面系统地分析；以整体效益最优为目标，运用数学手段进行定量计算与科学分析，使研究成果不仅具有理论价值，而且在实际应用中具有可操作性。

二、A公司仓储规划现状

（一）A公司整体介绍

A公司是目前国内最大的国有现代综合快递物流企业之一，公司业务可覆盖全国2800多个县市，全球200多个国家和地区，为客户提供方便快捷、安全可靠的门到门速递物流服务。

（二）A公司仓储规划应用现状

由于目前A公司进入物流市场较早，得益于中国物流市场的迅猛发展，公司仓储业务规模较大，并拥有从高端至低端物流需求的各层级的客户。而这些客户对物流服务水平要求不尽相同，也造成了A公司各地仓储业务水平不均衡。在仓储占地面积方面，通过多年来在全国重点城市均开展仓储业务，A公司目前共拥有仓储项目300余个，仓储场地85万平方米左右，全国物流行业中名列前茅。在仓储规模方面，A公司单个仓储项目规模不大，单体面积1万平方米以上仓库仅22个，平均每个仓储项目不足3000m^2。其中自有场地面积37.6万平方米，租用社会资源场地面积47.6万平方米。在仓储业务运作复杂程度上，A公司已经涉足了高科技、快消品、汽车配件等行业的VMI入场上线仓储服务、销售支持仓储服务、库内增值服务等高端仓储业务，但其大多数仓储服务均为简单为客户提供整箱进出的简单仓库服务。

A公司多年以来主营业务是速递物流领域的运输配送业务，在仓储建设和仓储业务发展上没有进行合理规划和战略布局，导致虽然在个别仓库由于客户要求较高且服务级别较高，但全国大多数经营单位的仓储服务比较简单，特别是因为没有进行合理的仓储规划，仓库服务水平较低，既不能满足客户的服务要求，也无法保障自身的经营绩效要求。

A公司大多数仓库业务面积较小，且客户需求较简单，仓储场地均为根据客户需要临时租用的场地，或者在原有的用于配送分拨业务的场地划拨一定区域作为仓储，这导致场地硬件并不适用于仓储，特别是几乎没有进行仓储规划设计，仓库利用效率和仓储经济效益均较低。

但从近年开始，A 公司已经开始注重仓储业务的库内规划问题，通过向客户学习、与专业咨询公司合作、引进专业仓储人才等多种方式，在部分仓库实施了具有较高水平的仓储规划，大幅提升了仓储效率和经济效益。

三、A 公司仓储规划问题研究

（一）A 公司仓储规划问题分析

A 公司虽然个别仓库已经按照专业的仓储规划方法进行库内规划，但大多数仓库没有经过合理的库内设计，库内效率较低。缺乏仓储设计能力和经验是制约目前 A 公司仓储业务发展的最大瓶颈。以下将从仓储作业流程设计、仓储基础数据分析、仓储设备选型与配置、仓储功能区域规划四个方面对 A 公司的仓储规划问题进行分析。

1. 仓储内部流程不规范

通过对 A 公司目前所运作的仓储项目进行调研发现如下主要问题：一是没有根据客户的物流需求制定合理的库内运作流程，流程的制定很大程度是基于管理人员的工作经验；二是同一仓库内的不同项目作业流程相互独立，一个项目对应一套完整的作业流程；三是在实际操作中没有制定统一的标准操作流程，新项目的上线一般需重新制定全新的作业流程，使前期的项目运作经验没有得到有效的继承，对 A 公司提升仓储作业能力没有形成有效的支撑；四是流程的起草、制定、发布、修改、归档等没有明确的制度来进行规范，由此造成原流程不能很好实施。

2. 仓储库内规划缺乏数据分析支撑

合理有效的库内规划一定是根据仓储客户需求设计的库内规划方案，而准确的数据分析是合理理解客户需求的关键，数据分析结果的正确与否直接影响后期的设备配置、仓储功能区域布局的科学性，从而影响最终仓库的运行效率和作业成本。从目前 A 公司在投标过程中与项目运行期间的数据分析处理能力来看，其问题主要有：一是决策结论以经验判断为主，主要是通过对类似业务进行对比分析，然后得出相关结论；二是数据分析方法有限，特别是不能灵活运用一些行之有效的分析方法，如 EIQ、PKG、PBC 等；三是项目优化手段不精确，没有量化数据做支撑。

3. 仓储设备选型及配置与实际需求不符

物流设备投资大、使用期限长，在选择和配置时一定要进行科学决策和统一规划，使有限的投资发挥最大的经济效益。在实现运行情况过程中，A 公司在设备选型与配置存在如下主要问题：缺乏统一的评价标准体系；设备配置数量不科学；设备类型单一，如货架主要是固定式层架，叉车大都是平衡重式，载重汽车多为普通卡车等；配置不协调不配套。多数仓库缺乏统一规划，各种设备的衔接不协调，各种设备间和设备自身不能互相适应，设备效能不能充分发挥，影响综合作业能力。

4. 库内区域规划缺乏科学

仓储内部功能区的确定对总体规划有着决定性意义。一方面，确定功能区域决定仓库的内部总体结构；另一方面，功能区域是仓储内部布局的基本空间结构单元。通过实际调研，发现A公司在仓储布局规划方面主要存在以下问题：项目上线前没有合理的规划方案；功能区域设置与作业流程匹配程度不高，导致已有的作业流程不能很好地执行；功能区域规划与数据分析结合程度不高。

（二）A公司仓储规划问题改进措施与应用

通过对A公司仓储规划现状的分析，从仓储作业流程设计、仓储基础数据分析、仓储设备选型与配置、仓储规划布局四个方面对A公司的仓储规划提出相关建议与改进方法，以帮助A公司提高仓储规划能力，并对这些措施如何实际应用进行说明，使理论与实际相结合，增强改进措施的可操作性。

1. 结合客户需求，基于模块化理论的仓储流程设计

目前A公司运作的绝大多数项目运行模式较为相似，很多流程存在共性的地方，通过制定统一的标准作业流程可以很好地解决库内作业效率低下、人员复用率不高和资源整合不够等问题。

通过模块化的思想制定标准作业流程是A公司的可选思路之一。其中涉及的相关模块内容如下：

（1）入库实体模块

该模块涉及从供应商接口到上架前的流程，具体内容如图1所示。

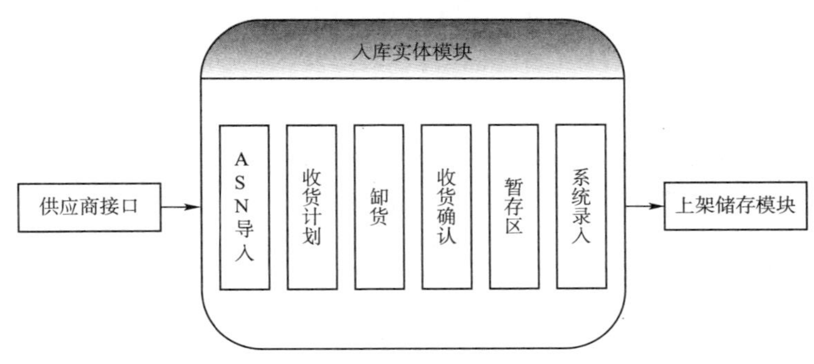

图1　入库实体模块

（2）货物上架储存模块

该模块涉及上架流程及库存管理内容，具体内容如图2所示。

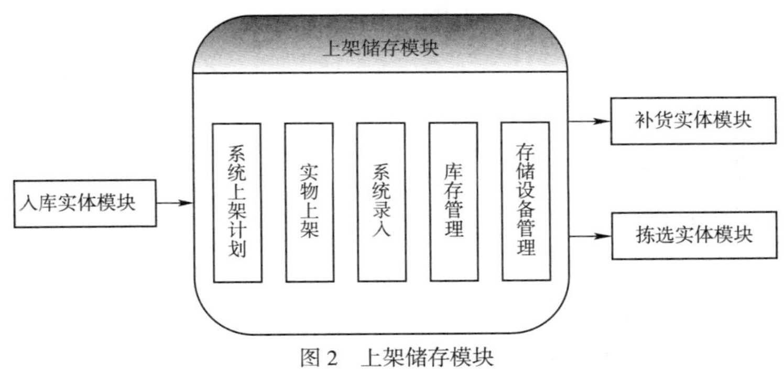

图2　上架储存模块

（3）拣选实体模块

该模块涉及库内拣选内容，具体内容如图 3 所示。

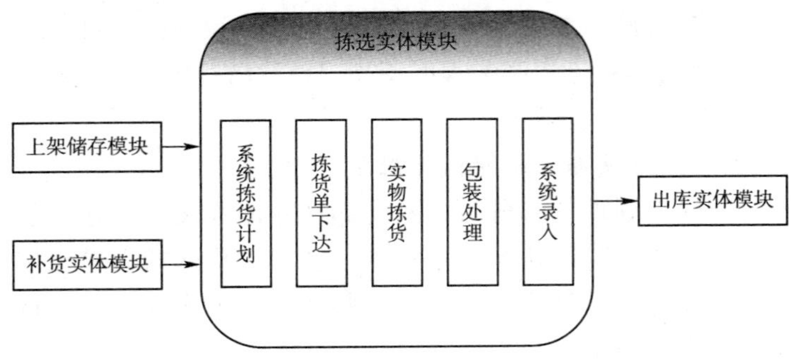

图 3　拣选实体模块

（4）补货实体模块

该模块涉及库内补货内容，具体内容如图 4 所示。

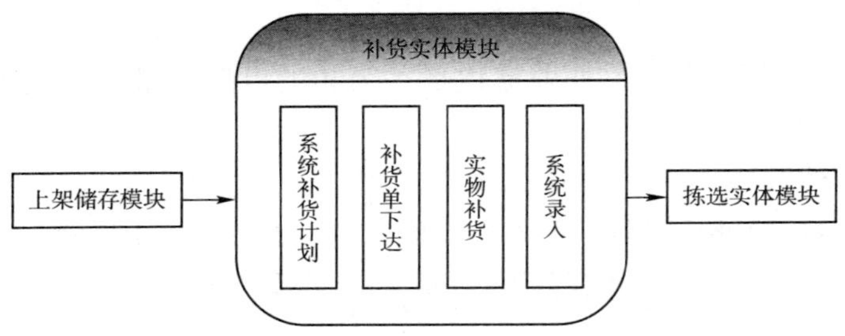

图 4　补货实体模块

（5）出库实体模块

该模块涉及库内补货内容，具体内容如图 5 所示。

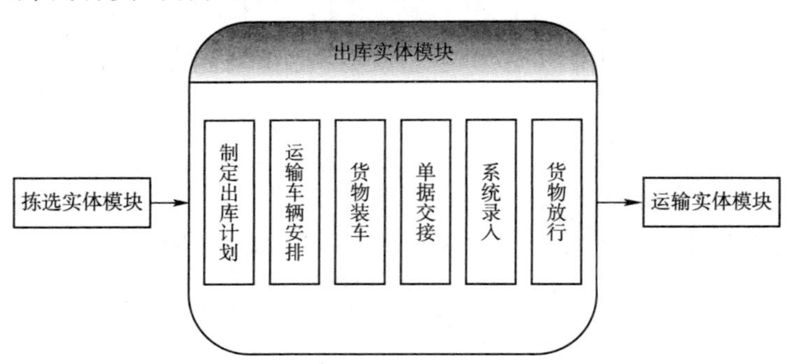

图 5　出库实体模块

2. A 公司仓储数据分析方法实践

针对 A 公司目前主要存在的数据分析方法不科学，无系统数据分析流程等问题，本文提出如下改进建议：

（1）明确数据收集范围

仓储规划所需数据众多，如何建立分类合理、范围全面、切合实际的仓储规划数据对A公司来说尤为重要。常见的主要业务数据分类如下：产品数据、订单数据、库存数据、辅助设计数据。

（2）完善仓储数据分析方法

ABC分析法、EIQ分析法，以及改进后的EIQ-PCB方法，都是比较成熟且应用较广的仓储数据规划方法，掌握这些成熟的数据分析方法是A公司建立科学的数据处理流程的重要保证。

ABC分析法：根据出货频率、出货数量、订单需求单数等角度综合分析库内货品在不同角度下的重要程度，并基本划分为ABC三类，分别适用不同的物流设备和作业方式，以便集中资源重点管理，避免彼此干扰。

订单变动趋势分析法：对订单变化趋势进行统计分析，规划仓库的作业流程和作业能力，设定未来的扩充弹性。常用的订单变动趋势分析方法包括时间序列分析、回归分析法和统计分析法等。

EIQ分析法：从订单、品种、数量等三项主要资料出发，通过EQ/EN/IQ/IK不同组合分析出货的形态变化，其目的在于了解仓库的订货特征、接单特征和作业特征等，作为仓库作业流程分析、功能区域规模确定的依据。其意义在于掌握物流特性，规划出合理的物流系统。

EIQ-PCB分析法：不同包装单位可能产生不同的设施配备、人力需求。在进行仓库规划时，还应考虑物品的相关特性、包装规格及特性、储运单位等因素。EIQ-PCB分析法即是依照各品种的计量换算单位，以转换订单内容成整托盘、整箱或单件，借以了解仓库内部的托盘、箱或单件存取的需求分析状况，作为整体系统设计时的参考依据，以提升物流作业效率。

（3）结合业务流程分析

数据分析的基础是业务流程的合理设计，数据分析的结果也应结合业务流程分析，比如入库业务量数据、库存业务量数据、出库业务量数据等。

在对A公司某项目的ABC分析中，得出结果：在1410种SKU中，222种的A类物料只占总SKU数的19%，但出库频次却占到75%，763种C类物料虽然占总SKU数的65%，其出库频次确只占10%。

根据上述ABC分析结果并结合库存情况，确立相应的存储策略：对不同作业特点的物料进行合理的分类，结合上述根据出库频次的ABC分类方法，制定相应的存储拣货策略以确保整体作业效率最优。根据目前仓库的特点，此存储策略分为存拣合一与存拣分离两种方式，对库存量较高且配送频次较高的物料采用存拣分离，而库存量较低，且配送频次较低的物料采用存拣合一的方式，以减少整体备货时间。策略如图6所示。

在确立存储策略后，为进一步细化至每一存储SKU，为此需进行EIQ-PCB分析。实际PCB类型有纸箱人工码放、容器人工码放、容器原始码放、自带托盘码放以及特殊物料存放等方式，针对上述不同类型分别分析。由此获得不同功能区域内的物流流向流量表，对应各功能区（存储区、拣货区、包装转换区、待发货区）的业务量大小，由此作为面积测算的依据，确定各区作业面积。

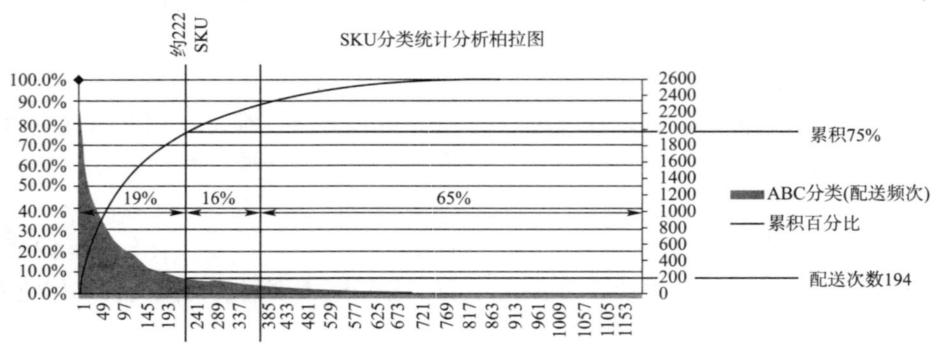

图 6　SKU 分类统计柏拉图

此步骤 EIQ–PCB 分析结论为：3 托（含 3 托）以上为存拣分离，2 托一下为存拣合一。由此规划拣货点 A 类 SKU 数为 389，其库存托盘量占比 80%，共计 389 个拣货点，778 个托盘位；B 类 SKU 数为 180，拣货点与托盘位分别为 180 与 360；C 类 SKU 数为 439，对应托盘位与拣货位均为 439。为将来的仓库规划提供了较为详细的量化数据。

上述通过 ABC、EIQ 等分析方法确定物料的存储方式与拣货策略。

3. A 公司仓储设备选型配置建议

针对目前 A 公司在设备选型与配置方面存在的问题，结合上述理论分析，提出以下建议：一是设备配置需定性分析与定量分析相结合，统一物流作业量的统计口径，量化各物流设备的工作总量，并对设备的台时效率、设备利用率进行科学计算。最终通过设备配置的计算方法确定物流设备的数量配置；二是建立常规物流设备数据库，统一企业内部物流设备选型范围；三是及时更新维护评价指标体系与设备数据库的时效性，保证物流设备技术先进性；四是建立企业内部统一的物流设备评价指标与体系。

A 公司主要作业内容包括：收货、拆箱、上架、仓储、盘库、分拣、包装、拼箱、制单、发运等，总仓储面积为 4.2km^2。为合理计算报价、支撑业务运行，A 公司需对该项目的设备的类型与数量进行准确的规划。

针对本案例的设备选型，首先确定评价仓储设备评价体系，针对不同的设备有不同的指标体系，在此以搬运拣选设备为例，设定具体评价指标体系。经济性、可靠性、易维修性、适用性、安全性和环保性 6 个分目标是主要考虑的最佳选型目标；同时，在分析选型决策层次结构及影响因素的基础上，根据评价指标体系的要求并考虑到指标的独立性和通用性，构成如下多目标综合决策评价指标体系，如图 7 所示。

通过量化评价指标，可采用专家评分法以数值 1~9 的倒数作为评价值，反映指标优劣程度，同时确定不同指标在总体指标中所占的权重，最后对评价值进行加权求和，结合实际情况以得分最高者为目标选型设备。

如前文所述，定额计算法是规划库内物流设备配置的常见方法，是指仓储作业设备的数量配置可根据设备应完成的作业量定额，分别对各类设备的配置数量进行计算，计算公式如下：

$$n=\frac{Q_{机}}{24\times T\times P\times K_{利}}$$

式中：n——所需设备台数（台）；

$Q_{机}$——设备的年作业量（t）；

T——年工作天数（d）；

P——设备的台时效率（t/ 台时）；

$K_{利}$——设备的利用率。

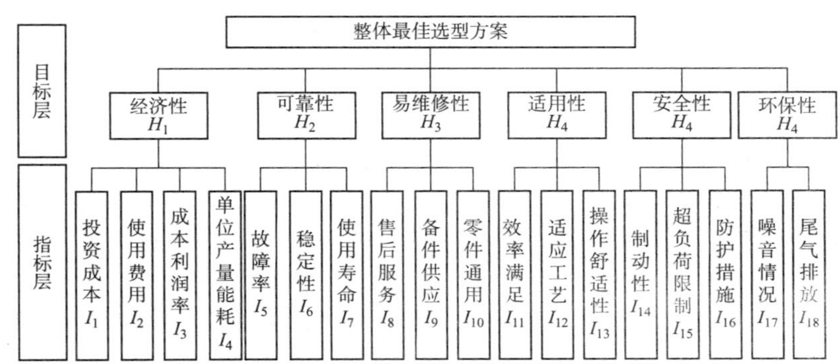

图 7　多目标综合决策评价指标体系图

根据统计的仓库物流作业量，即每月发货 76000 订单行，每月收货 40000 订单行，仓库年进出货量为 6280 吨，拣选货量为 6500 吨。通过对目前 M 公司仓库电动叉车与手动叉车的台时效率进行统计，计算结果如下：（1）电动叉车的台时效率 P_1=2.6t/h；（2）手动叉车的台时效率 P_2=0.18t/h。

搬运设备：

电动叉车数量 n=6280/（24×122×2.6×0.9）=0.92，其中由于仓库仅限白天工作时间收发货，所以工作天数为 122d，设备利用效率 0.9 为现场统计值。最后将计算结果向上取整得叉车配置数量为 1 台。

拣选设备：

手动拣选叉车数量 n=6500/（24×243×0.18×0.8）=7.73，其中由于仓库采取两班工作人员，因此工作天数取值为 365×2/3=243d，设备利用效率 0.8 为现场统计值，略低于电动叉车。最后将计算结果向上取整得叉车配置数量为 8 台。

4. A 公司仓储功能区域布局规划建议

针对目前 A 公司在功能区域布局方面存在的问题，设计过程建议依据以下原则：动态原则；物品流动和人员流动分离；功能区之间布局紧凑；消防安全原则。

灵活按照库区分类设计、功能区物流关系量化分析、功能区空间关系分析、功能区面积分析、功能区布局示意图分析的流程，并最终通过 CAD 制图实现仓库布局示意图的终稿。

A 公司某入厂物流项目的仓储区域可细分为如下几类：收货区、P01 类存储区（A 类货物存拣分离、器具到货、需转换包装物料存储区）、J01 拣货区（A 类货物存拣分离、器具到货、需转换包装物料拣货区）、P02 类存储区（BC 类货物存拣合一、器具到货需转换包装物料存储区）、H 货架存储区、Z01 转换包装区、A 发货区、T01 空托盘暂存区、R 空容器暂存区、R 入库区。

通过对各功能区间的物流流量分析数据，结合 LSP 理论，建立如表 1 所示的功能区域物流关系量化表。一般认为流量大的功能区域相互靠近可以节约搬运费用，提高库内作业效率。

功能区域物流关系量化表 表 1

P01 类存储区									
J01 拣货区									
P02 类存储区									
H 货架存储区									
Z01 转换包装区									
A 发货区									
T01 空托盘暂存区									
R01 空容器暂存区									
入库区									

数值 1 至 5 代表功能区域间的流量分级，数值越高，说明对应区域间的物流流量越大。

根据功能区域物流关系量化表，将各区域间所占空间和相互的亲疏关系布置它们的相对位置，并用不同的线型和距离表示它们之间的关系，用三条线表示上述量化表中两区域间数值为 5 的关系，二条给表示数值为 3 的区域关系。在相同的物流关系量化表下，可能存在不同的布局方案，通过与实际情况结合考虑，得出库内如下空间关系如图 8 所示。

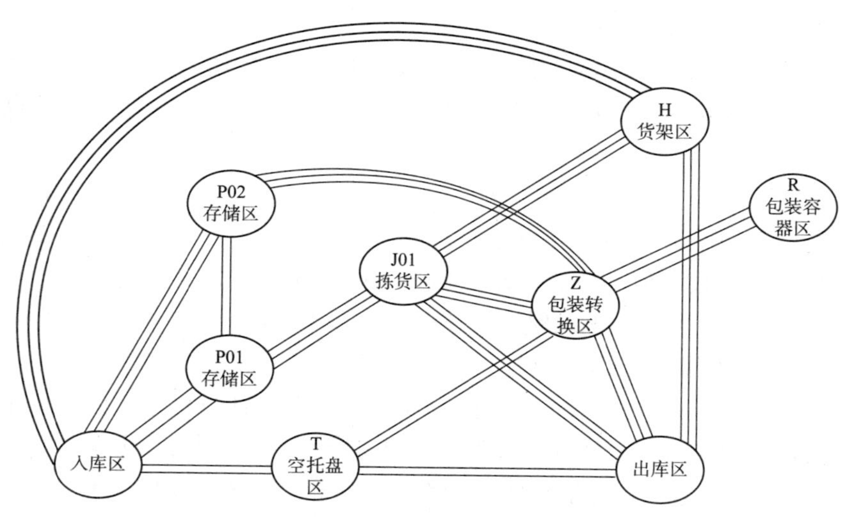

图 8　功能区空间关系图

对各功能区域的作业量大小进行统计分析，并统一作业量计算口径为托盘，得如表 2 所示的各区域占地面积。

各功能区面积图 表 2

序号	1	2	3	4	5	6	7	8	9
类型	P01 类存储区	J01 拣货区	P02 类存储区	H 货架存储区	Z01 转换包装区	A 发货区	T01 空托盘暂存区	R01 空容器暂存区	入库区
作业量（托盘）	182	44	406	3003	58	96			55
功能区面积	652	188	1209	2407	207	495	200	500	200

将表 2 各区域面积与空间布局图进行合并，设计出库内布局方案示意图，如图 9 所示。

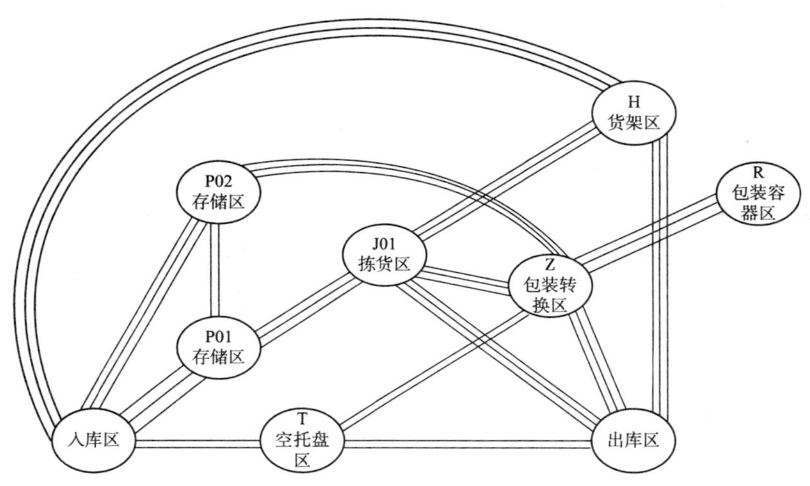

图 9 功能区布局示意图

最终结合库内建筑图纸，完成 CAD 图纸，作为指导功能区域方案布局（图 10）的实施依据，至此，A 公司关于此项目的仓储功能区域布局已完成，库内布局示意图用于指导最终的实施。

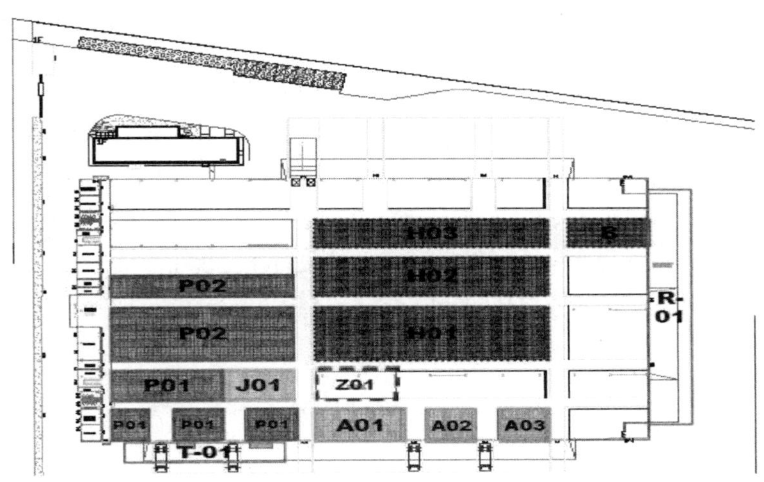

图 10 库内布局示意图

四、结语

仓储规划是第三方物流公司系统规划的重要组成部分，仓储规划是针对涉及物品流动问题所进行的规划，具体包括：作业流程规划；仓储数据分析；仓储设备配置；功能区布局规划。在本文中，重点对流程设计、数据分析、设备选型与配置、仓库布局四个主要方面进行阐述，并结合A公司的实际项目进行了理论与实践的结合应用，提高了本论文研究内容的可操作性，使之对其他企业在上述四方面都能借鉴使用。仓储规划是一个系统性的工作，如何综合考虑其他因素的影响是将来的一个研究方向。

参考文献

[1] 吴清一．物流管理［M］．北京：中国物资出版社，2005年．

[2] 蒋长兵，代应．库存控制：模型、技术与仿真M. 北京：中国物资出版社，2010.

[3] 陈达强，等．配送与配送中心运作与规划M. 杭州：浙江大学出版社，2009.

[4] 施国洪．物流系统规划与设计M. 重庆：重庆大学出版社，2009.

[5] 白世贞，刘莉．现代仓储管理M. 北京：科学出版社，2010.

[6] 郑克磊，郑克俊，倪志敏．浅谈我国现代仓储业存在问题及发展对策［J］．物流科技，2009,(2).12.

[7] 李万秋．物流中心管理与动作系列讲座之一 物流中心的建设［J］．物流技术与应用，2004,(2) 35.

[8] 左臻．对物流中心设计的几点思考［J］．山西交通科技，2004,(6).22.

[9] 张晋，计三有．物流中心布局的方法及应用［J］．物流科技，2005,(4).29-30.

[10] 卫民．物流中心的建设规划探讨［J］．物流技术，2002,(6)10-15.

[11] 刘栋．浅谈仓储系统的方案设计［J］．安徽科技，2010,(8)12-15.

[12] 张正义，张永征，郑晓海，段敬恩．自动仓储系统及其应用［J］．物流技术与应用，2006,(7).5-8.

[13] William Watson. The Winners and Losers of Hub-and-Spoke Trade［J］. Citizen Special, 2003.

[14] Scott Hudson. Success with Hub and Spoke Distribution OB/DL. 2006.

[15] Bahar Y. Kara, Barbaros C, Tansel. On the Single-Assignment P-Hub Center Problem ［J］. European Journal of Operational Research, 2000.

[16] Barbara Stroud. Speaking of Hub and Spoke［J］. International Travel News, 2005(4).

我国先进物流企业评价体系研究

孙综国[1]　高月娥[2]　张亚平[2]

（1. 中国交通运输协会　北京　100825；2. 哈尔滨工业大学　哈尔滨　150090）

【摘　要】科学、合理地构建物流企业评价指标体系，能够全面、客观地反映出物流企业的整体运营状况，查摆企业在经营中存在的缺陷，从而促进企业改善经营管理，提升企业整体竞争力。本文结合我国物流业的发展现状，构建了物流企业评价指标体系，应用层次分析（AHP）法确定指标权重，并以2014年全国先进物流企业参评资料进行计算。统计表明，高分企业集中在北上广等经济发展水平较高的区域，低分企业则多分散在西部等地理位置较偏远的地区，分析结果与我国物流企业的分布情况吻合。本文所制定的评价标准可作为评选物流企业的指导和参考，保证评选的公平、公正、透明、科学。

【关键词】物流企业　层次分析法　评价标准

Research of Advanced Logistics Enterprise Evaluation System in China

Sun Zongguo[1]　Gao Yuee[2]　Zhang Yaping[2]

（1. China Communications and Transportation Association, Beijing 100825;
2. Harbin Institute of Technology, Harbin 150090）

Abstract: By constructing the logistics enterprise evaluation index system in a scientific and reasonable way, the overall operating condition of the enterprise can be reflected comprehensively and objectively and the defects existing in the enterprise business can be exposed, thus the enterprises management whould be improved and the enterprise's overall competitiveness whould be promoted. According to our country's logistics industry development at the present situation, this paper constructs the evaluation index system of logistics enterprise, using the application of analytic hierarchy (AHP) process to determine index weight, calculate the contestant data of the national advanced logistics enterprise in 2014. Statistics show that high score enterprises concentrate in the area Beijing, Shanghai, Guangzhou etc. with higher economic development level, and low grade companies are more dispersed in the west, the more remote area in geographical position. The analysis results match with the distribution of logistics enterprises in china. The evaluation standard defined in this paper can be used as the selection of logistics enterprise guidance and reference, to ensure fair, impartial , transparent, and science of the selection.

Keywords: Logistics enterprise Analytic hierarchy process (AHP) Evaluation standard

一、引言

科学、合理的评价标准是保证物流企业评选活动的基础。现行的物流企业评选多采用专家制定评价指标权重的方法，即在每次开展评选前，召开评选专家委员会商定评价指标的修改及指标权重的确定。这种确定评价标准的方法虽存在一定的合理性，但也需要进一步完善。因此，需要构建一套完善的物流企业评价标准以确保评选活动的公平性及科学性。

通过对国内外企业评价方法选择、评价指标体系建立及评价标准制定的理论方法进行研究，结合我国物流业的行业特点，采用层次分析（AHP）法进行评价指标权重的确定，构建我国先进物流企业评价标准，并以 2014 年全国先进物流企业参评资料为例，对所制定的评价标准做进一步分析。

二、评价标准体系构建

（一）评价指标选取及层次模型建立

评价标准体系构建的具体步骤如下：

（1）物流企业评价指标的选取；

（2）根据选取的评价指标建立评价层次模型；

（3）评价指标两两重要性进行比较，并构造判断矩阵；

（4）对判断矩阵进行一致性检验；

（5）确定评价指标权重；

（6）确定各指标评分标准；

（7）建立评价标准计算模型。

根据我国物流业发展状况，结合历年中国交通运输协会组织的中国物流百强和先进物流企业评选活动，选取财务指标、内部流程、客户指标和持续发展这 4 个指标及其子指标构成我国物流企业竞争力评价的层次模型，如图 1 所示。

（二）确定指标权重

1. 构造判断矩阵

判断矩阵各项的数值反映了各指标的相对重要性，直接影响权重的确定。选取 5 家参评的物流企业，组织专家及物流企业高级管理人员采用 1~9 及其倒数的打分方法对判断矩阵进行打分，其中 1、3、5、7、9 分别代表从同等重要到极其重要的 5 个等级，2、4、6、8 则分别代表重要程度介于 1、3、5、7、9 之间。对应地，1/3、1/5、1/7、1/9 则代表不重要程度依次递增。经过加权平均后得出判断矩阵，如表 1~ 表 5 所示。

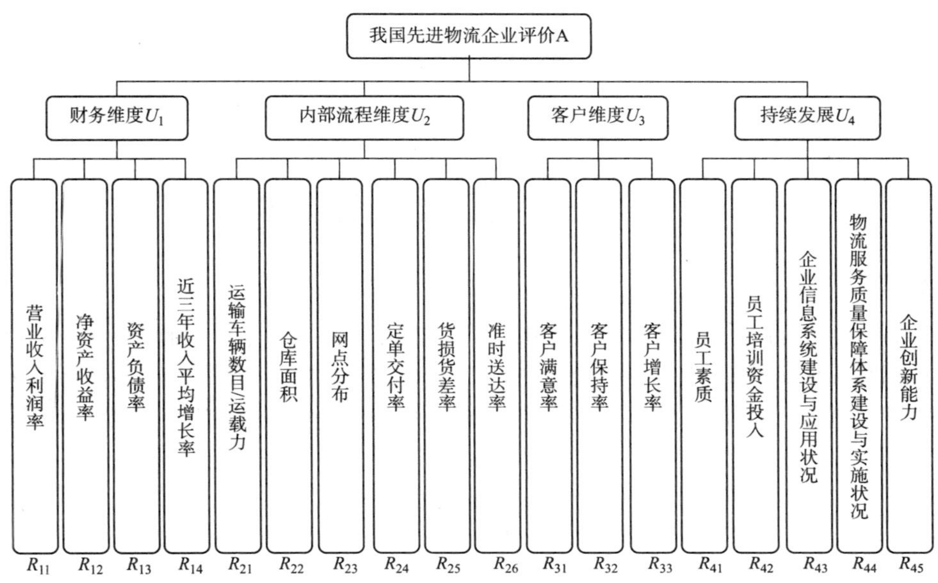

图 1 物流企业评价层次模型

判断矩阵 A-U 表 1

A-U	U_1	U_2	U_3	U_4
U_1	1	3	5	9
U_2	1/3	1	3	6
U_3	1/5	1/3	1	2
U_4	1/9	1/6	1/2	1

判断矩阵 U_1-R 表 2

U_1-R	R_{11}	R_{12}	R_{13}	R_{14}
R_{11}	1	3	3	9
R_{12}	1/3	1	1/2	3
R_{13}	1/3	2	1	7
R_{14}	1/9	1/3	1/7	1

判断矩阵 U_2-R 表 3

U_2-R	R_{21}	R_{22}	R_{23}	R_{24}	R_{25}	R_{26}
R_{21}	1	1/3	1/9	1/7	1/5	1/3
R_{22}	3	1	1/9	1/5	1/2	1/2
R_{23}	9	9	1	2	3	4
R_{24}	7	5	1/2	1	2	3
R_{25}	5	2	1/3	1/2	1	2
R_{26}	3	2	1/4	1/3	1/2	1

判断矩阵 U_3-R 表 4

U_3-R	R_{31}	R_{32}	R_{33}
R_{31}	1	4	5
R_{32}	1/4	1	2
R_{33}	1/5	1/2	1

判断矩阵 U_4-R　　表 5

U_4–R	R_{41}	R_{42}	R_{43}	R_{44}	R_{45}
R_{41}	1	2	1/2	1/4	1/2
R_{42}	1/2	1	1/2	1/3	1/3
R_{43}	2	2	1	1/2	1/2
R_{44}	4	3	2	1	2
R_{45}	2	3	2	1/2	1

2. 判断矩阵一致性检验

由于客观事物的复杂性及人们在意识上的差异性，可能会造成判断矩阵的不一致性，例如出现指标 a 比 b 重要，b 比 c 重要，但 c 却比 a 重要的情形。为保证层次排序的可靠性，需要对判断矩阵进行一致性检验，一致性检验的标准为随机一致性比率 CR，其计算公式如下：

$$CR = \frac{\lambda_{\max} - n}{RI(n-1)} \tag{1}$$

式中：λ_{max}——判断矩阵的最大特征值；

n——判断矩阵的阶数；

RI——平均随机一致性指标，可通过查表得到。

当 $CR = 0$ 时，判断矩阵有完全随机的一致性；当 $CR < 0.1$ 时，判断矩阵有满意的随机一致性，其对应的特征向量各分量即为各评价指标的权重；当 $CR > 0.1$ 时，判断矩阵应再进行调整以得到满意的一致性。

根据一致性检验原理，利用 MATLAB 进行验证，结果如下：

$CR1 = 0.0677$，$CR2 = 0.0992$，$CR3 = 0.0658$，$CR4 = 0.0728$，$CR5 = 0.0963$

所有指标都小于 0.1，判断矩阵的一致性可以接受，选取的评价指标和构建的判断矩阵可取。

3. 确定指标权重

构建 $\overline{W_i} = \sum_{j=1}^{m} a_j b_{ij}$ 模型，利用计算机辅助工具确定相关指标权重，如表 6 所示。

物流企业竞争力评价指标权重表　　表 6

维　度	指　标	权重	近似圆值
财务维度 U_1（0.5809/58.09）	营业收入 R_{11}	0.3141	31.41
	净资产收益率 R_{12}	0.0860	8.6
	资产负债率 R_{13}	0.1530	15.3
	近三年收入平均增长率 R_{14}	0.0278	2.78

续上表

维 度	指 标	权重	近似圆值
内部运营维度 U_2（0.2656/26.56）	运输车辆数目 / 运载力 R_{21}	0.0084	0.84
	仓库面积 R_{22}	0.0161	1.61
	网点分布 R_{23}	0.1110	11.1
	定单交付率 R_{24}	0.0674	6.74
	货损货差率 R_{25}	0.0380	3.8
	准时送达率 R_{26}	0.0247	2.47
客户维度 U_3（0.1012/10.12）	客户满意率 R_{31}	0.0692	6.92
	客户保持率 R_{32}	0.0202	2.02
	客户增长率 R_{33}	0.0118	1.18
持续发展维度 U_4（0.0521/5.21）	员工素质（受教育程度和专业技能）R_{41}	0.0060	0.6
	员工培训资金投入 R_{42}	0.0045	0.45
	企业信息系统建设与应用状况 R_{43}	0.0090	0.9
	物流服务质量保障体系建设与实施状况 R_{44}	0.0197	1.97
	企业创新能力 R_{45}	0.0129	1.29

（三）确定各指标评分标准

将上述各评价指标分别划分为Ⅰ、Ⅱ、Ⅲ、Ⅳ、Ⅴ档，得分从高到低依次为 9、7、5、3、1 分，制定一份各指标评分标准。其中，净资产收益率最高为 20%；资产负债率最优为 50%，并且不能超过 70%；收入平均增长率行业平均为 6.2%，最高取 30%；客户增长率用职工人数增长率代替；员工素质用员工学历为标准衡量；员工培训以培训投入资金衡量。

三、建立评价标准计算模型及应用

通过对各项指标权重以及各项指标评分标准的确定，建立最终评价标准计算模型，如式 2 所示。

$$N=\sum_{i=1}^{18}\overline{w_i}C_i\ （i=1, 2, \cdots, 18） \qquad (2)$$

式中：N——我国物流企业竞争力评价综合值；

$\overline{w_i}$——第 i 个评价指标百分圆数权重值；

C_i——第 i 个评价指标的评分值。

以 2014 年全国先进物流企业评选活动为实例，采用本文所制定的物流企业评价标准进行计算，得出物流企业的综合得分，得分最高 860 分，最低 160 分。统计分析得出，高分企业集中在北上广等经济发展水平较高、物流业较发达的区域，低分企业则大多分布在西部和地理位置较偏远、经济发展水平欠发达的地区。

四、结语

本文利用层次分析（AHP）法确定物流企业评价指标权重，并制定物流企业评价标准，解决目前还没有一套科学、合理、完善的物流行业评价标准的现状。物流企业评价标准的制定，给未来的物流行业评选活动提供指导和参考，使评选过程更加科学、可靠，评选结果更加公平、公正、透明，评选方法更加便于操作和推广。参评企业也可直观地了解企业经营管理水平，企业间取长补短，提升自身竞争力水平。随着我国经济的快速发展，物流企业创新能力的不断提高，以及物流运作的提质增效，持续发展指标的权重将会进一步提高，在日后的研究中，评价标准还需逐步完善。

参考文献

[1] 顾武，方小瓶．物流企业核心竞争力评估体系的构成与应用［J］．长沙铁道学院学报，2003,(3): 104-107.

[2] 张凤彦．物流企业竞争力研究［D］．北京物资学院硕士学位论文．2006, 6.

[3] 林丽金．基于物流企业竞争力层次模型的评价指标体系构建研究［J］．物流科技，2011(10): 45-51.

[4] 董晶晶．第三方物流企业核心竞争力的评价及对策研究［J］．武汉科技大学硕士学位论文，2012, 11.

[5] Roth A. V. Achieving strategic agility through economic soft knowledge ［J］. Strategy and Leadership, 1996, 24(2).

创新发展物流行业的“互联网 +”之路

宋学鑫

（锦程物流网络技术有限公司　大连　116001）

【摘　要】随着“互联网 +”理念的不断深入和推广，已经涌现出越来越多的与物流行业相关的信息平台、资源平台、交易平台、支付平台等互联网物流平台。互联网与物流行业的深度融合，让物流更加“智慧化”、“智能化”，有效的促进了我国物流行业的转型升级和创新发展。本文分析国内互联网 + 物流的现状和特点，指出目前我国互联网 + 物流存在的问题，着重阐述了互联网 + 物流的创新模式和发展思路。

【关键词】物流　传统行业　互联网 +　物流平台　创新

Innovation & Development is the Internet Plus Road for Logistics Industry

Song Xuexin

(Dalian JCtrans Logistics Network Co., Ltd., Dalian 116001)

Abstract: As the conception of Internet plus has been increasingly deepening and largely spread, more and more internet logistics platforms related to logistics industry have emerged such as Information platforms, resource platforms, transaction platforms and payment platforms. The mergence of internet and logistics industry makes logistics much more intelligent, efficiently promoting the transformation and upgrade of China’s logistics and propelling its innovation and development. The paper analyes the situation and characters of domestic internet plus logistics, points out the current problems of China’s internet plus logistics and focuses on the innovative model and development ideas of internet plus logistics.

Keywords: Logistics　Traditional industries　Internet plus　Logistics platform Innovation

一、前言

中国的互联网在短短的 20 年时间得到了迅猛的发展，经历了许多重大的里程碑节点，为中国的各行各业发展带来了重大利好，也带来了颠覆性的影响。2016 年 7 月 29 日，国家发改委印发《“互联网+”高效物流实施意见》，为物流行业的“互联网+”释放出了有力的政策讯号。在国家政策支持下，在互联网与传统行业相结合创新模式的引导下，如何寻找适合物流行业的“互联网+”模式，物流行业的“互联网+”之路该如何发展，将成为物流行业未来发展的重要课题。

二、互联网与物流相结合存在问题分析

经过30多年的改革开放，中国已经成为世界第一制造大国和贸易大国，也成为了名副其实的物流大国。港口集装箱吞吐量、铁路货运量、航空货运量、公路货运量、电子商务市场规模等均处于世界领先地位。这也促使物流行业成为国民经济的支柱产业和最重要的现代服务业之一。但总体来说，我国物流行业增长方式相对粗犷，且速度缓慢，整个物流行业受到传统发展模式的影响，仍存在思想保守、信息化程度低、创新能力弱、综合配套服务能力差等诸多问题。物流现代化水平明显落后于主要发达国家。主要表现在:

（一）营销渠道闭塞，营销方式单一

一是受行业观念和企业规模的影响，很多物流企业仍在使用传统的营销方式，如打电话、发邮件等方式。这样造成了资源的大量浪费和营销成本的提高和效率的低下。二是互联网意识较弱，很多物流企业虽然已经开始尝试借助互联网渠道进行营销，如搭建企业网站、微信公众号、APP软件等，但是并没有真正将营销与互联网相融合，企业网站等被浏览和关注很少，并没有流量保障，自然也不可能带来更多的询盘和客户资源，最后变成了一扇没有玻璃的“窗户”。

（二）物流信息化程度低

中国物流企业在信息化建设方面还处于相对原始、初级的阶段，这种状况制约了物流企业向专业化、信息化方向发展。

（1）信息化意识薄弱。目前我国中小物流企业在信息化上的观念还比较落后，意识相对淡薄。更多的企业关注的是客户、资源、订单等，很少有企业关注被认为是“形式”的物流信息化。即使有观念、有想法，也因为资金少、规模小，认为不值得在物流信息化方面投入更多的人力和物力。

（2）企业内部管理不规范。中小企业管理模式不够规范，缺乏物流信息化方面的人才，特别是既懂技术、又懂物流的复合人才严重匮乏。

（3）物流行业信息标准化缺失。行业不规范、管理松散导致了物流行业标准化矛盾突出，国内外之间、国内地区之间、各企业之间信息不对称，格式不统一，接口不统一，重视程度不高，都极大的阻碍了物流信息化的发展。

（三）物流互联网金融发展缓慢

当前国内物流行业金融服务发展较慢，这在一定程度上制约了现代物流发展，一方面不能为广大物流企业，特别是一些中小型企业，提供物流与金融集成化的综合服务。另一方面使得物流企业的资金周转率低下，影响了物流企业运作的效率。

（1）资金周转效率低。物流企业间付款，手续繁琐，到账速度较慢，增加了物流企业的运营成本，影响物流企业的资金周转效率。

（2）中小物流企业融资难、贷款难。以货运代理行业为例，中小型货代企业一般为轻资产服务型企业，在银行的信用程度较低，使得中小型物流企业很难从外部获取银行贷款的资金支持。

（四）中外物流企业合作存在障碍

（1）信用体系不完善。中外物流企业间通过互联网建立联系并达成合作意向，在合作初期缺乏信任问题，物流行业内没有一个完善的诚信合作圈层。

（2）交易缺乏风险保障。当企业间交易发生合作纠纷时，在物流行业内没有完善的风险保障制度，对双方的利益进行有效的保障。

（3）信息交流不顺畅。受地域和时间差异的影响，中外物流企业大多通过互联网线上手段进行信息交流与业务洽谈。但仍需要建立线下交流平台，加强企业间合作信任度。

三、物流行业与互联网结合的模式分析

寻找物流行业与互联网结合的最佳模式，首先要对互联网与传统行业结合的几种模式进行分析，然后结合物流行业的特点，找到最适合物流行业的结合方式。

（一）传统行业与互联网结合的方式分析

1. 模式一：互联网企业入侵传统行业

这种模式我们称之为门口的野蛮人，即互联网企业非常粗暴的入侵传统行业，主要是指互联网公司在没有行业背景和行业经验的情况下，仅仅依靠技术人员制造交易平台，完成对传统行业的入侵。依靠这种模式入侵传统行业的互联网平台非常之多，如入侵大型商超行业的阿里巴巴和京东，入侵旅游行业的携程、途牛和去哪儿，入侵电信行业的微信，以及入侵出租行业的滴滴和快的。

该种模式的主要方式是找到行业痛点，并通过解决这些痛点实现行业占领。粗暴的以补贴、零利润等方式入侵到传统行业，在逐步占领这个行业以后，扩张自己的市场份额，滴滴和快的的竞争就很好地诠释了这种入侵方式。这种入侵方式一般适用于以下特点的行业：毛利高，资金周转率高；数据量大，信息不对称；以服务作为主要产品；行业的不规范，标准化程度低，有利于制定标准化框架；专业度低，行业壁垒小，专业问题完全可以依靠技术手段完成。

2. 模式二：传统行业龙头拥抱互联网

这种模式我们称之为内部的爆发者，即传统行业龙头拥抱互联网。主要是指本身就处在这个行业，有意识地开发互联网优势。一般是指传统企业成立互联网事业部，逐步壮大互联网事业部，最终把线上线下整合合并。例如，平安搭建陆金所，苏宁转型苏宁云商，戴尔转型网销模式等。

这种方式一般适用于以下特点的行业：专业度高、技术壁垒大；利润率不高、资金周转率不高；规范和标准化程度高；行业龙头创新意识强；行业信息流小、信息整合利用价值低。

（二）国际物流行业与互联网结合的最佳模式

通过以上分析可以发现，互联网入侵的行业具有以下的特点：对于专业性高的行业

入侵是弱项；偏好利润率和资金周转率高的行业；主要入侵创新意识不强的行业；整合信息能力强；倾向资金量大，垫付资金小的行业；整合服务行业能力强；规范和标准化能力强。

而物流行业特点与上述7项对照结果如下：专业度高、技术壁垒大；利润率不高、资金周转率不高；行业龙头创新意识强；数据量大、信息不对称；资金量大、垫付资金量大；以服务作为主要产品；不规范，标准化程度低。

通过这两种方式的比较分析，物流行业是互联网爱恨交加的行业，而由于专业壁垒较高，物流行业更适合于第二种结合方式，做内部的爆发者。

最近几年大量互联网企业在入侵物流行业，但没有做到实质性的入侵。例如阿里易达通，并没有对传统产业造成实质性冲击。由于物流行业壁垒比较高，物流专业性比较高，仅仅这两个特点，就阻止了很多互联网企业的入侵。但是也不能过于庆幸，因为入侵是迟早的，如果物流行业不能用第二种方式来改变自己，那么必将迎来更猛烈的冲击。作为任何行业或者企业，从外面打破是食物，注定是要被吃掉的，而从里面打破就是生命。对于互联网，无需去神话他，因为互联网仅仅是一个平台，最终还是需要实体的服务，实体操作需要专业度较高的服务提供。互联网不能代表技术、生产，而只是一种信息交互方式，仅仅是改变商业模式、提高行业标准、提高企业竞争力的有效手段。

四、物流行业的“互联网+”发展对策

物流行业与互联网接轨是社会经济发展的必然趋势。随着国内外贸易往来越来越频繁，用户对于第三方物流服务的需求也将持续增长。物流企业与互联网的接轨，拓宽了企业的营销渠道。同时也为物流企业提供了信息化建设的机会和可能，引领企业跟上互联网时代飞速发展的脚步。

（一）创新业务模式，拓展互联网营销渠道

互联网的便利缩小了世界的距离，同时也缩小了物流企业之间的距离。通过多种多样的互联网物流信息平台、推广平台、交易平台的资源和流量，对物流企业自身进行高效的宣传和推广，扩大业务范围，精确定位目标客户群体，增加曝光度，提升关注度，拓展新的业务渠道，节省运营成本，提高收益率。同时，利用互联网平台加强与客户的沟通与联系，借助于互联网无界限的链接，打破彼此在行业上的范围约束、时间和地域的差异，共享信息，并在管理、技术、资源等方面给予客户最全面的介绍。

互联网营销的方式有多种：一是利用行业信息平台。加入主流的物流行业信息平台，定期发布并更新企业信息，经常发布一些新闻、运价、航线、优势服务等信息，保持定期更新维护，利用网站的资源量和浏览量，提升企业曝光度和关注度。二是搜索引擎优化。通过搜索引擎优化或搜索引擎付费推广等方式，对企业网站进行搜索排名优化，提升网站的曝光度和点击率。三是微信公众平台。可建立自身微信公众平台，定期发布新闻动态、业务优势等信息，吸引更多的粉丝关注，积累潜在的客户资源。

（二）加强信息化建设，提升信息化水平

物流信息化只有在通信网络、信息技术支持下才能得以运营，通过快速的网络信息

采集、分析和传递，才能实现高效、快捷的服务。物流企业在创新发展过程中必须注重信息技术的应用，结合自身实际，进行虚拟经营，构筑信息平台，建立营销网络，实现网络化经营。

物流企业通过信息化平台改变传统的服务模式，应对电子商务发展带来的海量业务，降低运行成本，提高业务流转速度、操作效率和服务质量，增强抗风险能力，提高企业的竞争和生存能力。

1. 物流企业内部信息化功能模块

（1）呼叫中心系统：系统实现了通过电话呼入的客户信息进行记录、统计和分析。

（2）商务系统：系统实现了对电商平台进入的客户提供即时服务，并对客户信息进行记录、统计和分析。

（3）客户资源管理系统：系统除了对线下客户资料的管理，还与呼叫中心系统、商务系统进行对接，实现企业对各类客户的全面管理。

（4）订单管理系统：系统实现各项业务订单在企业内部的实时流转，便于各部门业务人员对订单环节的管理，提高业务操作效率。

（5）财务管理系统：对接各项业务管理系统，实现对企业业务收支的实时管理，为管理者经营分析提供依据。

（6）OA 系统：实现企业内部行政管理的平台化，方便总部对各分支机构的管理。

2. 客户服务系统

（1）物流信息服务系统：主要是为物流供需双方企业提供全时信息交互平台服务。包括海、陆、空运数据处理系统、运价数据管理系统。

（2）在线交易系统：主要是围绕海运集装箱业务为物流供需双方企业提供在线交易服务，促成交易双方的在线合作。包括动态行情查询系统、自动撮合系统、在线呼叫中心系统。

（3）在线结算系统：主要是为平台交易双方提供线上支付通道，实现交易双方便捷快速的支付，解决交易双方互不信任的问题。包括人民币结算系统、美元结算系统。

（4）信息化服务系统：为物流企业提供信息化建设服务。客户通过信息化服务的应用快速搭建企业信息化管理系统，实现企业管理的规范化和流程化。包括运价管理系统、客户资源管理系统、订单管理系统、办公辅助系统。

（5）技术及资讯管理系统：为物流及相关企业提供技术服务、行业资讯，以及为平台内其他系统的使用提供必要支持。包括行业资讯信息管理系统、行业技术服务系统、网络推广外包服务系统。

（6）移动终端：移动终端包含手机 APP、手机站、微网站等移动端浏览和服务平台。客户可以随时随地通过移动终端，登陆网站和服务平台，实现业务操作。

（三）积极发展物流金融

互联网技术的蓬勃发展，对各行各业都产生了巨大的影响，物流行业作为老牌传统行业也不例外。互联网技术整合了物流资源，随之而来的就是新的行业变革。当“互联网 +”的概念不断渗透和改造传统物流行业时，“互联网 + 物流 + 金融”的发展便初具模型了。

虽然物流行业交易各方实现了线上的供求信息对接，但如何使行业中交易各方的供求信息由传统的线下操作转换为互联网线上对接，并且真正的让金融企业也参与其中，只是供求信息的互联网实现是远远不够的。各方的交易信息也需线上完成，而不能是线下操作，这样金融机构也可实现线上的金融服务，而不是传统金融服务。物流在线交易平台解决了线上信息发布、询价、订单、支付及融资等全流程物流服务，真正的实现了“互联网 + 金融 + 物流”模式。

随着物流在线交易平台的完善发展，积累大量的交易和支付的大数据，那么未来就可以以物流交易的大数据为基础，建立物流企业信用体系，为物流企业进行信用评级，联合银行等金融机构，为中小物流企业办理融资及贷款业务。帮助中小物流企业健康稳定的发展。

（四）建立风险保障制度，加强合作交流

一是建立行业信用体系。通过互联网信息化、大数据等手段，开展信用评级，建立物流行业信用体系，打造诚信合作圈层。同时加强物流行业自律与协调管理，营造公平竞争的市场环境，以提升物流业务的安全性和可靠性，降低业务风险。二是建立交易风险保障制度。针对信用体系内的物流企业，建立风险保障制度，设置风险保障金额，当企业间交易发生合作纠纷时，受损方能第一时间获得赔付。以此缩减业务处理流程和赔付周期，为企业利益进行更加有效的保障。三是开辟业务交流平台。创新业务交流模式，在保留传统模式及互联网线上渠道进行业务开拓的基础上，搭建线下交流合作平台，打破行业内的交流壁垒，加强业内的合作，为物流行业整体环境发展以及企业自身经营提供良好契机。促使业内人士相互交流经验，洞察客户需求，实现物流行业的共赢和发展。

五、结语

在任何一种传统行业的蜕变中，创新的发展模式都是倍受关注和考验的。互联网是一个公开、透明的平台，它的每一步发展都会在一个无比透明的市场中不断调整和自我完善，以满足物流行业及企业的需求。这样的发展模式已经在很多行业得到验证，相信也一定会给物流行业注入新的活力。通过互联网、大数据及电子商务等技术的灵活运用，一定可以促进国内整个物流行业的产业升级和创新发展，带动整个物流行业的“互联网 +”之路。

参考文献

[1] 张晶．“互联网 +”为物流创新提供更多可能［J］．物流技术，2015(8): 19-22.

[2] 刘敬严，赵莉琴，李占平．新常态下“互联网 +”物流业发展转型分析［J］．物流技术，2015(11): 41-43,51.

[3] 朱绍平，胡梦文．基于社会系统研究方法的“互联网 + 电子商务物流”体系研究［J］．

商场现代化 , 2015, (14): 35-37.

[4] 郝迪慧 . 互联网 + 创新物流行业经营模式 [J] . 物流工程与管理 ,2015, (9): 15-16.

[5] 谢泗薪 , 朱浩 . “一带一路” 战略架构下基于 “互联网 +” 的物流发展模式与策略 [J] . 铁路采购与物流 , 2015, (10): 53-56.

[6] 喻麒睿 , 王富章 , 吴艳华 . “互联网 +” 铁路物流发展思路研究 [J] . 综合运输 , 2015, (12): 29-32.

[7] 郑翰宸 . 浅析基于 “互联网 +” 背景下物流行业的发展与创新 [J] . 中国商论 , 2016, (2): 91-93.

“中部崛起”战略下武汉综合交通客运枢纽的经验与启示
——以武汉天河机场综合枢纽为例

高月娥[1] 孔海宁[2]

（1. 中国交通运输协会 北京中交协物流研究院 北京 100825；
2. 首都经济贸易大学 北京 100070）

【摘 要】中部崛起，交通先行。武汉作为“九省通衢”之地，其交通发展将带动区域经济快速发展。综合客运交通枢纽是衔接多种运输方式、辐射一定区域的旅客转运中心，是城市对外交通的桥梁和纽带。加快综合交通客运枢纽发展，着重提高客运枢纽的有效衔接，是提高综合交通客运系统效率和服务质量，满足人民百姓出行需要的迫切需要，也是中部崛起战略发展的客观要求。本文以武汉天河机场综合交通客运枢纽为例，结合空间布局以及交通有效衔接等维度，在建设前提、核心思想、主要手段和有效方法等方面加以分析，对未来我国中部地区客运枢纽建设提出建议。

【关键词】中部崛起 武汉 综合交通 客运枢纽 机场枢纽

Experience and Revelation of Wuhan Passenger Integrated Transport Hub under the Strategy of “Rising of Central China”
—— Case of Wuhan Tianhe Airport Comprehensive Hub

Gao Yuee[1] Kong Haining[2]

(1. China Communications and Transportation Association,
Institute of Logistics and Transportation of Beijing, Beijing 100825;
2. Capital University of Business and Economics, Beijing 100070)

Abstract: Transportation is very important to the rise of central China. Transportation development of Wuhan leads to a rapid development of economy. Comprehensive transportation hub connects many modes of transportation and becomes a bridge to external connections. Accelerating the development of comprehensive transportation hub can improve system effectiveness and service quality, meet people’s travel needs; and it is also an objective requirement for the development of the strategy of the rise of central China. This paper takes Wuhan Tianhe Airport comprehensive transportation tub as an example, considering of spatial layout, analyzes construction premise, core idea, primary means and effective methods. The paper also provides suggestions for the development of central China passenger transportation tub in the future.

Keywords: The rise of central China　Wuhan　Comprehensive transportation　Passenger transportation hub　Airport hub

综合交通客运枢纽是以服务客运为目标，将铁路，公路，航空和航运等多种运输方式结合所形成的协同枢纽体系，是城市对内交通与对外交通衔接的重要平台，是综合交通体系的关键组成部分。随着我国经济技术的不断发展，城镇化的不断提高，交通运输体系越来越扮演者重要的角色。2013 年 3 月，国家发展改革委颁发了《促进综合交通枢纽发展的指导意见》，明确提出了建立综合交通枢纽的基本原则：布局合理、衔接顺畅、服务便捷和集约环保，将综合交通枢纽地位提升到国家战略高度。

一、引言

2016 年，国家发改委出台了《关于打造现代综合客运枢纽提高旅客出行质量效率的实施意见》。意见中明确要求“到 2020 年，在全国重要综合交通枢纽城市，打造 100 个以大型高铁车站为主和 50 个以机场为主的现代化、立体式综合客运枢纽，基本建成内涵更加丰富、服务更加优质、布局更加合理、运行更加高效、功能更加完善的现代综合客运枢纽系统，一体衔接、综合服务、中转集散、内外辐射能力进一步增强，客运现代化水平显著提升，有效满足人们日益提升的出行需求”。因此，对于综合交通客运枢纽的研究已经成为当前乃至今后很长一段时期的重中之重。

在综合交通客运枢纽的不断发展过程中，很多学者和研究者对其研究，取得了一定科研成果。其中最为经典的理论包括日本提出的“铁路结节点”理论和前苏联提出的“交通枢纽点”理论。后人在此基础上进行了深入的研究，主要研究方向包括：周立等人采用主成分分析法，选取人口、产值和土地可利用度为评价指标，对综合交通客运枢纽选址进行优化。邱卓等人采用模糊层次分析法，通过对城市内各个备选地址的分析和计算，得到最佳的选址方案。贾倩等人运用系统分析分方法对综合交通枢纽进行研究，建立了综合交通枢纽站的布局模型，为选取综合交通枢纽最佳布局方案提供了依据。刘强等人采用数学定量方法对综合枢纽建立双层规划模型，并采用遗传算法对模型进行求解。邓润飞等人结合运输供给和需求的预测，建立了综合交通客运枢纽的评价体系。成东香等人对主要定位于综合交通客运枢纽中的换乘体系进行了研究，并建立了综合交通客运枢纽换乘体系的评价系统。前人大部分的研究侧重于理论方向，往往以采用定性或者定量方法对复杂综合交通客运枢纽系统理论研究作为出发点。而本文以武汉天河机场综合交通客运枢纽的实际案例为出发点，通过对其研究和分析，并结合理论基础，总结出适合我国中部特点的综合交通客运枢纽建立的基本原则和科学经验启示。

二、武汉天河机场综合交通客运枢纽建设发展情况

武汉天河机场综合交通客运枢纽中心位于武汉天河机场 T2 航站楼东北，T3 航站楼西南侧区域，与 T3 航站楼南侧相距 93m。项目占地面积约 10.5 万平方米，综合交通客运中心（不含城铁、地铁站台层）建筑面积约 27.9 万平方米。该项目概算投资为 27.8 亿元，工程建设资金筹措方式 35% 的项目资本金出资，由湖北省和武汉市政府按 3:7 比例出资，其余资金由项目建设单位通过银行贷款解决。该综合交通枢纽的主体是天河机场航空客流，同时兼顾了城际铁路、城市轨道等交通方式，可以与城市其他交通枢纽方便快捷换乘。可以与其联系的交通方式多达 7 种，包括航空、城际铁路、城市轨道、公路长途、公交（含机场大巴）、出租车、社会车等，于 2014 年初开工建设，计划 2016 年底建成，项目法人为武汉交通工程建设投资集团有限公司。

（一）武汉天河机场综合交通客运枢纽项目建设的必要性

1. 落实国家“一带一路”和“中部崛起”重要战略的需要

武汉是我国中部最大的交通运输枢纽城市。为进一步落实国务院“一带一路”和“中部崛起”战略，促进区域发经济发展，充分发挥经济区、经济带、城市集群等重点区域的带动作用，湖北省大力发展综合运输，促进交通与产业融合发展。武汉市是湖北省政治、经济、文化交流的中心，城市性质定位为“我国中部地区的中心城市，综合交通枢纽，长江中游航运中心”。2009 年，国家发改委批复武汉为全国综合交通枢纽试点城市。武汉将围绕建设国家级综合枢纽城市的目标，拓展国际功能、调整枢纽布局、优化网络衔接、强化服务能力，推动区域协调发展。

2. 构建现代综合运输体系的需要

武汉天河机场是全国六大区域枢纽机场之一，2015 年旅客吞吐量突破 1800 万人，是国家综合运输通道的重要枢纽，项目建成后天河机场各航站楼和汉孝城际铁路将实现一体化对接，对于完善国家和区域综合运输体系，突出武汉在国家综合运输体系中的主导地位和枢纽城市区位，实现武汉作为“我国中部地区的中心城市和综合交通枢纽”的城市发展定位，构建现代综合运输体系具有重要的意义。

3. 促进临空经济发展的需要

武汉天河机场综合客运枢纽的建成，可有效促进机场的辐射范围，满足旅客日益增长的多元化、个性化需求。枢纽将实现人流、信息流、资金流等生产要素在机场周边的集聚，服务临空经济区发展，将临港经济区建设成功能布局合理、基础设施完善、科技应用发达、产业体系高端、服务水平一流、生态环境优良的“中国中部航都、武汉北部国际新城”。

（二）武汉天河机场综合交通客运枢纽功能定位

武汉天河机场综合客运枢纽主要提供交通服务功能及延伸功能：其中，交通功能主要是为天河机场旅客提供城铁、公路、地铁、社会车辆、出租车等多元化集疏运模式；为城际间旅客交往提供快速直达的公路与城际运输服务；为临空经济区及地铁沿线居民出行提供优质的交通服务；为公路和城铁提供城市公交、出租车、社会车辆以及机场大

巴等多元化的集散交通服务。此外，利用现代化的通信信息网络和管理手段，为交通中心提供全面的交通信息和旅游咨询、以及金融、餐饮等延伸功能的综合服务。

（三）武汉天河机场综合交通客运枢纽空间布局

武汉天河机场交通中心决策工作在湖北省政府、武汉市政府的统一组织下进行，由武汉交通工程建设投资集团有限公司负责武汉天河机场交通中心（不含城铁站和地铁站）的项目建设工作。武汉天河机场交通中心建成后将由武汉市交通工程建设投资集团与法国 KEOLIS 组建合资公司负责运营。天河机场预测到 2020 年日均换乘总量约为 26.2 万人次 / 日，长途汽车站旅客发送量为 5306 人次 / 日；2030 年天河机场日均换乘总量约为 51.1 万人次 / 日，长途汽车站旅客发送量为 10267 人次 / 日。

交通中心建筑体占地面积约 105000m^2，建筑面积（不含城铁、地铁站台层）约 279020m^2。项目公共换乘空间主要涉及城铁和地铁公用换乘厅、汽车客运站换乘厅以及交通中心与 T3 航站楼衔接的换乘通道，共计 23969m^2。武汉天河机场交通中心总体布局主要包含四层建筑。

（1）地下二层为城铁、地铁站台层，南北向平行布设城铁、地铁站台（城铁、地铁出站层不涵盖在项目建设界面之内）。

（2）地下一层为城铁、地铁站厅层，主要布设城铁站厅、地铁站厅、东侧西侧分别布设社会车辆停车场，具体如图 1 所示。

（3）地面一层为长途客运站层，主要布设长途客运站及换乘大厅，东侧与西侧布设出租车待客区及社会车辆停车场，具体如图 2 所示。

（4）地面二层为商业开发层，主要布设交通中心配套商业，东侧与西侧分别布设社会车辆停车场，具体如图 3 所示。

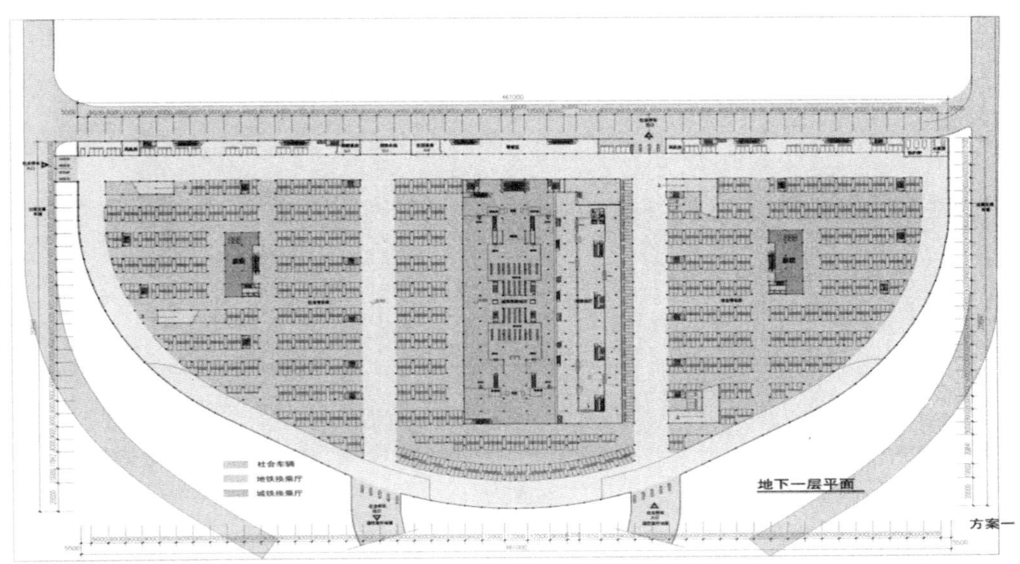

图 1　武汉交通中心地下一层平面布局图

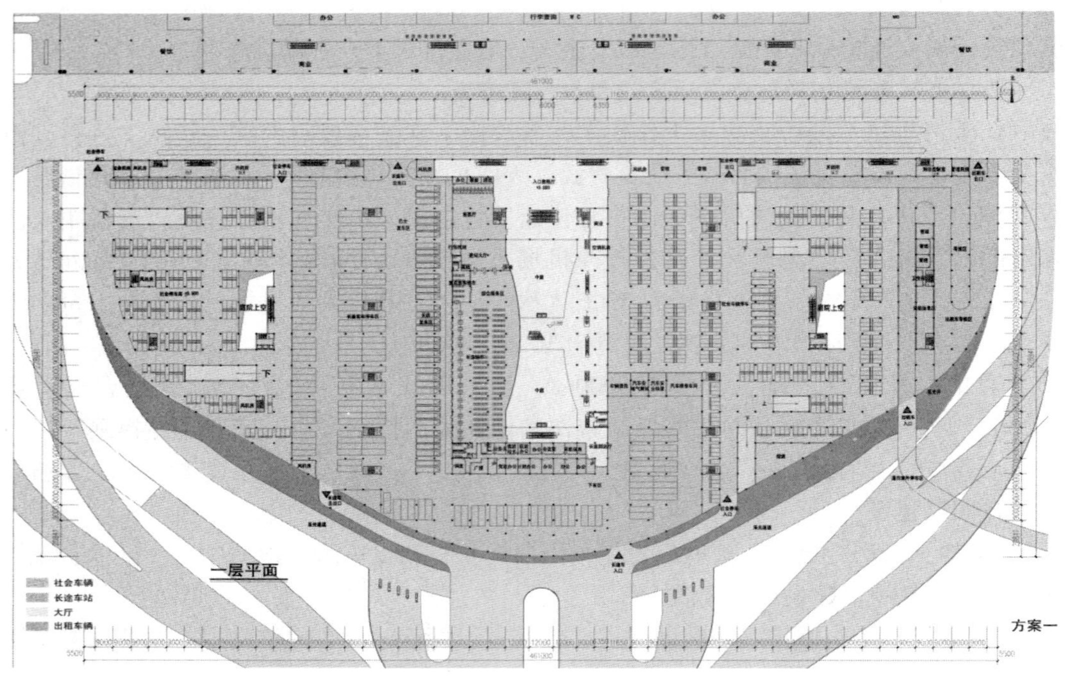

图 2　武汉交通中心地面一层平面布局图

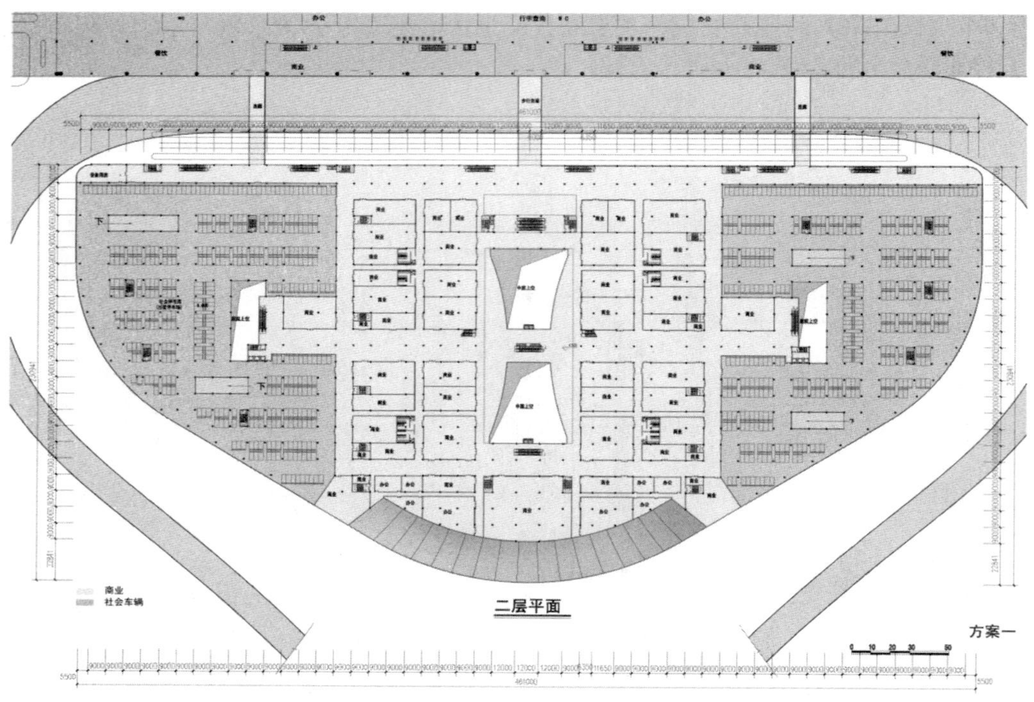

图 3　武汉交通中心地面二层平面布局图

公路客运站位于交通中心地面一层，如图 4 所示。建设界面内呈“U 型”双层布局形式，外层为长途客车停车区，内层西侧为发车区，内层南侧为长途业务办公区，内层东侧为旅客服务区；其中，旅客服务区从北向南分别布设售票厅、进站大厅、综合服务区、长途候车区。机动车通道位于内层外层之间，落客区位于机动车通道的东侧。

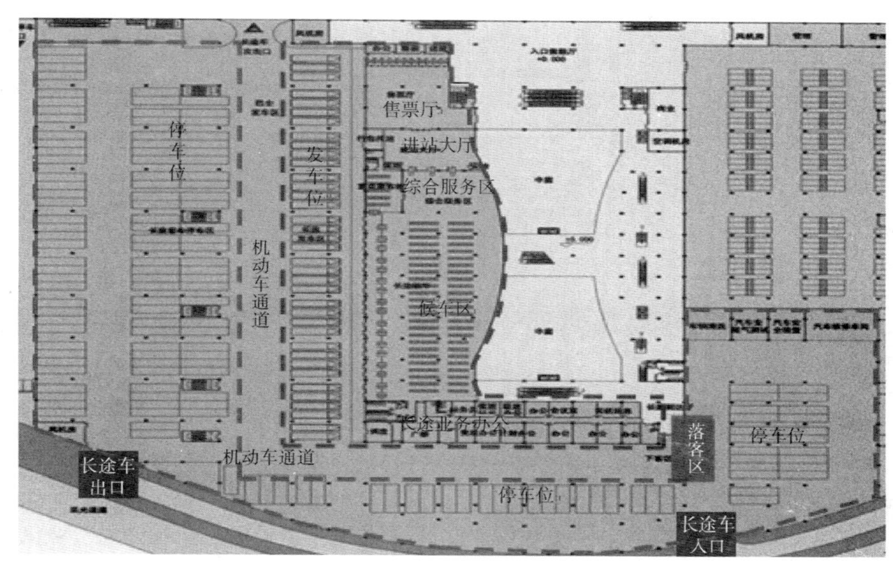

图 4　武汉公路客运站平面布局图

（四）武汉天河机场综合交通客运枢纽有效衔接

天河机场综合枢纽有效衔接主要包括机场对外交通组织、航站楼、公交车与交通中心换乘等。图 5 为武汉天河机场对外路网衔接图，我们可以看出武汉天河机场形成了以机场环路为中心，以临空经济区、汉口生活区和武汉市城区为节点的综合交通体系。

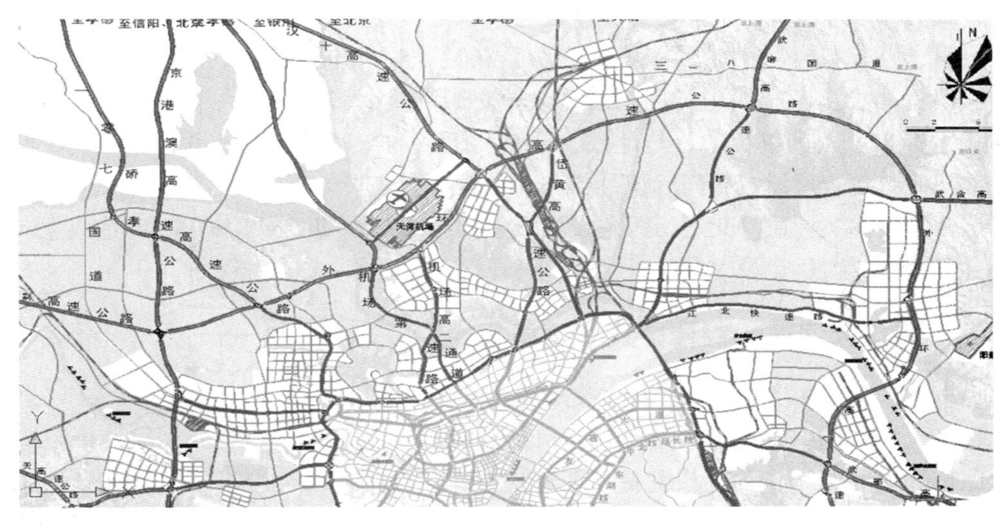

图 5　武汉天河机场对外路网衔接图

机场内部规划接驳巴士环路，并在T2航站楼以及交通中心处设站，将T2航站楼旅客送至交通中心，通过交通中心地面二层换乘通道抵达各交通方式候车区。T3航站楼、公交车站与交通中心临靠，可通过交通中心地面二层的换乘通道抵达各交通方式候车区。天河机场交通中心与T2和T3航站楼衔接图如图6所示。

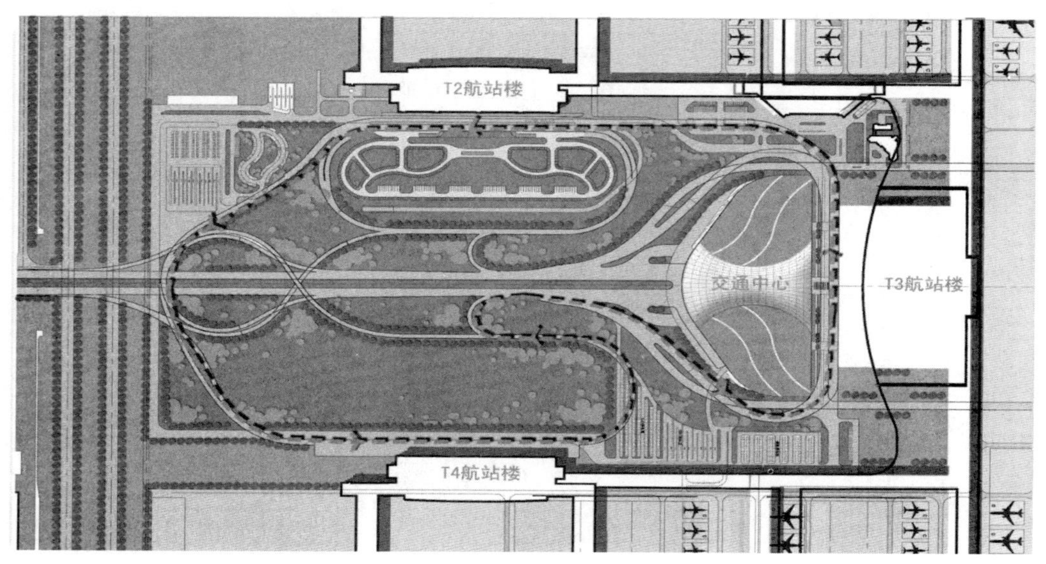

图6　武汉天河机场交通中心与T2和T3航站楼衔接

机动车交通组织主要包括长途车流线、社会车流线、出租车流线。旅客换乘流线，主要包括航站楼与交通中心各方式间的换乘流线以及交通中心各方式间的换乘流线。

交通信息系统主要是以智能交通云信息服务平台为依托，在云计算资源和交通资源集中共享的基础上，对信息统一规划、统一组织、统一管理、统一调配。信息服务系统建设完成后，将为项目提供室内外一体化定位系统、位置服务系统、登机导引、乘车导引、服务导引、停车场导引等方面的服务。交通导向系统主要包括机场、城铁、地铁、长途、公交、出租车、社会车辆、机场大巴等多种交通方式衔接换乘，在交通中心内外形成统一的技术标准，尤其重视项目与地铁、城铁和机场的交通导向系统设计标准统一性，指导各种交通方式合理设置导向标识，提高综合客运枢纽服务质量。

运营管理方案。武汉交通工程建设投资集团有限公司和法国KEOLIS已达成意向，并组建合资公司，项目建设完成后，交付该公司运营管理。

三、武汉天河机场综合交通客运枢纽经验及启示

（一）以坚持环境保护和可持续发展作为前提

武汉天河机场综合交通客运枢纽在开始建设之前，进行了充分的环境评价，要求必须以保护环境和资源作为建设前提，明确提出建成后的武汉天河机场综合客运枢纽绿化率和交通设施利用效率均达到了国际先进水平。由此可以看出，交通系统改革和发展，必须要重视环境保护，要以可持续发展作为前提。主要体现在两个方面：一方面，在综

合交通客运枢纽的建设过程中，要充分考虑到资源的合理利用，要注重材料的绿色化，要把综合交通客运枢纽作为整个城市绿色生态环境的一部分；另一方面，在综合交通枢纽的使用过程中，要提高交通设施的使用效率和提高管理和运营水平，使其成为符合绿色理念的综合交通客运枢纽中心。总之，环境保护和可持续发展是综合交通客运枢纽体系建设的前提。

（二）将综合交通客运枢纽综合化作为建设核心思想

武汉天河机场综合交通枢纽建设布局充分体现了综合化的核心思想。所谓"综合化"是指综合布局和综合开发。①综合布局：要将综合交通枢纽打造成多种不同交通方式综合立体化布置以及综合利用。武汉天河机场交通枢纽中心充分考虑到立体化的交通方式布局，将空间布局分为四层，地下二层为地铁和城铁等轨道交通换乘大厅，地下一层为地铁城铁站厅台，地上一层为长途客运站层（包括公交车站点），地上二层为商业开发层。除了地下二层以外，其余各层东西两侧都有社会车辆停车场。整体布局十分合理，将地铁、城铁、公共汽车、长途车、出租车和私家车等多种交通方式综合利用，之间的换乘时间在5分钟之内。充分体现了综合化的立体布局；②综合开发：以实现综合交通客运枢纽本职交通客运的功能为前提，以各种交通方式换乘设施为基础，将枢纽地区的商业、旅游以及房产等要素进行综合开发，以实现更多的综合交通枢纽的商业价值和社会价值。武汉天河机场综合交通客运枢纽中心非常重视周围空间的综合开发，包括了地上二层商业开发和地上一层的长途客运外延性的开发都势必会给机场带来更多的商业价值。总体来说，综合交通客运枢纽中心应该更加重视各种交通方式的综合利用，合理整合和开发。

（三）将高效的管理方法和运营方式作为主要手段

无论是在综合交通客运枢纽的建设过程中还是未来运营中，都离不开高效的管理手段和运营方式。综合交通枢纽开发建设、运营管理涉及多个部门，多个行业，多个业主。为了加强有效衔接和便利化，必须创新体制机制。武汉天河机场交通客运枢纽中心采取了"统一规划、统一设计、统一施工"的建设管理体制，由机场集团成立建设指挥部统一负责综合交通换乘枢纽的建设，在实际执行中取得较好的效果。在运营管理阶段，武汉市创新性地提出"一体化管理、专业化运营"体制。武汉交通工程建设投资集团有限公司和法国KEOLIS已达成意向，并组建合资公司，项目建设完成后，交付专业化公司运营管理，有力保障了枢纽运营的高效衔接。总体来说，高效的运营管理是综合交通客运枢纽顺利运行的有效保障，对于综合交通客运枢纽持续健康发展至关重要。

（四）将科技创新作为建设和运营管理的有效方法

随着科学技术的快速发展，高新技术的应用将会给整个社会带来巨大的变革，对人们的生活方式，包括出行方式带来新的改变。科技创新也势必会在综合交通客运枢纽设计建设和运营管理中起到关键作用。在综合交通客运枢纽的建设和运营中，信息系统是科技含量最高的，也是综合枢纽成功建设和运营管理必不可少的工具。武汉天河机场综合交通客运枢纽交通信息系统主要是将智能交通云信息服务平台为依托，运用科学的数学规划方法，对枢纽中心各种交通方式包括机场、地铁、城铁、公交、出租车、私家车等进行调度和衔接，在交通中心内外形成统一的技术标准；尤其重视项目与地铁、城铁和机场的交通导向系统设计标准统一性，指导各种交通方式合理设置导向标识，提高综合客运枢纽服务质量。由此可见，在综合交通客运枢纽设计建设和运营管理中，科技创新十分重要。

（五）多方筹措资金，加大中央预算内资金支持力度

综合交通客运枢纽的建设会在各方面推动社会的发展，中央和地方应协同推进，共同推动项目的建设。以天河机场综合客运枢纽为例，建设所需资金规模28亿元，为强化资金保障，建设资金筹措由湖北省和武汉市政府按3:7比例出资资本金，其余资金由项目建设单位通过银行贷款解决。另外国家加大对综合客运枢纽的扶持，2015年中央预算内投资安排10000万元用于武汉天河机场交通中心工程建设，极大地缓解了该项目的资金筹措压力。

四、对我国中部地区综合客运枢纽发展的建议

1. 坚持以政府引导、各方配合为前提

综合交通客运枢纽的建设是一项涉及部门、层级众多的复杂性工程，应该发挥政府对市场的引导作用，健全相应的政策法规，加快交通枢纽建设。有了政府的指导和支持，才会保证后期的分工合作。应该由政府部门牵头负责，各方积极配合，共同推进项目实施。武汉在入选全国首批综合运输示范城市后，表示今后3年，将投资3200亿元人民币，用于打造一批综合交通枢纽项目，其中重点推进综合客运枢纽等六大工程以及29个重点示范项目的建设。

2. 坚持以人为本，全面提升交通运输服务能力

综合客运枢纽是衔接多种运输方式、辐射一定区域的旅客转运中心，对其所依托城市的发展也具有带动作用，而最主要功能还是提升交通公共服务能力。在我国交通基础设施已经取得巨大发展的情况下，运输服务的能力、水平、质量、效率的提升是建设综合客运枢纽要解决的主要问题。交通运输业要实现可持续发展，满足人民群众也迫切要求改善出行服务的要求，因此必须全面提升交通运输服务能力，建设衔接顺畅的运输服务体系，实现各种轨道交通方式“无缝衔接”和“零换乘”。

3. 坚持综合协调，分工协作

综合交通客运枢纽是一个综合统一体，它由多种交通运输方式衔接而成。然而在我国现行体制下，各个职能部门分管不同的方向，这势必给项目的规划设计和组织协调加大了难度。为解决这个问题，应该综合协调，构建良好的分工机制，搭建协调平台，共同解决项目中遇到的难题，以保证综合客运枢纽建设工作的顺利实施进行。

五、结语

交通客运系统是我们日常生活的基本出行保障系统，随着我国改革开放的不断深入和经济技术的不断发展，其作用越来越重要。综合客运交通枢纽是交通客运系统的重要组成部分，又是衔接多种运输方式、辐射一定区域的旅客转运中心，对其所依托城市的发展也具有带动作用，是城市对外交通的桥梁和纽带。加快综合交通客运枢纽的建设，

提高客运枢纽的有效衔接，是提高综合交通客运系统效率和服务质量，满足让人民百姓出行的迫切需要，也是供给侧改革、倡导交通绿色出行的客观要求。

参考文献

[1] 刘强，陆化普，王庆云．区域综合交通枢纽布局双层规划模型［J］．东南大学学报（自然科学版），2010, 40(6): 1358-1363.
[2] 周立．城市公路客运枢纽布局规划方法研究［D］．北京交通大学硕士学位论文，2008.
[3] 邓润飞，过秀成，孔哲．模糊熵权模型在综合客运枢纽规划中的应用［J］．交通运输工程与信息学报，2011, 9(1): 16-20.
[4] 唐热情，李鹏林，郝满炉，林奇东．长三角地区综合客运枢纽发展的经验与启示［J］．重庆交通大学学报（社会科学版），2012.
[5] 马祥军．都市圈一体化交通发展战略研究［D］．上海交通大学硕士论文，2009.
[6] 鲁斌．政府推进综合客运枢纽发展的思考［J］．交通标准化．2010.
[7] 李传成，余晋．节能型铁路客运枢纽换站区规划探讨［J］．华中科技大学学报（城市科学版），2009.

新消费需求与交通供给能力研究

王德荣[1] 高月娥[1] 杨 笛[2]

（1. 中国交通运输协会 北京中交协物流研究院 北京 100825；
2. 北京交通大学 交通运输学院 北京 100044）

【摘 要】当前，我国经济发展进入新常态。创新、协调、绿色、开放、共享五大发展理念正在落实。新技术、新生产方式、新业态、新模式和新市场的不断发展。新消费需求不断涌现。需要提供多样化、个性化、更高品质、更高效率的运输服务。与此同时，我国交通运输业发展供给和需求都面临着结构性的问题，难以满足现代综合运输体系对运输需求多元化、优质化的要求。本文分析了消费发展新趋势对交通运输需求的影响，客观评价交通运输的供给能力，提出交通运输供给侧结构性改革的新方向和对策，以适应新消费需求，更好发挥交通运输对经济社会发展的支撑引领作用。

【关键词】 新消费 需求 供给侧 结构性改革 供给能力

Study of the New Consumer Demand and Transportation Supply Capability in China

Wang Derong[1] Gao Yuee[1] Yang Di[2]

（China Communications and Transportation Association,
1. Institute of Logistics and Transportation of Beijing, Beijing 100825;
2. Beijing Jiaotong University, School of Traffic and Transportation, Beijing 100044）

Abstract: At present, our country's economic development is entering the new normal. The development modes of innovation, coordination, green, opening and sharing are being implemented. The continuous development of the new technology, new production methods, new forms, new model and the new markets are being continuously developed. The demand of the new consumer is constantly emerging. So, the transportation services of diversification, personalization, higher quality and higher efficiency are needed to praside. Meanwhile, the supply and demand of transportation industry development in our country are facing structural problems, which is difficult to meet the demand of modern integrated transport system for the transportation pluralism and the high quality. This paper analyzes the new trend of development of the consumption demand for transportation, evaluates the transportation supply capacity objectively, points out the new direction and countermeasure for transportation structural reform of the supply front, so as to adapt to the new consumer demand, and play the supporting and leading role of the economic and social society development.

Keywords: The new consumer Demand Supply front Structural reform Supply capacity

一、引言

随着国民经济的日益发展，居民的收入水平稳步提高，消费的观念也在逐步转变，人们在满足基本生存需求的同时，越来越注重生活品质和自我的发展，城乡居民消费结构正在由生存型向发展型，由传统型向新型消费升级。当前，我国经济进入经济发展新常态，贯彻实施“四大板块”和“三个支撑带”战略，特别是随着互联网＋和高铁经济、电子商务、旅游经济、通航产业、跨境电商等新消费的迅猛发展，这些新形式对我国交通运输发展产生了重大影响。因此，研究新消费需求与交通供给能力，是促进消费扩大和升级，带动产业结构调整升级，增强发展新动力，以及实现资源节约型、环境友好型社会建设的紧迫要求，具有重大理论和实践意义。

二、消费发展新趋势对于交通运输需求的影响

“十二五”期间完成交通固定资产投资超过12.5万亿元，是“十一五”期间的1.6倍。“五纵五横”综合运输大通道基本贯通。高速铁路1.9万公里，高速公路里程突破12万公里，农村公路里程突破397万公里，沿海港口万吨级以上泊位超过2100个，高等级航道达标里程1.36万公里，民航运输机场达210个，快递营业网点14.5万处。我国经济发展进入新常态，“三去一降一补”五大重点任务初步显现，2015年，消费对经济增长的贡献达到66%，创15年新高。尤其是新消费需求逆势井喷。2015年11月，国务院常务会议正式推出“新消费”的概念，明确服务消费、信息消费、绿色消费、时尚消费、农村消费和品质提升型消费等六大领域将作为消费升级的重点领域和方向。在新消费的潮流下，交通运输的需求和供给关系产生了新的变化，如何满足更为多样化、个性化的需求，成为交通运输行业探寻的新的突破口。2015年11月，习近平总书记在中央财经领导小组第十一次会议上提出，在适度扩大总需求的同时，着力加强供给侧结构性改革，着力提高供给体系质量和效率，增强经济持续增长动力。随后，中央领导密集提出了供给侧改革的要求，并提出必须下决心在推进经济结构性改革方面做更大努力，使供给体系更适应需求结构的变化。“供给侧”是劳动力、土地、资本和创新四大生产要素的供给和有效利用。中央提出“供给侧改革”，是指从过去着重强调需求扩张提供动力，转变到着重提高供给质量和效率来提供新动力，从而推进经济结构性改革，促进经济结构的转型升级。

2016年4月15日，国家发展改革委、交通运输部等24个部门更是联合印发了《关于促进消费带动转型升级的行动方案》，将重点围绕十个主攻方向，提出了“十大扩消

费行动”，其目的就是要积极发挥新消费引领作用，加快培育形成新供给，在更高层次上推动供需矛盾的解决，为经济社会发展增添新动力。行动方案提到的很多领域发展都需要依托交通运输的发展得以实现，交通运输业是基础性、先导性、战略性行业，“新消费”需求带动了交通运输需求。尤其是交通消费新需求日益多样化、个性化，需求品质更加优质高效。对于客运系统来说，随着旅游经济、高铁经济、网络经济、汽车消费、消费经济的快速发展，快捷化、高端化、大众化、个性化等客运需求大幅增加；对于货运系统来说，随着互联网 +、电子商务、跨境电商、冷链物流、临空产业、临港经济等新兴业态的发展，部分高附加值、高时效要求、轻质化、一体化的货运需求逐步增加；伴随产业结构的调整，大宗货物需求减缓。在交通运输行业中加快供给侧结构性改革调整，将直接关系到交通运输的可持续发展和对经济社会的服务保障能力。

三、我国交通运输供给能力评价

改革开放以来，在党中央、国务院的领导下，我国交通运输业全面快速发展，取得了令人举世瞩目的成就。特别是 2000 年以来，是我国交通运输业投资力度最大、发展速度最快的时期，也是运输供给能力和运输服务质量提升最快的时期。目前，交通运输发展理念不断提升，交通运输能力紧张状况得到了有效缓解，尤其是综合交通基础设施网络不断完善，基本适应了国民经济和社会发展的需求。但是，交通运输在特定时间段、特定运输方向上仍然难以满足新型工业化、信息化、城镇化、农业现代化，以及高铁经济、通航经济等新消费对交通运输发展提出的新需求。交通运输是连接生产和消费的重要环节，交通运输供给的优劣，会传导到经济供给侧，进而影响经济发展质量和效益。

（一）运输线路里程不断增长，综合运输通道建设加快

改革开放以来，我国交通运输业发展逐步加快，到 2015 年底，综合运输网总里程（不含航线）为 493.13 万公里，其中铁路营业里程达到 12.1 万公里，铁路营业里程位居世界第二位，其中高速铁路营业里程达到 1.9 万公里，位居世界首位；公路通车里程达到 457.73 万公里，也位居世界第二位，其中高速公路通车里程达到 12.35 万公里，位居世界首位；全国港口拥有万吨级及以上泊位 2221 个，内河航道里程为 12.70 万公里；全国颁证运输机场 210 个，运输航线 3326 条，不重复民航航线里程为 531.7 万公里；输油（气）管道里程 10.6 万公里；城市轨道交通运营里程 3300km。这一时期由于加大了投资力度，交通运输建设大提速，除内河航道外，其他各种运输方式线路里程的年均增速都显著高于前一个时期。经过多年的快速发展，目前我国交通运输已经初步形成了由铁路、公路、水运、航空、管道五种运输方式组成的综合运输网主骨架，初步构建了“五纵五横”综合运输大通道。改革开放以来各种运输方式线路里程变化情况如图 1 所示，改革开放至 2000 年，2000 年至 2015 年两个阶段线路里程及增速如表 1 所示。

（二）运输供给能力不断增长，承担了日益繁重的运输任务

经济社会快速发展的同时运输需求也不断增长，交通运输基础设施规模、等级以及交通技术装备水平不断提高增加了运输供给能力。需求的增长和供给能力的不断提高使交通运输业完成了越来越多的客货运量。改革开放后不同时期我国客货运量及年均增速

情况如表2所示。从中分析，各个时期我国客货运量及旅客周转量增速均较快，与同期GDP增速同步，而货物周转量增速在改革开放前和进入新世纪以后明显高于货运量增速，说明这两个时期货物平均运距不断提高。

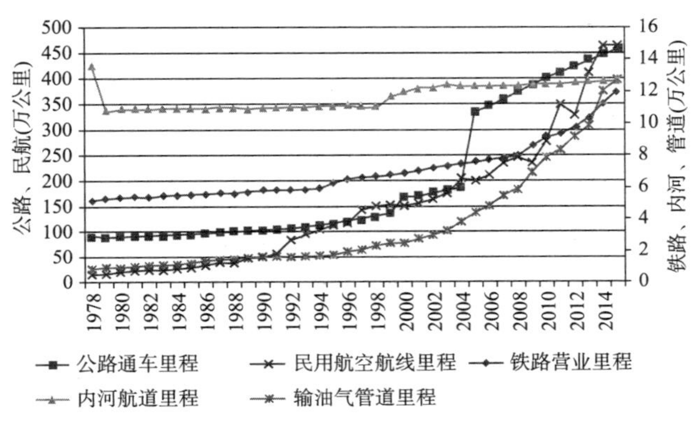

图1　1978~2015年我国各种运输方式线路里程变化情况

改革开放以来我国各种运输方式线路里程变化情况　　表1

运输方式	里程（万公里）			年均里程增加（万公里）	
	1978年	2000年	2015年	1978~2000年	2000~2015年
铁路	5.17	6.87	12.10	0.08	0.34
公路	89.02	140.27	457.73	2.33	6.19 1
内河航道	13.60	11.93	12.70	–0.08	0.05
航线（不重复距离）	14.89	150.29	535.7	6.15	22.69
管道	0.83	2.47	10.6	0.07	0.54

注：按可比口径，扣除村道里程。

改革开放以来不同时期我国客货运量及年均增速情况　　表2

指　标	运量与周转量			年均增速（%）	
	1978年	2000年	2015年	1978~2000年	2000~2015年
客运量（亿人）	25.4	147.9	194.3	8.3	1.8
旅客周转量（亿人公里）	1743.1	12261.1	30047	9.3	6.2
货运量（亿吨）	24.9	135.9	417.1	8.0	7.8
货物周转量（亿吨公里）	9829.0	44320.5	173690	7.1	9.5

注：2008年公路、水路运输量统计口径有调整。

2015年，全社会客运量、货运量分别完成194.3亿人次、417.1亿吨；旅客周转量、货物周转量分别完成30047亿人公里、173690亿吨公里，综合运输服务保障能力稳步提升。

（三）交通运输基础设施与技术装备水平明显提高

1. 铁路

2000 年以后，随着快速铁路建设规模的扩大，我国铁路进入电气化时代。到 2015 年底，全国铁路复线里程达 6.4 万公里，复线率为 52.9%，比 2000 年提高 16.4 个百分点，电气化里程达 7.4 万公里，电气化率提高到 60.8%，比 2000 年提高 35.4 个百分点，电气化铁路里程超过俄罗斯跃居世界首位。全国铁路机车拥有量为 2.1 万台，比上年末减少 69 台，其中，内燃机车占 43.2%，电力机车占 56.8%，电力机车比重超过内燃机车比重 13.6 个百分点。全国铁路客车达到 6.5 万辆，比上年末增加 0.4 万辆。全国铁路货车拥有量为 72.3 万辆。2008 年我国第一条高速铁路京津城际开通运营，标志着我国铁路进入高速时代。2010 年创造了时速 486.1 公里的世界最高铁路运营速度。高速铁路技术输出正在成为我国对外技术输出的新领域。铁路重载运输技术达到世界先进水平，主要干线普遍开行 5000~6500 吨货物列车。大秦铁路大量开行 1.5 万吨和 2 万吨重载组合列车，并成功试验 3 万吨组合列车。

2. 公路

到 2000 年等级公路里程达到 131.6 万公里，已经占到公路总里程的 93.7%，一级、二级路里程分别达到 2 万公里和 13.7 万公里，高速公路达到 1.63 万公里，高速、一级、二级路占等级公路总里程的 14.4%。2007 年高速公路里程超过一级公路，截止 2015 年底达到 12.35 万公里，里程规模居世界第一位。等级公路里程不断增长，2015 年全国等级公路里程为 404.63 万公里，占公路总里程的 88.4%。2000 年以后，随着公路建设速度的加快，汽车保有量增速进一步加快，到 2015 年底，民用汽车拥有量达到 17228 万辆，其中民用轿车保有量 9508 万辆。随着国民收入水平的不断提高，居民消费升级，私人小汽车拥有量从无到有，快速增长。2015 年全国公路拥有营运性汽车 1473.12 万辆，比上年末减少 4.2%，拥有载客汽车 83.93 万辆、2148.58 万客位，比上年末分别减少 0.8% 和 1.9%。其中，大型客车 30.49 万辆、1324.31 万客位，分别减少 0.6% 和 0.1%。拥有载货汽车 1389.19 万辆、10366.50 万吨位，比上年末分别减少 4.4% 和增长 0.7%。其中普通货车 1011.87 万辆、4982.50 万吨位，分别减少 7.3% 和 4.9%；专用货车 48.40 万辆、503.09 万吨位，分别增长 6.2% 和 2.5%。专用货车的数量和平均载重都在不断增加。

3. 港口

到 2000 年，沿海主要港口万吨级码头泊位增加到 518 个。随着我国国民经济和对外贸易的快速发展，作为经济交流重要节点的港口发挥了越来越重要的作用，相应的港口建设也进一步加快，大型化、专业化码头逐渐增多。2015 年底全国港口拥有生产用码头泊位 31259 个，比上年末减少 446 个，万吨级及以上泊位 2221 个，比上年末增加 111 个。其中，沿海港口万吨级及以上泊位 1807 个，增加 103 个；内河港口万吨级及以上泊位 414 个，增加 8 个。

4. 内河航道

2000 年等级航道达到 6.14 万公里，占航道总里程的 51.4%。2000 年以后，围绕长江干线、珠江干线、京杭运河、长江三角洲和珠江三角洲“两横一纵两网”重要航道、港口等加大建设力度，使内河水运成为区域内综合运输体系的重要组成部分。到2015年底，全国内河航道通航里程12.70万公里，比上年末增加721km，其中等级航道6.63万公里，占总里程52.2%；三级及以上航道11545km，占总里程的9.1%；五级及以上航道3.01万公里，占总里程的23.7%，分别提高0.5个和1.2个百分点。各等级内河航道通航里程分别为：一级航道1341km，二级航道3443km，三级航道6760km，四级航道10682km，五级航道7862km，六级航道18277km，七级航道17891km。等外航道6.07万公里。

5. 运输船舶

改革开放后，船队面貌焕然一新，船舶数量继续增长，到1988年轮驳船数量达到峰值46.1万艘，船舶吨位3460万载重吨。同时，货运船队结构不断优化，由单一的杂货船向多用途船、散货船和专用船方向发展。特别是以集装箱船为主的专用船迅速发展，大大改变了我国运输船队的结构。1978年中国远洋运输公司购置了第一艘半集装箱船，到1990年各类集装箱船达到99艘，集装箱箱位10多万TEU。进入90年代后，调整船舶吨位结构，提高船队竞争力成为主要工作，轮驳船数量开始减少，到2000年减至22.9万艘，船舶吨位继续增加至5128.1万载重吨。

2000年以后，我国船队结构不断优化，大中型船舶数量大幅增加，船舶运力结构有了根本性变化。到2014年，我国拥有水上运输船舶17.20万艘，净载重量25785.2万载重吨，平均净载重量1499.34吨/艘。集装箱船舶箱位231.87万TEU。海运船队已逐步发展到包括集装箱船、滚装船、油轮、冷藏船、载驳船、LNG船、LPG船在内的类型齐全的船队。同时，随着船舶净载重量的不断增大和动力结构不断优化，船舶运输单位能耗明显降低。

6. 民航

2000年，我国民用飞机数量增加到982架，其中大中型民用运输机462架，占运输飞机的87.7%。2000年以后，随着经济社会的快速发展和对外扩大开放，我国民航运输业呈现出良好的发展态势。到2014年底，我国拥有民用飞机4168架，与2000年相比年均增长11.3%，其中运输飞机2370架，通用航空飞机1312架，教学校验飞机486架。飞机制造方面。我国首架拥有自主知识产权的涡扇支线喷气客机ARJ21-700飞机适航取证试飞成功机场管理方面，建立了专用卫星通信网、数据通信网、气象数据库、信息服务网络、航空情报自动化处理系统等，民航空管系统技术水平大幅提升，并建成投产北京、上海、广州三大民航区域控制中心。

7. 管道

改革开放后，随着我国油气需求量不断增长，管道建设速度加快，技术水平不断提高。2000年以后，随着多条长输油气管道的兴建，我国在大流量输气管道设计、油气输送管道运行、管道工程建设施工等方面取得重大技术进步，目前中国长输油气管道建设已达到或接近国际先进水平。最具有代表性的是西气东输工程一线和二线工程，西气东输一线全长约4000km，2004年12月30日全线供气。西气东输二线工程是我国路径最长、管壁最厚、压力等级最高、技术难度最大的管道工程，创造了世界管道建设史上的高速度，于2012年12月30日全线建成。建设中应用了卫星遥感、航测、三维设计等先进技术，为工程建设提供了强有力的技术支撑。这两条输气管道的建成和运营，开通了横贯东西的两条能源大动脉，标志着我国天然气管道建设整体水平上了一个新台阶，对于推进西部大开发、加快中西部地区发展具有重要作用。

交通运输还存在结构性问题，突出表现为有效供给不足：在基础设施方面，供给总量不足的问题仍然突出；在运输服务方面，快捷化、个性化的客运服务供给缺口较大，高效率、一体化的货运供给不足；在运输装备方面，与绿色发展的新要求相比，运输装备仍有较大改进提升的空间。

四、交通运输供给侧结构性改革的方向和对策

交通运输供给侧结构性改革方向。从提高交通运输供给服务质量出发，以改革为抓手，推进运输结构优化，有效配置资源，扩大交通运输有效供给，提高供给结构对运输需求变化的适应性和灵活性，提高全要素生产率，更好满足广大人民群众的出行和货物运输，促进经济社会持续健康发展。

（一）强基础补短板，建立新型宏观调控机制

完善交通运输网络建设，构建科学、灵活、有效的交通运输新型宏观调控机制，是供给侧结构性改革的重要措施。继续加快国际、国内交通基础设施供给建设，不断满足新的交通需求，推进交通运输基本公共服务均等化建设，补齐交通运输基础设施有效供给不足、结构不够优化和运输装备水平有待升级改造等短板。宏观调控是市场经济条件下政府的一项基本职能，通过新型宏观调控机制，包括战略规划重点、健全调控手段如财税手段、金融手段、价格手段、信用体系、监管手段以及法律法规手段等方面问题，研究在基础设施领域使用中央投资设立基金的可行性，投资行为的监督管理等，促进交通提质增效，引领新消费、新供给、新业态。

（二）降本增效，提升运输服务质量和效率

交通运输是连接生产和消费的重要环节，交通运输供给的优劣，会传导到经济供给侧，进而影响经济发展质量和效益。加强供给侧结构性改革，首先要降低成本，提升供给质量也就是运输服务质量，增加高品质、差异化、个性化、定制化的运输服务供给，扩大交通运输有效供给。同时，鼓励和引导交通运输新技术、新业态、新模式的发展，提高运行效率，实现交通运输可持续性发展。

（三）优化运输结构，加快交通运输智能化、绿色化发展

新常态下新技术发展、新生产方式、新业态模式、新市场需求不断增加，面对新的发展机遇和挑战，应做好交通运输“加减乘”法，在交通运输升级改造上集中做好加法，在交通运输有效资源整合集中做好减法，在推动交通运输绿色化、智能化，发展新产业、新技术、新模式方面做好乘法。做好大数据、大众创业万众创新。供给侧结构性改革，就是用增量改革促存量调整，优化运输结构是根据我国国情，通过各种运输方式的合理分工，实现以最少的资金、最少的资源占用和能源消耗、最少的环境污染满足经济社会发展对运输的需求。因此，优化运输结构，加快铁路、水运、轨道交通的发展是转变运输发展方式的重要内容，也是交通运输业供给侧结构性改革的重要内容。

（四）进一步简政放权，深化放管服改革

新的消费需求下，交通运输行政审批更要“瘦身”，处理好政府与市场的关系，既坚持市场在资源配置中的决定性作用，又更好发挥政府作用。政府在供给侧结构性改革中应把握交通运输发展的核心重点，进一步减少属于交通运输企业经营自主权的前置条件，加快交通运输项目的审批提速，减少规划、建设、运营等审批环节，减少政府定价。“放管服”就是按照“权力和责任同步下放、调控和监管同步强化”的要求，放管结合。建立交通运输投资项目在线审批监管平台、信用信息共享平台、价格监管平台等。加强和创新交通运输事中事后监管，而且在投资领域和价格领域进行了积极探索。

五、结语

通过分析新常态下交通运输需求的深刻变化，进一步推进交通供给侧结构性改革，更好地适应新的生产方式、新的消费模式和新的市场需求，推动交通与经济联动融合，全面提升交通运输供给服务能力和水平，更好支撑引领经济社会发展。提出的交通运输供给侧结构性改革方向和对策建议可以加快推进综合交通运输体制机制改革，为加快构建现代综合交通运输体系创造更加有利条件。对于新型宏观调控机制、运输基础设施、运输结构优化、信息技术、价格机制等方面，从政府、企业、社会等不同层面出发，提出交通运输供给侧结构性改革的对策，以实现交通提质增效，引领新消费、新供给、新业态。

参考文献

[1] 吴文征．交通运输供给与需求均衡的理论研究与实证分析［D］．西安：长安大学，2005.

[2] 袁静．交通运输供需结构均衡研究［D］．西安：长安大学，2007.

[3] 杨建平．适应引领经济发展新常态 推进交通运输供给侧改革［N］．中国交通报，2016-03-09003.

[4] 杨传堂．提升交通运输供给的质量和效率［J］．新产经，2016, 04: 56-57.

[5] 徐艳．供给侧结构性改革下交通运输执法体制改革的思考［J］．交通财会，2016, 07: 75-78.

[6] 汪玚．供给侧改革的交通力［J］．交通建设与管理，2016,(1): 2.

[7] 杨传堂．在供给侧结构性改革中当好先行［J］．交通财会，2016,(4): 4-7.

[8] 王学锋，沈丹晖，刘汉扬．促进我国港口货运供给侧结构性改革［J］．中国港口，2016,(5): 26-27.

[9] 张天赦．凝聚发展合力 推动供给侧改革 全面加快铁水联运暨多式联运发展［J］．中国水运（下半月），2016,(6): 2.